元素周期表传奇

我的第一本化学入门书

【英】休·奥尔德西-威廉姆斯 著

杨筱艳 译

浙江大学出版社

..

序言
PREFACE

就像字母表或十二属相一样,元素周期表是那些似乎永远会在我们的记忆中扎根的图像之一。我记忆中的那张元素周期表是在学校看到的,它挂在老师书桌后面的墙上,就像一个祭坛的屏风,那光滑而泛黄的纸满载着岁月的痕迹。这是一个我一直无法摆脱的形象,尽管多年来我几乎没踏入过实验室。

现在我把一张元素周期表挂在自己的墙上。至少,它跟我在学校看过的那张是同一个版本。熟悉的阶梯轮廓线、整齐堆叠的格子,以及每个格子里有一个元素,每个格子包含与该位置元素相对应的元素符号和原子序数。然而,这张表格中也有一些不该出现的东西。每个元素的名字应该出现的地方,还有一个完全不同的名字,它与科学世界无关。符号 O 代表的不是元素氧,而是神俄耳甫斯

(Orpheus);Br不是溴,而是艺术家布隆齐诺①。由于种种原因,占据了许多其他格子的,都是 20 世纪 50 年代的电影中的人物。

这个元素周期表是根据英国艺术家西蒙·帕特森的一幅石版画制成的。帕特森被这些元素所吸引,它们是我们组成世界的方式。而帕特森的工作方式是令人认识到事物作为秩序的象征的重要性,然后又破坏其内容。他最著名的作品是一幅伦敦地铁地图,每条线都以圣徒、探险家和足球运动员的名字命名,而十字路口处的命名就更奇怪了。

因此他希望在元素周期表上玩同样的游戏也就不足为奇了。帕特森所在的学校那种死记硬背的教学法给他留下了可怕的回忆。他告诉我:“这样教很方便,但我记不住。”可是他还记得要改变这种状况的想法。离开学校 10 年后,他在表格上做了一系列的变化,其中每个元素的符号都被赋予了一个虚假的联想。Cr 不是铬,而是演员朱莉·克里斯蒂(Julie Christie),Cu 不是铜,而是演员托尼·柯蒂斯(Tony Curtis);甚至这种神秘记忆法本身也不是那么一成不变的,Ag 是银,但不是用演员珍妮·艾加特(Jenny Agutter)来帮助记忆,也不是用作家阿加莎·克里斯蒂(Agatha Christie),而是用演员菲尔·西尔沃斯(Phil Silvers)②。在这个新的列表中,有一种明显的逻辑:元素铍(Be)和硼(B)分别用伯格曼家族中的英格丽(Ingrid)和英格玛(Ingmar)来标注③。演员兄弟雷克斯·里曾(Rex Reason)和罗德·里曾(Rhodes Reason)出现在相邻的位置,分别代表铼(Re)和锇(Os)。钠(Na)用演员金·诺瓦克(Kim Novak)来标注,钾(K)用演员格蕾丝·凯丽(Grace Kelly)来标注,位于元素周期表的同一列里——两人都是希区柯克电影中的女主角。但总的来说,他的元素表并不系统,就是一种自我的联想。例如,我很高兴看到,钋(polonium)这个由居里夫人发现并以她的祖国波兰命名的放射性元素,其符号是用波兰导演罗曼·波兰斯基(Roman Polanski)来标注的。

---

① 安东尼奥洛·布隆齐洛(Agnolo Bronzino),意大利 16 世纪矫饰主义画家,代表作有《维纳斯和丘比特的寓言》。——译者注

② Silvers 这个姓氏中含有 silver,意思就是银。——译者注

③ 这里指的是瑞典籍著名女演员英格丽·褒曼(Ingrid Bergman)和瑞典导演英格玛·伯格曼(Ingmar Bergman)。——译者注

西蒙·帕特森的石版画元素表

现在,我很喜欢这个作品所传达的幽默感,但上学时年幼的我,只会对这种无稽之谈嗤之以鼻。当帕特森幻想着元素与其他事物的新的联系时,我只是吸收了我想要的信息。我的理解是,这些元素是所有物质的普遍和基本成分,没有任何东西不是由元素构成的。但是,俄国化学家门捷列夫整理的这张元素表,其要表达的东西比这些引人注目的内容的总和还要多。它将元素按原子序数排列,这样它们的化学相关性就会突然显现出来,这使元素的多样性变得有意义。这种相关性是周期性的,正如族元素所揭示的那样。门捷列夫的周期表似乎有了自己的生命。对我来说,它是世界上最伟大、最无懈可击的系统之一。它解释得如此之多,看起来是如此自然,必定是一直存在着的,不可能是现代科学的最新发明(尽管我第一次看到它的时候它出现还不到一个世纪)。我承认它是一个象征,但我也开始怀疑它到底意味着什么。这张周期表似乎以一种有趣的方式贬低了它自己的内容。它们在排列顺序和相似性上有着无懈可击的逻辑,使这些元素本身,相对于它们复杂的物质性而言,几乎可以说是多余的。

事实上,我在课堂上看到的那张元素周期表,上面的元素是不配图的。在伦敦科学博物馆里,这些密码只有在巨大的化学元素周期表中才被我发现。这张周期表上的元素有实际的样本。在每一个已经熟悉的网格中,都有一个小玻璃泡,里面是一个元素的样本。没有人知道它们是否都是真实的,但我注意到,策展人忽略了许多稀有和放射性元素,所以似乎可以放心地认为其余的都是真实的。在这里,我们清楚地看到了我们在学校里被告知的事情:在周期表的顶层,大部分的气体元素都是已经被发现的;金属元素占据了中间的位置,左边的是较重的元素,它们大多是灰色的,有一列里面有铜、银和金,提供了一连串的色彩,而那些位于元素表右上角的金属,颜色和质地更加多样化。

因此,我开始自己收藏元素样本。这并不容易,自然界中几乎没有什么元素是纯态的。通常,它们以各种化学形式被锁在矿物和矿石中。于是,我开始在房子里一通搜索,寻找各种元素。几个世纪以来,人们将元素从矿石中提炼出来并让其为人类服务。我曾打开了灯泡,如做外科手术般剪断了钨丝,把弯曲的金属丝放到一个小玻璃瓶里。铝是从厨房用的铝箔纸中取得的,铜则是从车库的电线里获取的。我听说,有一种外国硬币是由镍制成的——不是美分,因为我知道美国硬币的主要成分是铜。我把那样一枚外国硬币切成粗块,这对我来说更有价值,更加元素化。我发现我父亲在他年轻时存留了一些金箔,他用这些金箔做成了装饰用的字母。我从抽屉里取了一些出来,这些金箔在黑暗里躺了30年,终于可以再次闪耀。

这是我对科学博物馆的周期表进行的一次正面的改进。我不仅可以近距离看到我的标本,而且可以把它们托在手中,去感觉它们是温暖还是冰冷的——我曾将一圈焊料熔化,放在一个陶瓷小盆中烧铸成一块闪亮的锡锭,它的重量非常惊人。我可以将它们装在玻璃杯中摇晃,欣赏它们特有的颜色。硫黄是樱草色的,有轻微的闪光,可以像砂糖一样倒和舀。对我来说,它的美丽丝毫不受其轻微刺鼻气味的影响。刚才,我想起我在园艺店买过一罐硫黄,是用来熏蒸温室的,我记起了它的味道。在我打字的时候,我的手指上都是干燥的木香,对我来说,它不像《圣经》里所描述的地狱,而是简单地唤起了我童年时对实验的探究之心。

要想得到其他元素则需要更多的努力。锌和碳来自电池——电池外壳中的锌作为一个电极,而石墨内部的碳棒则是另一个电极。汞也是如此。更昂贵的水银电池被用来运行各种电子设备。当电用完的时候,里面的氧化汞就被还原成金属汞。我用一把钢锯把电池的末端锯掉,把泥状物舀进瓶子里,通过加热,就可以把金属汞提炼出来,看着细小的闪光液滴从浓厚的有毒气体中凝结出来,然后凝结成一个单一的超活性汞珠。(为了健康原因,这一实验被禁止,这些电池也是如此。)

在对化学危害一无所知的少年时代,你可以在药房买到一些元素。我就是用这种方法买到了碘。另一些元素来自托特汉姆的一个小型化学品供应商,他由于对出售炸弹和毒物的原料以及其他东西的限令而被迫停业。虽然我的父母宠着我，开车送我去那里。当他们沿着七姊妹之路开往更远的地方，来到轰隆隆的铁路桥下的破旧柜台时，那里的芳香如同任何香料市场一样，总是让他们觉得有一种神秘感。

我的元素收集计划有了很大的进展。我把网格画在了复合板的背面，把它挂在卧室的墙上。每当我得到一种新样品，便把它装进一个统一制式的小瓶中，并将它放入网格上相应的位置。纯元素本身在化学上是无用的，这我明白。那些有用的化学物质——能产生反应或爆炸，或产生漂亮颜色的化学物质——主要是化合物及其组合，我则把它们放在浴室的柜子里——我在那里做实验。这些元素是收藏者的心爱之物。它们有开始，也有令人信服的序列，似乎也应有一个终点（当时我还不知道美国和苏联科学家之间残酷的冷战，他们正努力把我脑子里的新东西综合起来）。作为一名收藏家，我的目标是：无论多么难，我都一定要收集一整套元素。但这远不止是为了收藏而收藏。在这里，我正在收集组成整个世界和宇宙的基石。收集元素不像收集邮票或足球卡片，有些规则是由收藏家任意设置的，有些规则由生产这些物品的公司制定。而元素是永恒的。它们在开天辟地之后就存在了，而即使是在人类灭亡之后许多年，地球上的所有生命，甚至地球本身都已被不断膨胀的红色的太阳吞噬了，它们依然存在着。

这就是我所选择的看待世界的体系——一个完整的系统，与其他现有的系统——历史、地理、物理、文学——一样，每一种都包罗万象。历史上发生的每件事，在地理上都有对应的位置，完全可以简化为能量和物质的相互作用。但它们也是由元素构成的，不多也不少：大裂谷、金布场（Field of the Cloth of Gold）、牛顿的棱镜、《蒙娜丽莎》画像。没有元素，一切都不可能存在。

在学校的时候，我们读过《威尼斯商人》。在一次 40 分钟的课堂展示中，我扮演巴萨尼奥——虽然我讨厌朗读，但这角色倒还不错。我们终于读到那一场戏：巴萨尼奥转身，要在三个盒子中选中装有鲍西娅的肖像的那一个，以赢得她的芳心。那个扮演鲍西娅的可怜男孩，在我候场时无聊地说着话："让我选择吧，我现在如坐针毡。"而我没有任何感情地吟诵着。然后我不得不在想象中的三个盒子中做出选择。我敢肯定，没有人能从我那毫无特点的声音里找到任何我对人物的理解，因为我先是拒绝了**"俗丽的金子"**，然后是**"银器"**，**"惨白普通的银子，你这穿梭于人们之间的苦力"**，然后才开始寻找**"朴实无华的铅"**。但我脑子里突然有灵光闪现。这一段中有三个元素！莎士比亚是一个药剂师吗？（后来，我发现艾略特也是一位化学家，他是一名光谱学家，他在《荒原》中展示了一幅生动的形象：**"烟雾窜进细工雕刻的凹形镶板，拂动着方格天花板上的图案。巨大的铜制的海洋树林，煅烧成翠绿和橘色，镶嵌着的彩色宝石。"**其中的绿色来自铜，橘色来自海盐中的钠。）

我模模糊糊地开始意识到，这些元素讲述的是文化故事。金子意味着一种事物，银子意味着另一种事物，而铅则意味着又一种事物。此外，这些意义又源于化学。黄金是珍贵的，因为它很稀有，但它也被认为是华而不实的，因为它是自然界中少数以单质形式存在的元素，独自闪耀着光芒，而不是伪装成矿石。我在想，是不是每一种元素都拥有一个神话故事？

它们的名字经常在历史中被提及。在启蒙运动期间发现的元素是基于古典神话而命名的——钛、铌、钯、铀等。另一方面，在 19 世纪发现的那些元素，往往反映出它们或者它们的发现者，是某一方特定土壤的儿女。德国化学家克莱门斯温克勒分离出了锗，瑞典人拉斯·尼尔森把他的发现命名为钪。居里夫人和皮埃尔·居里找到了钋，玛丽深情地忆起了故国波兰，并以此给它命名，这确实遭到了一些非议。过了些年，科学家们的精神变得更有社群主义。铕在 1901 年被命名——在这个世纪的末期，欧洲一家银行的一些幽默的官僚颁布法令，将这种元素的化合物应用于加入欧元纸币的发光染料中，从而使假币更容易被检测出来。这应用谁又能想到呢？甚至连晦涩的铕也有显示其文化意义的时候。

所以这些元素在我们的文化中占据着重要位置。对此，我们无须感到惊讶：毕竟它们是所有东西的组成成分。但我们应该惊讶于我们很少注意到这个事实。这种缺失的联系，在一定程度上是化学家们的过错，因为他们一味地在与世隔绝的环境中学习和研究。但人文学科也要受到指责：例如，我很惊讶地发现，马蒂斯的传记作者在她的著作中却丝毫没有提及这位艺术家所使用的颜料。也许我正因此而显得很不寻常，我相信马蒂斯对本书的写法不会有任何不满意的地方。

· ·

　　在我们的文化中,元素并不像在元素周期表中那样简单地占据固定空间,它们在文化奇想的潮流中起伏。约翰·梅斯菲尔德在他著名的诗歌《货物》中,用三个简短的诗句,描绘了三个时代中 18 种货物在全球的货易和掠夺史。其中 11 种货物都是元素,它们要么是纯态的,要么是含有某种元素并因此获得价值的原料,从尼尼微五段帆船上装载的白色象牙,到脏兮兮的英国贸易船只及其负载的"泰恩煤,路轨,铅锭,柴火,铁器和廉价的锡盘"。

　　每一种元素,从它被发现的那一刻起,就进入了我们的文明进程之中。它最终可能会随处可见,比如铁或煤中的碳。在经济或政治上,它可能在很大程度上隐没于无形,如硅或钚;或者像铈一样,它的特质只会被那些了解的人欣赏。在学校时,当我写我的论文《为什么巴塞尼奥选择了铅盒子?》时,它是用奥斯莫瑞德(Osmiroid)钢笔写的,这是一个品牌名称,灵感来自于其制造商用来加固笔尖的锇和铱。①

　　在逐渐同化的过程中,我们更了解了元素。那些开采出它们、闻过它们或将它们塑形的人们,赋予了它们意义。通过这些艰难的过程,一个元素的重量被揭示,电阻被测量,这样,莎士比亚就可以引用金和银做比喻,并用一种他确定他的观众会理解的方式去运用这种比喻。

　　文化上所涉及的不仅是早先被发现的元素。当代艺术家和作家在创作中使用了相对较晚发现的元素,如铬和氖,以传递特定的意义,正如莎士比亚在他的时代所做的一样。50 年前,这些元素象征着消费者社会的天真魅力,现在看来,似乎已经变得廉价而俗气,意味着空洞的承诺。曾经被"铬"占领的地方现在可能被一个更新的元素"钛"所取代,"钛"被用于时尚服装和电脑设备。在这种情况下,元素的意义几乎完全脱离了元素本身:不含铂的"金发女郎"和铂金信用卡的数量可比铂金戒指多得多(即使是一些被研究得很透彻的元素也会经历这种转变)。"镭"曾经很流行,有时在物质上,有时仅在名义上,被用于各种各样的健康疗法。如今不再有锇制成的钢笔,但有一个铱星电话公司。

　　如果现在让我重整元素周期表,我仍然想收集每个元素的样本,也想追溯它的文化旅程。我觉得这些元素在我们文明的画布上留下了浓

---

　　①　该品牌的英文名 Osmiroid,是由锇(osmium)和铱(iridium)的英文合成的。——译者注

墨重彩的痕迹。木炭和煤的黑色，粉笔、大理石和珍珠中钙的白色，玻璃和中国钴的鲜明蓝色，大胆地穿越了时空、地理和历史。元素周期表的故事由此开始。

因此，这本书其实是在讲述一些故事：有关仪式和价值观的故事，有关开采与庆典的故事，有关迷信与科学的故事。它不是一本化学书——它包含了大量的历史、传记和神话，还包含了经济学、地理学、地质学、天文学和宗教的丰富资料。我有意识地避免讨论元素在周期表中的序列或者系统地描述它们的特性和用途，因为这一切在其他的书中都已有了清晰的表述。我认为，元素周期表已经成为一个过于强大的图腾，于其自身而言并无益处。排列有序的网格和它"凹凸不平的边缘"，奇怪的名字和神秘的符号，元素遵循一种排列方式，就像在字母表中一样，很明显是没有规律的——所有这些都有着奇异的吸引力。它们为电视问答提供了无限的素材：元素表上锌的东南方向是什么元素？答案是铟。但谁会在乎这个呢？就连化学家也不会用这种方法来使用这张图表。

这些元素给人们提供了真正的趣味。我曾经认为无懈可击的元素周期表其实并不存在。一些化学家可能会否认这个观点，但元素周期表只是一种构造，一种助记符号，一种特别智慧的元素排列方式，揭示了其中的某些规律和共性。然而，并没有实际的法律反对根据不同的规则来安排这些元素。美国讽刺作家汤姆·莱勒在他著名的饶舌歌《我是现代大将军的典范》中，纯粹为了押韵和韵律而重新排列了元素，为阿瑟·苏利文的曲子填词，这支曲子出自歌剧《班战斯的海盗》。

我希望能重新发掘一些文化主题，把元素重新分类，令这张表好像是出自人类学家之手。为此，我选择了五个大标题：权力、火、技艺、美丽和稀土。

正如英国诗人约翰·梅斯菲尔德的诗歌所显示的那样，帝国的力量总是依赖于对元素的占有。罗马帝国建立在青铜上，西班牙帝国建立在黄金上，大英帝国则以铁和煤为基石。20世纪超级大国的平衡是由核武器库来维持的，这个核武器库基于铀及由它衍生出的钚。在"权力"一章中，我认为这些元素中有些是作为财富积累起来的，有些最终被用来作为一种控制手段。

理解"火"这一章中所讨论的元素,关键在于理解它们燃烧所发出的光或其腐蚀作用。举例来说,也许从上学时我们就记得,钠是一种元素,一旦接触水,它就会爆炸。但我们首先要知道的是,它令街灯发出的枇杷黄色无处不在。这是一种非常特别的光,许多作家都把它作为城市整体萎靡不振的象征。

最后,任何元素获得的任何文化意义都源于它的基本属性。这一点在手工艺人选择原材料的例子中最为明显。千百年来的锤击、绘画、铸造和抛光,赋予了许多金属元素文化意义。"技艺"一章解释了为什么我们认为铅意味着沉重,锡意味着廉价,而银那闪耀的光芒则意味着纯洁的天真。

人类操纵这些元素,不仅为了获得它们的功能,也因为它们的外观给我们带来了纯粹的快乐。"美丽"一章展示了许多元素及元素的化合物所散发出的光,给我们的世界带来了色彩。

最后,在"稀土"一章中,我去了瑞典,为了探索特定的地方是如何成为许多元素的标记,以及这些地方是如何被那里所发现的元素所标记的。

我走访了矿山和艺术家的工作室,拜访了工厂和教堂,涉足过森林,航行于海上。为了给自己制造一些元素,我再现了一些初期的实验。我很高兴在小说中也能找到丰富的元素的影子,在一本书中,让·保罗·萨特看到了铅的熔点的恒定性(他说是 335℃)。而弗拉基米尔·纳博科夫则在碳原子的"四价"里发现了苯乙醇的意义。在伦敦的肖尔迪奇区,我去拜访科妮莉亚·帕克。她是位艺术家,她的事业使我们想起许多元素的文化意义。在商店橱窗前,我被摆放在里面的一座某位艺术家的雕塑作品迷住了,那是一座核电站的雕塑,装在发光的铀玻璃中,像青柠果冻一般晶莹剔透。这些元素不属于实验室,它们是人类共有的财产。元素周期表的传说是对一段旅程的记录,其中所记录的有些元素,在我还是一个化学家时也无法触及。来读吧,你会被元素的光彩所吸引的。

目录
CONTENTS

目录 ✿ ＝
CONTENTS

目录
CONTENTS

二

第一章　权力

Power

埃尔·多拉多

Part.01

2008 年,大英博物馆展出了一座模特凯特·莫斯(Kate Moss)真人大小的雕塑。这件艺术品名为"塞壬"(Siren)[①]。它是以纯黄金雕成的,据称是自古埃及以来最大的黄金雕塑,然而这种说法很难被证实。塞壬被放置在涅瑞伊得斯画廊展出,紧邻出浴的阿弗洛狄忒雕像。

我看过凯特·莫斯其他的一些照片,对这个雕塑的第一印象是,她看上去是多么娇小,并且呈现出一副看起来极不舒服的瑜伽姿势,虽然这也可能是一种错觉,毕竟,我们没有多少机会能一下子看到这么大块的闪亮的金属。我失望地发现,这金子看起来并没有被很好地打磨光滑,并不是那么金光闪闪,表面带有金属拉丝,使它的纹理呈现出一种颗粒状的高光,并不是我所期望看到的那种明亮的光泽。

雕塑上还出现了一些斑点,可能是由不

模特凯特·莫斯塑像

同的金匠造成的。自古以来,金属的那种独特品质使它具有宝贵的文化意义,可这种品质在这座雕像上体现得很糟糕——只有脸部十分光滑,让人不由地想起图坦卡蒙的陪葬面具。那张毫无生气的、凝重的面孔有着令人不安的效果。完全出乎人意料的是,公众对其主题的高度关注,打破了时间的界线:这不再是一个 21 世纪名人的形象,而是非人类、非世俗的形象,它尖尖的鼻子、撅起的嘴唇,与其说属于一个活生生的人,不如说属于一个死亡面具或是一座祈祷者的雕像。

这座雕像标价 150 万英镑。艺术家马克·奎恩一时兴起,要创作一个作品,这个作品要用与模特身体质量相等的 50 千克重的黄金制成,可以说,金重代表了她的体重,也许,这样可以促使头脑精明的旁观者们去思考有关奴役与赎金的问题。我估计,如果雕像是由实心纯金制成的,那它的尺寸只能缩小到花园守护神的大小。因此,奎恩的作品必须是空心的。一些艺术家的评论也持同样的观点。虽然该作品宣称仅以黄金制成,但我估计,需要有某种支架来支撑这种柔软的金属,否则,雕像会散架的。后来,我又查询了一下黄金的价格。尽管塞壬的展出是在全球经济动荡时期,黄金的价格翻了一番,可每千克也只有 1.5 万英镑,这样一来,雕像的价值也高不到哪儿去,也就值 75 万英镑。其 150 万英镑的定价大概包括人工费用在内。

我看到,人们排着队拍摄黄金莫斯的照片时,要么直接拍雕像,要么让他们的伴侣站在雕像旁拍下合影,天知道他们想把两者之间进行怎样的比较。我很好奇,雕像的哪里吸引着他们,哪一个因素更强大些,是对名人的崇拜还是对黄金的崇拜?塞壬究竟是什么?来朝拜现代阿弗洛狄忒的多半是男性,很少有人旨在欣赏雕塑艺术。有些人的确是被名人的魅力所吸引,可奎恩的粉丝比莫斯的粉丝还多吗?我询问了一个女孩如何看待这个问题,她的男朋友是一位波兰人,被雕塑吸引住了。这个女孩承认:"它很美,"似乎不这样说就不妥似的,"可是它不属于这儿。"另一位女士正在用她的手机给雕塑拍照,她说话的口气里带着轻微的不屑:"我把它拍下来只是要当手机桌面。"

有些人认为,黄金比任何古老的事物都更具永恒的魅力,现代科学发现的任何元素都无法挑战黄金这种至高无上的地位。如果说这种金属真的有什么特别之处的话,它到底特别在哪里呢?

··

从特征上看,金是黄色的。如果是一朵黄色的花儿,有人可能会觉得很美,有人则不这么认为,毕竟,每个人的审美爱好不同。可如果是金,显然,这种颜色与独特金属光泽的结合,让我们不由地被吸引。甚至连社会学家索尔斯坦·凡勃伦也被它吸引。原本大家以为像他这样的人对此会保持一些职业性的谨慎。在他的代表作《有闲阶级论》(1899)中有一章,题目是"金钱的生活水准"。在这一章中,他把黄金描写成"高度的感性的美",似乎这是一个客观事实,不以旁观者的眼光而转移。

还有一个事实是,这种颜色可以保持持久的光泽,因为金可以抵抗空气、水的腐蚀,甚至几乎所有化学试剂都拿它无可奈何。罗马时代的学者老普利尼认为,我们对黄金的热爱,正是由于这种独特的持久品质,而不是由于其他,尤其不是由于它的颜色。据他观察,"它是唯一一种经烈火烧灼而毫不受损的金属"。正是由于这种耐力品质,让人们把黄金与不朽联系了起来,也与皇室和神性联系了起来。佛陀被视为开悟和完美的象征,这种金属不会被腐蚀的特性,还催生了一大批理想事物:黄金分割、中庸之道(golden mean)、金科玉律等。

黄金之所以特别,还因为它密度很大,柔韧性和可塑性强——它可以被锤打得薄如蝉翼。西非有一条谚语说:"它能拉长到可以环绕整个村庄。"确切地说,尤其是黄金的重量,如同其他致密的物质那样,常常以其实际构成的方式表示价值,因为它们的相对重量传递了纯粹的数量感。黄金的抗化学侵蚀的特性——换句话说,它保持纯净状态的能力——也是价值的象征,因为我们自然而然地认为,能够持久的东西比较值钱。其次,这种物质在经济上也很重要,正是由于这种重要性,凡勃伦才会大费笔墨对它进行评论。这种美与价值的融合,正是我们理解黄金的核心。

在古代人眼中,黄金是唯一一种典型的、以元素状态被发现的金属。但由于它过于柔软,不能用于制造武器,也许正因如此,最初它并没有被广泛地使用,甚至没有被用作装饰品。即使是在黄金矿产相对丰富的地方,如澳大利亚和新西兰的部分地区,原住民们也常常对它视而不见。但是,在欧洲、非洲和亚洲,这种金属却被赋予了极高的价值,很快被用于制作首饰,接着又被用于钱币的铸造。

世界上第一枚硬币是在公元前 7 世纪的吕底亚,用天然的银金矿冲压出来的金银合金制成的。到了公元前 550 年左右,克里萨斯国王铸造了纯银币和纯金币,自此,这种黄色的金属被人们选中,作为财富的象征。有了国家财力的支撑,克里萨斯的货币制度促进了贸易与银行业的发展。因为硬币的诞生,黄金的价值日益上涨,这就要求原生金矿必须纯净,但其纯净度还需通过测量来确定。因此,黄金受到了充分的测试和估价以及绝对的崇拜。

约 600 年之后,对于黄金对人性的腐化作用,普林尼持严厉的批评态度,他希望黄金带来的腐化能被完全地从生活中驱逐出去。他谴责那些佩戴黄金的人,也同样谴责那些拿黄金做交易的人,**"那些首次将黄金戴在手指上的人,犯下了最严重的危害人类生活罪"**。**"人的第一件罪恶是铸造了金币和银币,之后他们又犯下了第二重罪恶。"** 罪恶并不在于物质本身,而在于人类改造它们的行为。天然的黄金孕育着太阳的光芒,但被铸造的黄金成为堕落的、不洁的、日益高涨的欲望的象征。托马斯·莫尔爵士在他的《乌托邦》一书中,证实了这一道德上的区别。在乌托邦中,人们储存黄金不是为了制造华美的装饰品,而是为了制作马桶。

伟大的头脑总是认为,黄金是权力的关键。法老难道不是依靠黄金牵制了聪明的苏美尔人和巴比伦人整整 3000 年吗?罗马人难道不是被他们对高卢人、迦太基人和希腊人所拥有的黄金的嫉妒所驱动,才发动了侵略战争吗?[①]

这就是黄金的货币价值,自然矿产往往讲究光彩夺目,很快它们就会变得与实际的地理位置完全没有关系了。俄斐这个《圣经》中盛产黄金和宝石之地,是所罗门宝藏的来源。这是个港口,大约位于阿拉伯南部。满载着尼尼微城所产的黄金的帆船,也正是在这里起航的。在约翰·梅斯菲尔德的诗歌《货物》中对此有记载。古希腊地理学家斯特雷波曾提到,在红海非洲口岸开采的黄金,大概是埃及人的黄金来源之

---

① 高卢人是指广泛分布于欧洲,甚至在罗马时期曾扩张至安那托利亚中部的使用高卢语(拉丁语族的一个分支)的那些人。迦太基人是指居住在古城迦太基的人,古城迦太基坐落于非洲北海岸(今突尼斯),与罗马隔海相望,最后因为在三次布匿战争中均被罗马打败而灭亡。——译者注

· ·

一。随着时代的进步,人类的想象力也扩大了。到了葡萄牙航海家瓦斯科·达·伽马时期,人们普遍认为俄斐在非洲南部,大约在今天的津巴布韦这一带,或者是在菲律宾。哥伦布则认为俄斐在位于拉丁美洲西印度群岛中部的伊斯帕尼奥拉岛(即海地岛)上。随着西班牙远征新大陆的进程,人们将黄金神化了,还出现了有关埃尔多拉多的新的神话。埃尔多拉多,是传说中位于南美洲的黄金之城,其字面的意义是黄金人,据说埃尔多拉多是某个部落的牧师,他在主持神圣仪式时,会全身涂满黄金。而在西方探险家的想象里,埃尔多拉多变成了一个"新俄斐",一个地图上未曾标明的富有之乡。

1519 年 3 月,西班牙军事家和征服者埃尔南·科尔特斯开始了新的征程。这一支由 11 艘船只和 600 人的军队组成的规模空前的船队,从古巴出发,声称要为西班牙皇室征服墨西哥大陆,将这片土地上的宝藏收入囊中。历经多次小规模战争之后,科尔特斯到达了阿兹特克人的首都特诺奇蒂特兰。阿兹特克人是北美洲南部墨西哥人数最多的一支印第安人。在那儿,他和他的手下受到了蒙特祖马二世的礼遇,获赠了大量的黄金作为礼物。西班牙人却耍了花招,将蒙特祖马二世囚禁了。不久之后,阿兹特克帝国陷落了,西班牙人控制了墨西哥大部分土地。尽管取得了如此战绩,可除了主人作为礼物赠予的之外,科尔特斯的部队仅发现了少量的黄金。后来的移民者们去往墨西哥开发银矿,为西班牙帝国积累财富。

13 年后,弗朗西斯科·皮萨罗花了很长时间准备,包括沿着太平洋海岸到印加帝国北部边缘的侦察航行,以及返回西班牙获取资金的航行。这之后,他出发去秘鲁,寻找印加宝藏。他们又一次受到了礼遇,可又再次采取了背叛行为(皮萨罗师承回到西班牙的科尔特斯)。这些征服者们发动了突然袭击,俘获了印加帝国的末代皇帝阿塔瓦尔帕。一如既往地,他们计划将阿塔瓦尔帕变为附庸国的统治者,以此来掌控这一地区。可阿塔瓦尔帕另有打算,他决定用赎金来吸引西班牙人。他提出用巨额的赎金来换取自己的自由。在一间 6 米长、5 米宽的屋子中,他会在屋里一次装满黄金,再两次装满白银,都装至人伸手可及的最高高度。这间"赎金屋"至今仍保留在秘鲁的卡哈马卡。当然,这屋子不可能真的被全部装满。尽管如此,西班牙人还是将重达

11吨的黄金艺术品熔成金条,并运回西班牙,这些艺术品无一不精美无俦。当船只起航之时,西班牙人又幡然毁约,杀死了阿塔瓦尔帕。

好一笔意外横财!可埃尔多拉多在哪儿呢?寻找还在继续着。1541年,皮萨罗同父异母的兄弟贡萨洛自内陆厄瓜多尔首都基多出发,却没有发现什么黄金之城,只开辟了一条自大西洋到亚马孙河的航线。其他的西班牙冒险家听闻了一个传说,说哥伦比亚的穆伊斯卡人将黄金祭品扔进山顶的湖泊中,以取悦居住在湖底的金神。当这些冒险家到达这些湖泊时,他们粗暴地想将湖水抽干,可是400年间,人们只从湖中挖出了很少的黄金。

1596年,沃尔特·罗利航行至委内瑞拉,只带回少量的黄金,可他对埃尔多拉多的执念却从未动摇过。所有这些航行,给了伏尔泰大量的素材,1759年他写出了流浪汉小说《老实人》。在这部作品中,他尽情讽刺了欧洲人的贪欲。天真的英雄甘迪德厌倦了自己在威斯特伐利亚那舒适而又乏味的生活,于是他决定环游世界,见证人世间的艰辛,从三十年战争①,到里斯本地震。他毫不费力地发现了埃尔多拉多城并受到了盛情款待,之后,他带着作为礼物的50只绵羊,满载着金子与珠宝,再度出发了。起先,甘迪德和他的同伴们被美好的愿望支撑着,这个愿望就是"拥有比亚洲、欧洲和非洲的财富加在一起还要更多的财富"。可随着旅途的推进,那些绵羊接二连三地或是倒在路边,或是陷入泥沼,或是堕下悬崖,这迫使甘迪德认识到,财富易逝。

在1520—1660年间,西班牙进口了200吨黄金,却没有去寻找一处合适的储藏地,而是不断地扩展其在新大陆的矿场开采。埃尔多拉多从来都不是一处地点,而是一个理念。

这些不断重复发生的事件之间,除了欧洲人的贪婪与背叛之外,还有一个共同前提,就是假定所有的人都认为黄金是人类所知道的最有价值的物质。但事实并非如此。阿兹特克人、印加人及其他新大陆的原住民将黄金供奉给神明,却并不拿这种金属当金钱使用,所以它只有很小的市场价值。有时候,即便是为了宗教目的,比起黄金来,其他的

---

① 三十年战争是由神圣罗马帝国的内战演变而成的一次大规模的欧洲国家混战,也是历史上第一次全欧洲大战。——译者注

金属也更为大众所喜爱。例如伊斯帕尼奥拉岛的原住民泰诺人、古巴人和波多黎各人赋予黄金和白银不同的功用，对其他一系列有色合金也是如此。这些原住民被哥伦布及其随从们所奴役，但他们却与巴托洛梅·德拉斯·卡萨斯成为朋友。他是首位被任命在新大陆传教的基督教教士。德拉斯·卡萨斯是印度历史作家，乌托邦社区的创始人，一位解放神学的信徒，他坚信科尔斯特是一个庸俗的冒险家。他观察了泰诺人的习俗，发现他们并不以黄金的重量或成色来判定它的价值，也不会像西班牙人那样，将拥有黄金视为自我价值的证明。泰诺人更重视瓜宁（guanin），这是一种铜、金和银的合金。他们喜爱这种合金的紫红色，最重要的是，这种合金有其特有的气味，这种气味可能是由于铜和人手上的油脂之间的反应而产生的。对他们来说，纯金是黄白色的，没有气味，毫无吸引力。

黄金也好，瓜宁也好，都与权力、权威和超自然世界相联系，可瓜宁更具有象征意义。黄金是天然的，瓜宁却与之不同，是熔炼而成的。这就使这种合金更为宝贵。尤其是这种工艺在伊斯帕尼奥拉岛无法达成，只能从哥伦比亚引进成品，这就使这种合金看起来好像来自另一个世界。黄金可以从河床中打捞出来，可是，瓜宁看起来却像是只能由天堂制造。

在哥伦布发现美洲大陆以前，黄铜这种旧大陆上的合金完全不为人所知，其实它有着与瓜宁同样的吸引力。这种合金由西班牙人带来，也同样被看作是来自遥远的天堂。它被赋予了一个新的名字，将它的光泽与晴朗的天空相提并论。在向东而行，去往西班牙的旅程中，每过1海里（约合 1.9 千米），黄金的价值能提升几许呢？而毫不起眼的黄铜，价值又能提升几许？西班牙轮船满载着这两种黄色的金属，穿越大西洋的每一条航线，目的只有一个：满足两个无法相互理解的上流社会奢华的口味。此番壮举，为凡勃伦和伏尔泰的嘴角增添了一个讽刺的微笑。

我觉得，是时候弄一些黄金去拜会理查德·赫休顿了，他是一位来自伦敦自然历史博物馆的经济矿物学家，说到黄金，他可是权威。他办公室的地板上散放着杂色岩、红赭石、闪亮白、金属黑色的石头，各自放在一个盒子里，为了找个位子坐下来，我得小心地绕着这些盒子走。赫休顿本人穿着件伐木工人的衬衫,就好像他刚刚从山腰上下来。"我热爱黄金。"他简洁地说,"我热爱从岩石中找到它的过程。"他递给我一块镇纸大小的石英石,上面有指甲盖大小的黄色包裹体。人人都了解黄金,我们已经在信贷危机中看到它,它是一种替代品,一种值得信赖的商品。每一种受欢迎的报纸,每一天都要刊登黄金的报价。钻石的价值取决于它的光泽度,就如同一幅画的价值取决于公众对艺术家的评价。但黄金永远是黄金,纯粹而简单。"我认为它无可取代。"

随着19世纪淘金热潮的到来,黄金更多地体现了一种对民主的追求。1848年12月,美国第十一任总统詹姆斯·波尔克无意间首次提出了这一观点。当时他正在发表国会年度声明,声明中他提及在加利福尼亚的萨特堡发现了黄金。到了1849年年末,美国的非本土人口已翻了两番,达到11.5万人。不久后,在澳大利亚,英国王室试图维护其在金矿上的古老特权,无奈淘金的势头是如此疯狂,而政府又是如此无能,这一企图无法强制达成。无独有偶,直到20世纪的最初几年,在北美洲、澳大利亚和其他地方,黄金产量的不断增加,使经济学家们无法看到这种金属除了作为货币以外的任何价值,他们担忧着货币价值的全面崩溃。

一位早期的美国淘金者塞缪尔·克莱门斯,在淘金失败之后,成了众所周知的作家马克·吐温。1861年,克莱门斯向西到达内华达州领地,他的哥哥是当地的地方官。他在几处金矿碰运气,并将自己的经历写进半自传体回忆录《苦行记》。在这本回忆录中,马克·吐温给他收购了股权的一些普通的金矿起了夸张的名字,也并没有如实地表现出他对工作的纯粹的厌恶。他反复地描写了爆破和筛选那些又硬又难下手的石英,以获取其中微量的黄金的情节。

马克·吐温的确是有足够的理由灰心丧气的,因为他为了获得黄金,甚至连咒语都使出来了。一无所获之下,他被困于内华达州的弗吉尼亚城,在选矿厂找了份工作——在矿渣中分离贵金属。干这活儿的方法之一是熔合法,利用汞来熔化金,再通过加热,从汞合金中提取黄金。不幸的是,马克·吐温在干活时忘记摘下自己一直戴着的金戒指,很快,他发现,戒指已被汞融成了碎片。

如今黄金热潮一去不复返,但大城小镇依然保持着淘金热。当一个大型金矿被发现时,这种热潮就再度被掀起。数年前,我访问了克里普尔克里克,它位于科罗拉多大峡谷,曾经是世界上最大的金矿所在地。1890 年,一位名叫罗伯特·沃马克的牧场主发现了一个金矿,从此拉开了这个镇子传奇的序幕。这是一个稀有矿,它所含的银、金都呈现出盐的状态,而非一般的金属状态。关于这个矿的发现,其中的一个版本是,炉膛的热量引起地面渗水,水中含有熔化的金子。淘金者们蜂拥而至,一年之后的 1891 年 7 月 4 日,一个名叫温菲尔德·斯特拉顿的木匠声称拥有这座独立的矿脉,它是迄今为止发现的最大的金矿之一。1900 年,斯特拉顿以 1000 万美元的价格卖掉了这座矿,而此时,沃马克已把他可怜的那点积蓄在酒杯里花光了。克里普尔克里克最终产出了近 3 亿美元的黄金。

我在宽阔的大街上走着,街道微微地弯曲,像钟摆的轨道倾角。街道两端景色开阔,直通白雪覆盖的群山,还有林木线以上裸露的地貌。街道两旁建筑林立,都以砖和灰泥筑成,有丰富多彩的维多利亚纹饰和精致的木质飞檐,一个冰激凌店、一个杂货店、一些工艺品店,街面被凤凰街区阻挡之后又再度升高。许多建筑上都刻有相同的年代:1896 年。这个小镇从无到有,又自此沉寂下去。很容易得出这样的结论:狂热的淘金

克里普尔克里克镇

潮使这个地方一夜兴起,很快又沉寂下去。我注意到,弗里哥商业中心在提供免费的金矿样品。这似乎可以证明美好时光一去不复返了。

（今天，人们已不再淘金，却依然追求着一夜暴富，该镇最近试图通过将赌博合法化来重振雄风。）

神话中常把金子和水联系起来。古希腊神话中弗里吉亚王国国王迈达斯十分贪财，号称能点物成金。他在萨迪斯河水中洗去了点石成金的诅咒，这正是金羊毛传说的起源。（金羊毛传说就是将羊毛放入流水中捕捉细小金属颗粒的把戏。）因此，科学家们把探寻目光投射到了波浪之下，也就不奇怪了。瑞典化学家、诺贝尔学院的第一任院长斯特万·阿伦尼乌斯，在许多领域都取得了显著成就，包括对地球大气层温室效应极富先见之明的预测。他的很多理论都基于对溶液电导率的研究，在1903年的研究中，他估算出了海水里金子的含量。他计算出每吨海水中的金元素含量为6毫克。照此水平，全世界海洋中的金含量可达80亿吨，而当时全球黄金年产量仅为几百吨。

1920年5月，阿伦尼乌斯的德国朋友弗里茨·哈伯去斯德哥尔摩旅行，同时去领取他所获得的诺贝尔奖（于1918年获得，但因第一次世界大战而延迟了颁奖），以奖励他从大气中的氮气中找到合成氨的方法。这是一个突破，很快，这个方法被证明对化肥和炸药的生产至关重要。阿伦尼乌斯和他进行了长时间的讨论。在哈伯回到德国之后的几天，胜利的盟国宣布了和平条件：德国要支付269亿马克的赔款，于是哈伯决定利用科学来赚钱。

在哈伯的脑海中，一定有着一个莱茵河的黄金传说。在瓦格纳的神话歌剧《尼伯龙根的指环》的第一部中，河底的金子在阳光下闪闪发光，由三位饶舌的莱茵少女看护着。侏儒阿尔贝里希看着这三个少女，她们低声耳语着一个秘密：有一只由河底黄金制成的戒指，谁拥有了它便可以拥有无穷的力量。与普林尼和德国伟大的冶金学家阿格里科拉一样，瓦格纳煞费苦心地想要表明，黄金本身是无罪的，人类用黄金制造出的物品才是罪恶的，正如萧伯纳在他的《完美的瓦格纳》一书中所解释的那样。萧伯纳在对《尼伯龙根的指环》的评论中指出，莱茵少女是用**"全然非商业化的眼光看待黄金的，只欣赏它的美丽与光泽"**。她们唱道：将黄金变成戒指，只有人类有这手艺，这正是那个被抛弃的、贪赃的阿尔贝里希才会做的事。接下来的三个晚上，在歌剧院里，

··

这戒指被交易、被窃取并引发争斗、被作为赎金支付①。

"让戒指的诅咒大行其道，直到最后，由河水将它收回。"这是瓦格纳在第一次狂热的淘金热潮时期写出的歌词，在当时来说也许意义重大，而萧伯纳则是用 1898 年克朗代克河淘金热为例来进行评论。

这一诅咒在哈伯身上应验甚慢。他将全世界的海水样本收集到他位于柏林的实验室，以此开始他的研究项目。化学分析证实了阿伦尼乌斯的数据。之后，在一家对金属有兴趣的财团的赞助下，他装备好了一艘船，于 1923 年出海。但是，在这次横渡大西洋的旅程以及随后四年里的其他数次航海旅行中，他的测量似乎显示出，海水中这种贵重金属的含量越来越少。他沮丧地得出结论：溶解在海水里的黄金含量极小，完全不足以涵盖提取黄金的巨大成本。但现在看来，这种结论是错的。

近来，对海水中的黄金数量的估计更为乐观：据说每吨海水约有 20 毫克金，是哈伯所认为的 3 倍之多。原则上说，世界上的海洋含有的黄金，按目前的价格来算，价值 3×10^{16} 英镑，换句话说，相当于 4 亿个凯特·莫斯黄金雕塑的价值。就算利润是如此有吸引力，但是，根据英国矿物学家理查德·赫林顿所说，"在目前的情形之下，提取的费用实在太高了"。他进一步说明，在莱茵河真的有黄金，"但一年最多只能开采到 15 公斤"。

在某个特殊时期，将金子溶解的方法得以成功运用，这纯粹是个意外。1933 年，纳粹对德国犹太科学家的压迫，导致许多人移居国外或在国外实验室避难。有两位曾获诺贝尔奖的物理学家将他们的奖章交给哥本哈根理论物理研究所的尼尔斯·玻尔保管，他们中的一位是马克思·冯·劳厄，他因发现了晶体的 X 射线衍射现象，于 1914 年获诺贝尔奖；另一位是詹姆斯·弗兰克，他因发现了支配电子与原子相互碰撞的定律，于 1925 年获诺贝尔奖。德国军队开进丹麦时，玻尔已将自己的诺贝尔奖章捐赠出去，作为战争救济进行拍卖。可他还是用心地将两位德国人的奖章给藏了起来，因为如果在他的实验室里搜出了这

① 《尼伯龙根的指环》包括四部。前夕：《莱茵的黄金》；第一日：《女武神》；第二日：《齐格菲》；第三日：《诸神的黄昏》。全剧要演四天，所以有"接下来的三个晚上"之说。——译者注

些奖章,对这些已名誉扫地的德国科学家来说就更是雪上加霜了。奖牌上刻有获奖者的名字,而且是用金子做的,所以把它们带出德国是非法的。

在哥本哈根,与玻尔共事的是匈牙利化学家乔治·德·赫维西,他于 1923 年发现了某种元素,他用这座城市的拉丁语叫法 Hafnia,将其命名为铪(hafnium)。起初,赫维西提议将奖章埋入地下,但玻尔认为这太容易被发现了。于是,当纳粹军队蜂拥而至的时候,他用王水将奖章溶解了。过后他抱怨说,这颇费了点功夫,因为金牌分量较重,甚至在这种强酸中也很难溶解。纳粹接管了理论物理研究所,仔细搜查了玻尔的实验室,可却忽略了架子上的那瓶棕色液体,并没有问及那瓶子里装的是什么,这才使它得以保存下来,并在战争期间安然无恙。战争过后,玻尔给瑞典皇家科学院写了封信,将奖牌归还,并解释了它所经历的一切。黄金被还原了,诺贝尔基金会适时为两位物理学家铸造了新的奖牌。

世界上有许多极有用处却不为人知的事物,王水就是其中之一。炼金术士发现它能溶解黄金,为现代化学做出了贡献。自然,这一发现让人们极为兴奋。在弥尔顿的《失乐园》一书中,撒旦巡游了世界奇观,他看见"河水流金"。如果说固体的黄金是完美、不朽与启蒙的象征,那么如果它能被人体吸收——这种溶液通常与芳香油混合制成一种类似金属醋油的东西——无疑,它被当成了包治百病的万灵药。

黄金的另一伟大之处,在于它的稳定性,这留给了怀疑论者很多空间,去探讨它是否于人有益。托马斯·布朗——诺里奇的一位医生和作家,在他的《世俗谬论》一书中曾探讨过这一问题。这本书以科学原理揭露了 17 世纪一系列的城市神话,博学又有趣味。"**黄金内服,**"托马斯·布朗写道,"**疗效很好,在各种医疗用途中被频繁使用,但也受到极大的质疑,无人能给出定论。**"真金不怕火炼,通过观察这一现象,他发现,黄金可以进入身体然后被排出,但不会带来任何疗效,这种说法太容易令人信服了——这个念头曾让他一度怀疑迈达斯和他的金鹅的故事。但随后,他笔锋一转,表示虽然黄金不可能有本质上的改变,但还是可能会发挥一些作用,也许类似磁石所带的磁力和琥珀所带的电荷。最后,他模棱两可地说:"也许,否认黄金可能的疗效有失公允。"然

·· ·

而,在接下来的一个世纪里,法国医生及药剂师艾蒂安·弗朗索瓦·杰弗洛伊对于黄金的疗效却没有丝毫疑虑。"**黄金,**"他冷静地写道,"**在医学上来说,是所有金属中最无用的,除了作为治疗贫困的良药。**"

在某圣诞节,我买了一种含有"黄金、乳香和末药①"的巧克力,尝试了一回"内服黄金"。乳香和末药无法盖住可可的味道,而碎金箔在每一小块巧克力上肉眼可见。我吃了之后没有出现任何不良反应。也许它对我是有益的,然而我也没有发现它是灵丹妙药。我翻了一下包装纸,不经意地看了看配料表,惊讶地发现,黄金有它专用的添加剂码E175。似乎食品监管者像布朗一样,还是保留了金是可食用的看法。

---

① 末药,又作没药,在东方,它是一种活血、化瘀、止痛、健胃的中药,来自古代伊朗、阿拉伯及东非一带;在西方,末药是一种据说有神奇疗效的药物。——译者注

沃利斯·辛普森,一位两度离异的美国社会名流,于 1937 年与爱德华八世结婚,成为温莎公爵夫人,可她并不为正统社会秩序所接受。但说到珠宝,她可是讲究之极:"任何一个傻子都知道,花呢套装之类的日常穿着要配黄金,晚装却要配铂金。"

20 世纪前叶,铂金开始崭露头角。人们发现,白银实在是太普通了,他们认为,铂金是制作首饰的首选金属。它是最重的金属之一,其密度是银的 2 倍,并且不是纯白色的。它并不璀璨夺目,它的光泽正如约翰·斯坦贝克所说的,是一种"珍珠般的光亮"。铂金的吸引力是相对而言的,它比银子重,比黄金更时髦。这是时尚对这些永恒元素的回应:自以为是、自我标榜。

铂金时代
Part.02

在一个普遍的经济困难时期,越来越与大众脱节的上流社会需要一种比黄金更珍贵却不那么招摇的物质,铂金正好满足了他们的这一需要。某种程度上,这有点奇怪。然而,之所以选择这种材料来满足这一需求,是因为铂金比黄金数量多一点,虽然这两种金属在地球地壳中差不多稀有,但土壤中所含铂金是黄金的 10 倍。就算不是真金(铂金)白银摆在眼前,铂金这两个字就已成为所有金属中最值钱的了。没过多久,它便已经街知巷闻,在奢侈品排行榜上,它已稳稳地排在黄金前面。铂金立刻成了一种新贵的象征,一枚财富的徽章,它不像黄金那样口碑由来已久,而是异军突起,充满投机意味,如同黄金一样令人迷失。美国小说家约翰·多斯·帕索斯在他的"美国三部曲"第二部《赚大钱》(写于 1936 年)中,描绘了一系列的人物,他们在临近大萧条的火热年代里,为了调和自己的理想与需要而努力挣扎。"铂金女孩的幽灵"萦绕在整部小说中,如警笛声般预示着新财富的诱惑。

弗兰克·卡普拉在他 1931 年的电影《铂金女郎》中,从新兴的金属象征中获得资本,进行投资。影片中的女郎是一个富有的社会名流,有一名记者正在调查她家族的丑闻,她引诱了该记者,与之成婚,随后又将他玩弄于股掌之间。珍·哈露担任该片主演。最初,电影名为"加拉赫",正是女主的名字,她一度失去了记者的爱情,最终又赢回了他的爱。然而,制片人霍华德·休斯私人签下了哈露,为了捧红她,执意要更改电影的名字。这一招奏效了,哈露和她那一头银色秀发同时大火了。休斯甚至以工作室的名义,悬赏征集市面上的理发师,看谁能完美复制女主角头发的颜色。可因为这部电影是黑白的,只有那些亲临片场的人才知道颜色对不对,他的赏钱因此得以保住了。

1931 年的电影《铂金女郎》海报

18 世纪,欧洲化学家认定铂为一种新元素,是七种已知的古老金属——金、银、铜、锡、铅、汞和铁——之外令人兴奋的发现,被誉为"第八金属"。但早在约两千年前,南美洲土著人就已经发现了它。这种元素的原生形态被称为"铂",这一名字是西班牙语中"银子"一词的简称。铂呈颗粒状或块状,主要为纯金属,内含其他贵金属或铁。通常,它会在河流中被发现,或者在淘金过程中,当轻金属被冲走后,在剩下的珍贵残留物中就会看到大量这种浅灰色的重金属颗粒。铂的熔点温度远高于黄金、铜甚至铁,比木炭燃烧时的火焰所能达到的温度还要高。土著铁匠应该不可能将这些颗粒转变成可以加工成珠宝和其他物品的形式,然而,考古发现,在厄瓜多尔出现了类似加工过的前哥伦布时期的文物,迫使欧洲冶金学家承认土著铁匠的超凡技艺,他们有完美的烧制方法,即不熔化颗粒物质,而是在其中加入金粉,触发金属的熔合,使其凝聚成一个整块。

起先,西班牙征服者一心追逐黄金,他们对暗灰色的铂金不以为然。一些金矿甚至会扔掉铂金,因为铂金无法让他们赚钱。1786 年,一位隐居在巴斯克自治区贝尔加拉的皇家学院的年轻法国化学家皮埃尔·弗朗索瓦·沙巴诺的研究成果引起了西班牙国王查尔斯三世的注意,这个时候,人们对铂金的态度发生了变化。当沙巴诺到来时,神学院实际上在某种程度上已成为矿物学的温床,而且秘密地囤积了一批珍奇标本。曾在此执教的福斯托·尔赫亚和胡安·乔斯·尔赫亚兄弟,已经从他们在德国学习期间获得的异常致密的钨矿石中分离出了元素钨。他们让沙巴诺从在南美洲获取的原生铂中提取金属铂。

没过多久,尔赫亚兄弟被提拔去掌管西班牙殖民地的新矿产,而沙巴诺则被带到马德里,并给了他一个豪华的私人实验室,让他在那里进行铂金的研究。国王的部长阿兰达侯爵掌管着全国的铂金储备,他看到它比银子更不值钱,便将铂金移交给了法国人。这一时期铂金被估值过低的一个原因是,西班牙人无法仿效新大陆的工匠,将这种金属变成可塑的形式,用于制作各种物品。很快,沙巴诺认为,自己已经成功地将铂金中的金、铁和其他无用的杂质去除,提炼出了纯净的铂金。但他发现,其属性令其无法凝固成为某一种形状,这一发现令他十分不解(这是因为提炼出的铂金中仍然包含其他未知的元素,如铱和锇,它们与铂金十分相似)。面对挫折,沙巴诺想要放弃,可他的赞助人说服他坚持下去。3 个月后,侯爵在他家的一张桌子上发现一个 10 厘米见方的金属立方体。他试着把它拿起来,他对沙巴诺说:"你没开玩笑吧?你让它固定成形了!"这一小锭金属重达 23 千克,这就是可塑的铂金!

起初,铂金样品在欧洲贵族中流传着,可没人知道它有什么用。

·· ·

处理这种金属很有难度,这就意味着它基本上是无用的(西班牙王室已经吸取了惨痛的教训,他们知道,即使是资金充裕的科学研究也不是总能迅速地获得投资回报)。18 世纪的传记作家贾科莫·卡萨诺瓦记录了一次对女炼金术士的访问,德·乌尔菲侯爵夫人曾计划将她的铂金转化为黄金。无论如何,沙巴诺的方法使这种新兴金属的价格开始攀升。西班牙国王向教皇赠送了一个铂金酒杯,这是用这种可塑的金属制成的第一件贵重物品。沙巴诺认识到了自己强有力的地位,他开始从事铂锭、坩埚及其他专用器具的买卖。与此同时,西班牙政府从它的南美洲殖民地新格拉纳达运回了更多的铂。1789 年 8 月,一只船装载了 3000 磅(约 1361 千克)的铂。虽然这种金属被严格置于皇权垄断之下,但因为它很便宜,还是足以吸引走私者和伪造者。他们常常用它来冒充纯金,因为它与金有着相近的密度。到了 1808 年,随着拿破仑入侵西班牙和新格拉纳达玻利瓦尔革命独立运动的兴起,该国短暂的"铂金时代"戛然而止。铂的密度大、耐腐蚀性强,这种奇怪的组合,使它成为法兰西共和国用于铸造标准度量衡的完美之选。而将它用于装饰的宏伟构想,却因为缺乏天才的工匠而被人遗忘了。

19 世纪,铂金的价格再度下降,因为在俄国、加拿大发现了新的铂金资源,而且为了提炼它,也开发出了更多的经济手段。俄国贵族觉得这种金属不够闪亮,不符合他们的品位,在没有其他需求的情况下,为了充分利用其资源,1828 年,俄国开始铸造面值为 3 卢布的铂金硬币。但即便如此,当全球金属价格进一步下跌时,这种情况也必须停止了。

在被引入欧洲后不久,铂金的价格跌到了最低点,那之后,它的价格又是如何上升,甚至超过黄金的价值的呢?市场定律表明,如果在供应短缺的情况下找不到答案,那么,就必须在供过于求的情况下寻求答案。技术应用的扩展无疑是一个因素:在电气设备和许多工业化学过程中,该金属可以作为催化剂。但有趣的是,铂金价值的上升,是由于其社会地位而非市场经济。

1898 年,路易斯·卡地亚继承了他父亲在巴黎的珠宝生意,推广腕表来代替怀表,由此使家族声名鹊起。卡地亚多年来一直在尝试使用铂金,而此时,他们决定用它替代银子甚至金子,用于任何可用的地方。像钻石这样的白色珠宝,被认为是搭配晚装的理想选择。黄金沉甸甸的,被认为庸俗,而银色又易氧化变色;此外,这两种金属都过于柔软。坚硬的铂金能确保卡地亚的镶嵌设计足够牢固,尤其是那种超大的宝石,用铂金可以镶嵌得不露痕迹,又非常坚固耐用。与金或银相比,这种金属略带灰色的光泽保证了人们会将注意力集中在宝石上。卡地亚的创新,挖掘出了铂金在贵重首饰上的时尚用途,这一状况一直持续到第二次世界大战爆发。二战时期,该金属被限量供应,因为一些重要的化学过程,如制作炸药等,需要用它来做催化剂。那时,铂金已获得新的威望,在 1937 年的加冕典礼上,著名的"光之山巨钻"就以铂金镶嵌,镶在乔治六世的妻子——伊丽莎白皇后的王冠上。沃利斯·辛普森要是知道她的弟媳拥有这个玩意儿,一定十分恼火。

　　卡地亚改变了上流社会的珠宝规则,同时,奥运会的复兴也出现了一种新观点,即根据不同金属的价值来显示运动员的卓越程度。古希腊奥运会只将桂冠授予最好的运动员。1896 年在雅典召开的第一届现代奥运会上,这项规则留存了下来。各项目的冠军被授予一枚银牌,亚军则获得一枚铜牌。直到 1904 年圣路易斯奥运会上,国际奥委会才决定分别授予前三名金牌、银牌和铜牌,并根据新体制,对前两届比赛的奖牌榜进行回顾性的修改。这种办法沿用至今,金、银已成为表现体育和艺术排名的传统方式。当卖出 100 万张唱片的时候,唱片公司便推出金唱片,以此褒奖他们的艺术家,也褒奖他们自己。佩里·科莫是美国二

"黄金已然过时。"

战后至摇滚兴起的20世纪50年代中期最伟大的流行歌手之一,是获得金唱片的首位艺术家。当唱片销量激增,金唱片变得司空见惯的时候,1976年,音乐产业引入了铂金唱片。在当今的规则之下,一张专辑卖出50万张可获得黄金唱片,卖到100万张时则可获得铂金唱片。美国运通很快跟进,于1984年推出了超越金卡的白金卡。

　　这一切都不再与铂金属的外观或性质相关,与它的稀有性也并无真正的关系,正如我们所知,铂金并不比黄金更稀有。不是对沃利斯·辛普森这样的人物,而是对我们这样的普通人而言,铂金的地位是一个更为复杂的势利的产物。如果我们认为它比黄金更令人向往,那完全是一种反向联想——因为我们知道,唱片由黄金至铂金,白金信用卡比金卡更难获得。在这样一个速溶咖啡、廉价巧克力和卫生纸都被冠以"黄金"的时代,人们必须找到更具威望的东西。至少现在,这个更具威望的东西,是铂金。

出身低贱的
贵金属
Part.03

1803 年 4 月,伦敦苏荷区的一家古玩店正在出售少量的闪亮金属。一份匿名分发给伦敦科学家的传单鼓吹它是"钯"或"新白银",并信誓旦旦地称它是一种"新的贵金属"。接着,传单中详细描述了该材料的特性,比如:铁匠铺最高温度的火也无法将其熔化;还有,如果你用少量硫黄加热并触碰它,它会变得和锌一样容易流动。

这一消息瞬间引起了轰动:这是谁写的?这是真的吗?如果是真的,为什么不以开放合作的公民精神发出公告?这种精神,在当时不是已经成了科学的标准了吗?

一位有才华的爱尔兰分析化学家理查德·切弗尼克斯对此深表怀疑,他来到该店,买下了所有未售出的这种金属(共 3/4 盎司,约合 21.3 克)。他投入地进行了一系列的分析,以揭露这个骗局。但事实上,他所买的东西的确拥有它所声称的新奇特性,这一结论使他万分惊讶。然而,切弗尼克斯向皇家学会发表自己的意见,说它并不像"可耻的吹捧"中所说的是什么新金属,更有可能只是铂和汞的合金。其他科学家无法证明切弗尼克斯的结论，但几乎都不想去另寻解释：一项重大的科学发现可能就藏在一份没有署名的宣传单里。

最终，事情也没那么糟糕，因为人们很快发现，这种金属真的是科学上的新发现。事实上，这个宣传单的作者、这种新金属的发现者，也是摆脱这场灾难的原因之一——威廉·海德·沃拉斯顿，当时已经是崭露头角的化学家了，他以一个铂金项目的研究而知名。但为什么他在这种情况下表现得如此古怪呢？

50 年内，欧洲政府将从南非来的铂金视为欲望与绝望的混合体，意识到它有可能被转化成有光泽的贵金属，梦想着也许它能推动欧洲的经济发展，就如同几个世纪以前，来自新大陆的黄金和白银那样。但是他们缺乏实现这种转变的方法。在西班牙，沙巴诺对他的方法秘而不宣，只宣称发现它偶尔在装饰物上有市场。

沃拉斯顿和另一个化学家史密森·特南特一起，秘密地着手研究这个问题，他们意识到彼此兴趣相投，于是决定通力合作，看看能不能大规模生产皮埃尔·弗朗索瓦·沙巴诺所说的"可塑铂"，找出其在科学和工业上的新运用。

沃拉斯顿和特南特都是牧师之子，都曾在剑桥学医，接着又都转向自然科学研究，然而两人的相似之处也仅此而已。特南特童年时就痛失双亲，多半靠自学成才。沃拉斯顿则是在一个有 14 个兄弟姐妹的大家庭里长大，一路顺风顺水，取得了学术上的成功。特南特比沃拉斯顿年长 5 岁，为人幽默善良，但工作懒散，做项目常犹豫不决，但一旦确定了一个工作流程，他总能恰当地遵守实验方法和报告的规则。沃拉斯顿十分严谨，自控力几乎到了可怕的地步。据说，他可以用钻石在玻璃上写很小的字，小到用显微镜才能看清。他嘴巴很严，有点古怪，不太容易相处。他们合作的成果是在铂金的商业应用上大赚了一笔，也是科学编年史上的一笔永久性财富，因为这两位各在已知的 35 种化学元素之外又加上了新的 2 种。但是他们选择向世界宣布的方式大不相同，这也显示了他们在性格上的差异。

1800 年的平安夜，两人从一个声名狼藉的供应商手里购买了近 6000 盎司的铂金，这些铂金是从河中淘出来的，并且有可能是该供应商通过走私渠道,从新格拉纳达英属西印度群岛弄来的。他们为此花了795镑,这在当时是相当大的一笔钱,但也真的买了一大堆铂金,因为铂金远比黄金便宜得多。如果他们能成功把这一堆灰不溜秋的玩意儿变成光彩熠熠的金属,那他们将会一夜暴富。

这个商业项目由沃拉斯顿主导,他一次性在王水里溶解了一磅(约0.45千克)铂金原料,然后将它与铵盐反应形成沉淀物,经加热后释放出贵金属。可他所得到的锭块过于易碎,无法用于下一步的工作。与此同时,原生铂溶于王水之后总会留下少量的黑色残渣,特南特检验了这些残渣。很快,他确认,这些残渣不是其他人猜测的石墨,本质上,它是一种金属。通过提取黑粉,并且用各种强力的试剂对其进行仔细的处理,他能够获得不同颜色的新的沉淀物和刺鼻的油状液体。这些被证实是两种新金属的化合物,特南特将它们分别命名为"铱"(希腊语中是彩虹的意思,因为其化合物中的盐类呈现出各种颜色)和"锇"(希腊语中是气味之意)。法国科学家紧随特南特之后,但特南特明智地采取了预防措施,与约瑟夫·班克斯爵士共享这些残渣的所有权。这位爵爷是英国皇家学会主席,由此,他理所当然地把自己当成这两种元素的发现者。

沃拉斯顿采取了相同的实验程序,来处理这些从王水中得来的富含铂的油状液体,他也注意到了这种意想不到的沉淀物,很快,他发现其中所含的另一种新金属,并为此得意不已。他考虑过,按小行星色列斯(ceres)之名,将之称为铈(ceresium),这颗小行星是几个月之前刚被发现的,可之后他又选择了"钯"(palladium)这个名字。但是,与特南特非正式地宣布自己的新发现不同,沃拉斯顿等这种新金属积累到一定的量之后,做出了一个古怪的决定——打广告,将这种金属按小份出售,分别卖五先令、半基尼和一个基尼。

当切弗尼克斯宣布他的调查结果时,便将沃拉斯顿放在了一个进退两难的境地。现在,除非他承认自己的诡计,不然就无法宣布本属于他的那个发现。可是这一次,他却在一家化学杂志上发表了一个匿名的公报,悬赏20镑,给能抢在三名科学家之前制造出20粒"钯"的人。无人接受这一挑战。与此同时,他悄悄地继续着自己的研究。他的下一个发现,给了他一条出路。用原生铂与王水进一步实验之后,他得到了新的玫瑰色的盐晶体,这预示着另一个新元素的出现,沃拉斯顿将之

PALLADIUM;
OR,
NEW SILVER,

HAS these Properties, amongst others that shew it to be

A NEW NOBLE METAL.

1. IT dissolves in pure Spirit of Nitre, and makes a dark red solution.

2. Green Vitriol throws it down in the state of a regulus from this solution, as it always does Gold from *Aqua Regia.*

3. IF you evaporate the solution you get a red calx that dissolves in Spirit of Salt or other acids.

4. IT is thrown down by quicksilver and by all the metals but Gold, Platina, and Silver.

5. ITS Specific Gravity by hammering was only 11.3, but by flatting as much as 11.8.

6. IN a common fire the face of it tarnishes a little and turns blue, but comes bright again, like other noble metals on being stronger heated.

7. THE greatest heat of a blacksmith's fire would hardly melt it ;

8. BUT if you touch it while hot with a small bit of Sulphur it runs as easily as Zinc.

IT IS SOLD ONLY BY

MR. FORSTER, at No. 26, GERRARD STREET, SOHO,

LONDON.

In Samples of Five Shillings, Half a Guinea, & One Guinea each.

J. Moore, Printer, Drury Lane

沃拉斯顿出售钯元素时的小广告

命名为"铑"。这一回,他再也没有发布愚蠢的通告。他的朋友特南特则刚刚提交了论文,正式宣布他发现了"铱"和"锇"。沃拉斯顿效仿他的样子,也于 1804 年 6 月,向皇家学会宣读了自己有关"铑"的论文。他并没有利用这个场合揭开有关"钯"的谜底,但几个月之后,他又给那本自己发布过悬赏的杂志写了篇文章,解释说,正是自己秘密地发现了"钯",并将之出售。他找了个借口,说自己发现钯时注意到了一些异常化学现象,这阻止了他宣布钯的发现,而现在他已经搞清楚了这些反常现象,随后又发现了"铑"。虽然这不全是真话,可的确为沃拉斯顿挽回了一些面子。

最终,新的元素解释了铂金锭的脆性。以此认识为武装,沃拉斯顿专注于自己的制造工艺,最终获得了一个有价值的产品。在之后的 15 年里,他创建起了一个有相当大规模的企业,专门生产化工等行业用来煮沸铂的容器。一直到 1828 年他患上重病去世前一个月,沃拉斯顿才对外宣布了生产过程的细节。

多年来,沃拉斯顿和他的搭档特南特购买了近 47000 盎司(约合 1332.4 千克)的铂金原料,生产出 38000 盎司(约合 1077.3 千克)的可塑铂——差不多可以装满一个澡盆,还有 300 盎司(约合 8.5 千克)的钯和 250 盎司(约合 7.1 千克)的铑。这两种金属各可以装满 1 品脱的玻璃杯(1 英制品脱=20 液盎司≈568 毫升)。其中一些铂被制成坩埚用于科学实验,或是制成拉丝盘条,但大多数的铂却落入枪械设计师手中,他们用这种金属来改进燧发手枪的接触点,比他们以前所用的黄金更便宜、更有效。沃拉斯顿和特南特是以 2 先令每 1000 盎司的特别价格买下了那些原生铂,而他们以 16 先令每盎司(1 盎司≈29.57 毫升)的价格卖出纯铂金,利润达 6000 倍!这个利润丰厚的完美过程,其间的秘密,只不过显示出沃拉斯顿发现钯时的初衷被扭曲了。

尽管如此,沃拉斯顿的事业依然长盛不衰。人们原谅了他在科学协议上的失误行为,而进一步的化学及光学的发现,与他的铂工艺一样,为他赢得了声誉,从中他也获得了 30000 英镑甚至更多的财富,相当于今天的几百万英镑。

切弗尼克斯因此而心灰意冷,放弃了科研,与一位法国女伯爵结婚,之后转而从事历史剧的写作。

拥有了黄金便拥有了世俗的权力,但是铁曾经也拥有过至高无上的权力。铁块曾从天而降——现在也是。这些铁陨石都是天降大礼,一旦出现便会激发宗教吸引力。在一些古老的信仰中,天空本身就是金属做的。据说,芬兰神话中不朽的锻工伊尔玛利宁用铁在黎明时分锻造出了苍穹。这是属于那片灰色的滑雪胜地的神话。

从天而降,显然,以前的人们认为这除了神的意志之外没有别的原因,这些石陨石比任何地球上的材料或是人工制的圣物都更能代表天堂,更令世人满意。早在人类懂得利用金属之前,崇拜就已经存在了。除了把这种神秘的光亮的材质放在寺庙里之外,人们并没有好好运用它。在技术更为发达一点的时代,铁也向人们提出了道德挑战,常用于宗教中作为神谕的隐喻。

赭色的染料
Part.04

纽约美国自然历史博物馆的海登天文馆保存着许多巨大的铁陨石。其中一件珍品是威拉母特陨石,重达 15 吨,是黑银两色的铁块,大小如一辆小型汽车,形状像爆米花,几乎是纯金属,其中含少量的镍。一个世纪以来,在展览的过程中,它被参观者们抚摸得亮闪闪。有一天,我参观该天文馆,发现它就如同操场上的一棵树那样,被一群孩子围着。我随意地触摸着陨石,与上次的经历不同,这次我感受不到它的魔力。上一次,在另一个博物馆,很幸运地,我被允许将一块小陨石握在手中,那块石头是从火星表面被撞下来之后落到地球上的。其他的参观者也触摸了威拉母特陨石,或充满着好奇和赞赏,或粗鲁而漫不经心,并无特别的敬意。有可能这正是博物馆的安排,使这个引人注目的物体看起来平平无奇,淹没于其他数百件吸引眼球的展品之中。它是在俄勒冈森林的深处被发现的,难以想象,这么一个金属块是如何躺在那个被自己砸出来的深坑之中的。在那里,它看着像个外星来物,像是来自另一个世界,一件上帝送来的礼物。

1902年,一个偶然的机会,这块陨石被发现了。发现者是一个名叫埃利斯·休斯的威尔士移民,准确说来,发现地属于俄勒冈钢铁公司。过了几个月,休斯挖出了这块巨石,造了一辆运货推车,将它送到了离发现地不远的自己家里。他声称在自己的土地上发现了陨石,供人参观,满足他们的好奇心,每个人收取25美分。不幸的是,其中一位参观者正是俄勒冈钢铁公司的律师,这位律师怀疑陨石是从公司的土地上被搬走的。休斯在随后而来的复杂公案中一败涂地,公司赢回了陨石所有权,随后将它卖出,买家又将其捐赠给了博物馆。

几个世纪以来,威拉母特陨石深陷在潮湿的森林里,被腐蚀了好几个世纪。最好的陨石往往是在极地附近被发现的,在那里,它们被冰层保护着。1818年,英国北极探险家约翰·罗斯意外地发现了因纽特猎人使用的钢制工具。他怀疑他们的金属就来自陨石原石,可直到1894年,一支由罗伯特·皮里率领的美国探险队才发现了其源头。这群陨石中的三块,按其大小,分别以因纽特语中的"帐篷""女人""小狗"来命名,另外还有一块叫"男人"。皮里花了好大的力气,才将重达31吨的"帐篷"运走,现在与"女人"和"小狗"一起存放于美国自然历史博物馆,第四块名为"男人"的陨石,是唯一一块于1930年发现的,在哥本哈根展出。

这儿有一个绝妙的讽刺:为了运回这些在北极冰层里发现的巨大陨石,皮里不得不修一条铁路。修铁路必须要进口大量的铁,其重量远

• •

远超过了所发现的陨石。这证明了从天而降的铁比地球上产的铁可值钱多了。

铁陨石成了人类的崇拜对象。金属的实际价值不可忽视,这才是当务之急。后来人们才发现,铁可以从陆地矿石中提取,在此之前相当长的时间里,这种从天而降的金属,是人类最主要的铁的来源。陨石百年难遇,可是,从古代埃及社会到阿兹特克人,铁都因其效用而受到重视,甚至在某些时代,它常常比金子更值钱。用铁锻造的物品,例如剑,其功能优于任何替代品。一些贝都因人相信,这种剑深具合金的优点,一个人若是用陨石铁铸成的剑武装自己,就会变得战无不胜。但是铁的原材料数量远远不够装备一支军队。所以,这些武器被保存起来,用于典礼,却不做实际使用。在铁器时代,陨石意味着从天而降的原料,解释了铁的神话力量及铁匠们掌握它的能力。

大约在 5000 年前,可能在美索不达米亚平原,人类已有了从陆地产的矿石中冶炼铁的能力。渐渐地,对从天而降的陨石的崇拜被纯粹的怀疑所取代。进入 19 世纪以后,即使是最博学的群体,也开始嘲笑那种纯金属会从天而降的观点了。曾经,法国科学院通过了一项投票,以此证明铁陨石不存在。只是后来,新的分析技术又证明了这种天外来物确实存在。具体而言,铁陨石里往往含有一定比例的镍,这表明,陆地的矿石中无法产出陨石,陨石实际上是一种不锈钢。事实上,当用镍首次制成了合金钢,在市场上,它被认为称为"流星钢",因为它有优越的特性。相反,在古代的物件中,如果铁中缺少镍,这就等于告诉考古学家,这铁一定是从矿石中冶炼出来的。

虽然所有金属的名字都来源于拉丁文,都是阳性词(德语中则是中性词),很明显,物质本身隐含的性别无法独立于语言的偶然性之外。金和银与太阳和月亮相联系,并且代表着男性和女性,这是普遍的认知。比如,在希腊神话中,太阳神阿波罗身着金袍,而他的妹妹阿尔忒弥斯则执一把银弓来狩猎。而在印加人眼里,月亮是太阳的新娘。其他古代金属可能更是性别不明。比如汞,在汉语和西方的炼金术理论中,水银性阴而硫黄性阳,在印度教的传统里也是将硫黄与男神湿婆相联系的。尽管如此,没有任何金属比铁更具男性气质。

苏联新闻界因为玛格丽特·撒切尔一贯反对共产主义而把她称作

"铁娘子",而她则视其为一种恭维。铁总是象征着力量与坚强,在日常认知中,铁几乎是这些品质的代名词,从材料科学的角度讲,这些描述也相当精准。一般来说,铁很坚硬,它的形状只有在极大的外力作用之下才会发生轻微的改变,可与其他古老的金属相比,它的韧性和延伸性都要差一些。正是这种不易弯曲的品质,而不是简单的硬度,使"铁"成了一个隐喻。丘吉尔正是借鉴了铁这种顽固、不易改变的性质,从中得到灵感,同时狡猾地引用了斯大林的话中的"钢铁"一词,从而创造了"铁幕"这个词。另一方面,惠灵顿有个绰号叫"铁公爵",这并不是因为他的军事实力,而是因为他将自己在伦敦的家里所有的窗子都装上了铁制百叶窗,以防范暴徒。

铁这种金属极其适合制造武器,这也使它的阳刚之气更有说服力。但是,这并不是说精加工一柄耐用的剑是一件轻而易举的事。位于英国萨福克郡的萨顿胡,是 1939 年发现的一处盎格鲁·撒克逊皇家墓地,在这里,考古学家发现了一个头盔,它由一整块铁制成,被认为属于东盎格利亚王国的国王雷德沃尔德,这位国王约在公元 625 年去世。他们还发现了他的剑和盾,但保存得要差一些。剑刃采用了花纹式焊接,铸造过程是将层层铁片相叠来形成刀刃,这通常会在剑的表面制成精细的装饰图案。用这种方法,可以打造出理想的剑,尤其是可以让刀片的边缘变得极其锋利,而且剑心又有韧性,使武器不易折断。锻造的技巧在于铸造者的直觉,比如何时在铁水中加入更多的从燃烧的木炭中获得的碳,来制造出更为坚硬的钢铁。萨顿胡游客中心安排了一次展览,展出了铸剑师用这种方法铸造出的铁片和铁棍。它们看起来像是新的灰色橡皮泥。没有经过锻造的高温,就很难理解铁怎么会变成这么美丽的武器,也无法感知其韧性。正是加热软化、锤击、淬火等重复动作,使得铁浴火重生,有了仪式感。

铁的锻造需花很长时间,技术又很复杂,这使锻造铁成了一种极富声誉而又神秘无比的行当。铁匠铺这个地方有着"地狱之火",并且充满着原矿释放出的硫黄的刺鼻气味。盎格鲁撒克逊人的锻造之神名叫韦兰或威兰,如希腊神话中的火神赫菲斯托斯,常常被描述成因锻造而被放逐到一个岛上,因为他的工作令人厌恶。然而,锻造师本身是一种实用艺术的大师,以他的聪明才智和技巧而闻名于世。例如,芬兰神话中的伊尔玛利宁既是一个发明家，也是一名铁匠。

铁制的剑因此成为非常珍贵的文物，因为太珍贵了，不适合在实战中使用，所以它被认为具有神秘的特质，这是很自然的事。虽然这些武器的冶炼法并不总是被很明确地记载下来，但似乎亚瑟王传奇中的那柄圣剑（Excalibar）就是铁制的——此剑的名字源于威尔士语，意思是坚硬，也是希腊语和拉丁语中的"钢铁"一词。在北欧神话中的西格德宝剑"革兰"（Gram）也是铁制成的。在日本，铁工艺已经达到了相当高的艺术水准，但这个岛国，用于制造青铜的铜供应不足，贵金属也很缺乏。因此，里草薙剑（Kusanagi）——这柄 7 世纪的剑，自然也是铁制成的，它象征着日本帝国王权。不过这已无法验证，因为无论是它的实物还是复制品，都被保存在一个神龛里，禁止检查。

在歌剧《莱茵的黄金》里，瓦格纳让英雄齐格弗里德锻造了一柄有魔法的剑，可他意犹未尽，因此根据威兰的铸剑师的传说，开始创作一出歌剧。据说在希特勒的日记片段里，希特勒曾公开承认是瓦格纳的仰慕者，是他完成了这部未完成的作品。这部希特勒的日记于 1983 年出版，却又被证实是伪造的，是为了耸人听闻。（瓦格纳还写了另一部歌剧，是根据德国作家 E.T.霍夫曼的小说《法伦矿山》改编而成的，以瑞典辽阔的铜矿田为背景，这出剧更加广为流传。）

铁因为长期被用于战争，属性为阳。尽管如此，只有当现代科学方法出现的时候，才证明了血液呈红色与铁矿石显现出红色，其原因是一样的。然而，两者之间的联系很久以前就为人所知。齐格弗里德用所铸的剑杀死法芙娜龙之后，他将溅到手上的龙血舔舐干净。龙血与剑一样具有魔力，于是，英雄齐格弗里德突然之间就听懂了森林中的鸟语。苏格兰软饮料品牌 Irn-Bru 的广告语是"苏格兰制造，钢铁品质"，部分原因是它调侃了喝血的禁忌，尽管汽水里所含的铁元素微乎其微，它那铁锈一般的颜色主要是因为添加剂。

我们都知道，铁这种金属尝起来有血的味道，但其原因到 18 世纪中叶才得以解释。这是一个科学历史上很少提及的故事。实验本身很简单，然而据说直到 1745 年左右，才由一位名叫文森佐·曼吉尼的博洛尼亚医生首次做成功。他烤了各种哺乳动物的血，烤了鸟和鱼的血，也同样烤了人血。然后他用一把磁力刀在固体残渣中戳了戳，很高兴地发现,刀片上沾了些颗粒。从 5 盎司的狗血中,他得到了将近 1 盎司的固体物质,其中大部分是磁性物质(他用人血做实验,也获得了类似的结果,虽然他没有在论述中解释是如何获得的)。

这个实验很好复制:在模子里倒入一大汤匙的血(我用的血是从一包冷冻鸡肝里榨出来的),用烤箱的低温功能进行蒸发。再将糊状物移入小的坩埚或其他耐热的容器中,烤至干燥。刮出渣,磨成咖啡渣状的粗粉。把粉撒在一张纸上,然后把一个中等强度的磁铁贴近它的上方,一些颗粒就会被吸附在磁铁上。

这与曼吉尼的实验结果是一样的。可紧接着问题来了,为什么他认为出现的颗粒是铁呢?其实仅仅是因为铁与战神、鲜血与战争之间的联系,这种联系源于希腊与罗马的神话,根植于那个时候的正统炼金术,以至于那些患血液疾病的患者有时候需要铁盐来治疗。进一步的证据表明,铁和血是以某种原因联系到一起的,这一直是一种隐性知识。其源于一种主要的金属矿——赤铁矿的名字,这也是 16 世纪的货币,其中“赤”是源自希腊语的前缀,意思是“血”。

曼吉尼也制造了一些富含铁的制剂,给人类和动物吃,然后观察血红细胞的浓度,由此可以证明,血的红色与铁有关。他的研究对解释和治疗萎黄病做出了重要贡献,萎黄病的特征就是患者的皮肤是青白色的,这种病的现代名字是贫血症。

起初,铁与火星的联系也同样令人迷惑不解。对于神秘主义者和哲学家来说,寻找太阳和月亮、5 颗可观测行星与同样数量的古代金属之间的对应关系,是再自然不过的事情。但是,如果没有强有力的冶金学的佐证,就不可能判断出哪种金属是纯净的、不可还原的,而不是混合物。因而,用于铸造硬币的黄铜、青铜和合金常常与金、银、铅、锡等相提并论,而汞由于它在冶金上的特殊地位,则导致了最早人们根本不把它当成地球上的东西。在波斯,最初人们认为铁来自水星。直到很久以后,西方冶金术士才用水星(Mercury)来命名汞,这样剩下的铁就和火星配对了。

是从什么时候起,人们开始认为,火星上的铁元素更多呢? 1859年,分光镜的发明使科学家能够对发光物体所发出的光进行分析,由此发现了几种新的元素。这些新元素被发现,就是因为它们所发出的独

· ·

特的光。光谱就像一道彩虹，只有几条彩色色带出现。每种元素都有一个独特的原子光谱，这归因于每种元素的电子轨道对于光的吸收和发散的独特能力。但是，这些早期的分光镜只对发散出的光敏感，就像实验室的光或来自太阳的光，它们无法解释从非发光物体反射出来的光的颜色。科学家们推测，火星这个红色的星球一定富含铁矿石。但是，要证明这一点，跟证明月球不是奶酪做的一样，是不可能的。在 19 世纪最后几年里，当他们开始研究这个问题时，许多人被这个星球那类似地球的两极以及所谓的"运河"般纵横交错的表面所迷惑。

直到两艘宇宙飞船——1975 年发射的海盗号和 1997 年发射的火星探路者号——在火星上着陆，有关颜色的问题才终于得以解答。他们发现，由于沙尘暴的缘故，火星的天空是奶油色的，而不是因为稀薄的大气层而预想出来的深蓝色。火星的表面覆盖着和大气层中同样的微尘，由褐铁矿组成。近来，从火星登陆器传回的数据分析表明，火星表面的铁浓度大于其地壳下面的铁浓度，这说明，火星表面的铁可能是来源于陨石，而不是因为火山喷发将地幔岩带到地表。

今天人们想到铁，并不会联想到陨石和魔剑，而是会联想到工业革命的成就。罗马人擅长用这种金属打造武器、工具，并将其用于建筑中，可是直到 1747 年，人们发现了如何运用煤和铁来制造钢，这种金属才算真正物尽其用了。就在这一年，理查德·福德继承了亚伯拉罕·达比所创建的位于什罗普郡的布鲁克代尔的铸铁厂，他表明，改变矿石中添加的焦炭或煤的量，就有可能生产易碎或坚韧的铁。通过添加少量的碳可以更好地控制金属性能，从而制造出用途迥异的铁来，从大跨度结构桥梁的梁，到蒸汽机和纺纱机的齿轮和车轮。

新铁器时代最具变化、最奢侈、最快乐的成果是铁路，在许多语言中都将这个新发明归功于铁：法语的 chemin de fer、德语的 Eisen bann、意大利语的 ferrovia、瑞典语的 järnväg、日语的 tetsudou 等。铁的这种运用使这个元素成为比曾经的金及将来的硅更明显的一种力量象征。多愁善感的诗人们将工业革命解读为一种破坏力，而把铁作为奴役的标志。早在 1728 年，英国海军军歌《统治吧，不列颠尼亚》的作词者詹姆斯·托马斯，为了钢铁时代里"诗歌的黄金期"的消失而悲哀。英国著名诗人威廉·布莱克创作于 1820 年的长诗《耶路撒冷》中就明

确地表达了这种观点,用尖锐的长篇大论来反对科学与技术,诗句如下:

> 哦,神圣之灵,用你的翅膀支撑我。
> 让我能将阿尔比恩从他漫长而寒冷的安眠中唤醒。
> 因为培根与牛顿,被困于阴暗的钢铁中。
> 他们的恐惧,如同铁鞭,悬挂在阿尔比恩的上空。

但钢铁也并非全无益处。我认为阿尔多斯·赫胥黎说得更贴切一些,在《加沙的盲人》中他写道,他的主人公,带着孩童般的喜悦,坐火车开始了旅程:**"男性的灵魂,在不成熟之时,天生地就热爱铁路。"**(这是典型的赫胥黎式的巧妙比喻,就如同早期的基督教作家德尔图良所信仰的:人是天生的基督徒。)

铁,在罗马可能是制作镣铐和锁链的材料,但是维多利亚时代的钢铁则开辟了新的领地,它被用来建造桥梁,跨越了海洋,将人们联系起来。1779 年,一座华丽的铸铁桥横跨布鲁克代尔附近的塞文河,今天,它被列为联合国教科文组织的世界遗产。梅奈海峡的悬索桥是 1819 年由托马斯·泰尔福设计的,使用了铁链,横跨了 166 米宽的海峡。它满足了英国海军部有关海运的要求,船只可以自由地通过,以石墩为基础的桥梁是不可能做到这一点的。30 年之后,罗伯特·史蒂文森建成了第二座钢铁大桥,以管箱为基础,这种设计可以让一辆满载的蒸汽机车通过一条长方形的隧道,横渡海峡。这两个结构说明,合理地设计钢铁材料,是可以建造出轻质结构体来的。从约瑟夫·帕克斯顿的水晶宫,到伊桑巴德·金德姆·布鲁内尔的大东方号邮轮,至今我们仍然把这些工程成就视为真正的奇迹。但在当时,铁路却是最让人兴奋的事物——想想英国浪漫主义风景画家约瑟夫·玛罗德·威廉·透纳的激情澎湃的画作《风雨的速度》,一列火车咔嗒咔嗒地驶过高架桥——依然是最好的回忆。

落在地球上的铁陨石显示,有铁,就会有铁锈。铁锈有其强大的象征意义,与它鲜明的血腥颜色密切相连,与铁的力量相称。新锻造的铁象征着工业时代的兴起,而铁锈则象征着它的衰落。美国从密歇根向东到新泽西这一片地区,被公认为是杆秤、金属加工行业屈服于外国竞争的铁锈地带①。铁锈可能完全象征着负面的东西,但其实并不尽然。就像对废墟的爱源自于想象我们自己文明的崩溃所带来的快感,钢铁被腐蚀,回到更自然的生锈状态,则象征着一种田园牧歌式的回归。甚至在工业革命时代,约翰·罗斯金就渴望看到时间与无序状态的结果。1858年,他在英国英格兰东南部肯特郡西南部的自治市坦布里奇韦尔斯发表了演讲,那里著名的泉水容易变成锈色。他赞美那种"赭色的污点",他说这不应该被视为"损坏了的铁",而是这种元素"最完美和最有用的状态"。(为了那种喜气洋洋的语句,他忽略了一个明显的同义反复,因为,说到底,赭石就是氧化铁。)罗斯金的言论,得到了现代雕塑家的热烈赞同,他们就是偏爱那种带点铜绿锈的钢铁。安东尼·葛姆雷的作品,位于盖茨黑德的"北方天使",是英国境内最大的雕塑,它用那宽广的金属之翼拥抱着众生。用于制作这座雕塑的钢材,让人回忆起史诗般的造船业,泰恩赛德正是因此而闻名(具有讽刺意味的是,这正值罗斯金发表演讲的年代),但铁锈显然记录了它的消亡。极简主义艺术大师理查德·塞拉用带铁锈的钢创作的巨大弧形雕塑也是这样,这给我一个有益的提醒:我们的成就只是暂时的。他的作品大多数放置在画廊和城市广场。在哥本哈根郊外的路易斯安那博物馆,我发现了塞拉的另一个作品:一块厚平板横跨一个树木繁茂的峡谷,它与第一座铁桥的成就截然相反,它没有穿过峡谷,而是挡住了它,用于制作它的铁没有得到妥善保护,而是任由其在山毛榉的落叶中悄悄地腐蚀。我走到这面棕色的"墙"跟前,轻轻地敲击它,以确定它是金属质地的。我用手指擦拭它,就如同罗斯金擦拭那些被忽略的维多利亚时代的设计一样,以便得到那些赭色的污点。这颜色类似血液。我不知道我所拥有的火星陨石是否也一样。一块来自火星的由天体铁组成的石头,却有着人类血液的味道。

---

① 指美国已陷入经济困境的老工业区。——译者注

二

元素的交易者们
Part.05

二

促使我写这本书的初衷,就是我收集元素的业余爱好。我收藏的元素种类不超过元素总数的 30％或 40％,大部分来自于家周围,其中还包括一两件从学校偷走的神秘物品。我不是一个天生的收藏家,但当我开始这次工作的时候,我意识到有很大一群人在坚持不懈地做这件事,他们不仅完成了他们的工作,而且还把它变成了一个项目、一个任务甚至一项事业。

互联网吸引他们投入这项事业。元素周期表提供了完美的收藏地图,用一种广为人知的视觉记忆法打开了新世界的大门。乌特勒支大学的地理学家和制图史学家彼得·范德·克罗特对此深表赞赏。他的网站介绍了有关 112 个元素的发掘历史及其名称符号的来历(该网站还友情链接了他另一个收藏汽车牌照和硬币的网站)。在另一个网站,西奥多·格雷把周期表转变成了木匠的艺术杰作,他甚至能卖给你一张元素周期表桌子。每一个元素的故事都静静地躺在雕刻木门的另一边,穿过这扇木门,是美丽的元素和矿物,讲述着他是在哪里、是如何得到它们的种种细节。这些资源有时是外来的,但大部分来源普通:铈来自沃尔玛出售的点火枪,溴以溴化钠的形式存在,以前用于将热浴缸中的水盐水化。他也接受捐款,"很多人似乎在他们的阁楼里都有一两个元素,"他在网站上简洁地介绍,"顺带一提,如果你有来自阿富汗的贫化铀,我可能用得上。"

马克斯·惠特比和菲奥娜·巴克莱已经不仅仅把收集元素当作爱好了。他们是元素商人,为像格雷这样的同好们提供纯净的元素标本,这些标本来自他们位于西伦敦一家之前是巧克力工厂的工作室兼实验室。

马克斯是BBC《明日世界》栏目的前任编导,他在重返学校之前制作了一个商业多媒体课件并重新阐述了他的科学理论。他因碳纳米弯管研究获得了博士学位,这卷细小的石墨是当前最热门的化学研究目标之一。菲奥娜管理着一家名为"鸟类指南"的公司,其经营的产品正如其名。这两位结合自己的兴趣制作了大量与自然历史相关的DVD,同时,也经营着自己的元素生意。

马克斯·惠特比和菲奥娜·巴克莱制作的纯净的元素标本

我们在当地一家不太地道的泰国餐厅里约了一起共进午餐。马克斯和菲奥娜有备而来。他们把各种35毫米胶片盒大小的固体金属元素样品摆在桌上。

他们让我猜猜那些是什么。镁和钨很容易分辨，其他的却难倒了我。许多金属乍一看十分相似，都有灰色的光泽。但仔细分辨后，还是会发现有轻微的区别。在光线的反射下，它们显现出不同的颜色——有些金属呈现粉红色、黄色或者蓝色。虽然它们的表面都是光滑的，但是根据不同金属不同自然固化的方式，它们的外观也不同，有些具有镜面感，有些则稍有颗粒感，同时还隐含着独特的晶体结构。

当你把这些标本拿在手中时，它们才真正显示出各自的不同。因为你一辈子都在跟硬币、厨具打交道，所以你以为当你拿起标本的那一刻，就能清楚地从重量上判断出，这块金属到底是什么。

但这些不同寻常的标本却很快颠覆了我的预想。它们中有些像钨，重得惊人；有些却特别轻，以至于让你怀疑它们有可能根本不是金属，而是塑料伪装的。掂量过它们之后，你会忘记这块物质应有的分量，同时对它们之间重量的差异性而感到惊讶。它们给皮肤带来的感受也是不同的，有些握着感觉很温暖，有些似乎要从你手里吸走热量。同时它们摸起来也不尽相同，有些金属会因为多次触摸而变得油腻，另一些却一直维持着柑橘般的洁净。当我拿起一个又一个样本的时候，我才发现自己犯了许多错误，为此我失望不已。但我又有些许安慰，因为元素收集难度很大。有个样品叫作铪，这种元素主要被用于制造核反应堆的控制棒。我问他们到底用它做什么，马克斯说："好好想想。"

"你为什么选择研究元素？"我问马克斯。"我喜欢周期表诠释我们这个世界的方式。每一种分类都是我们文明的一小部分。"马克斯说。对菲奥娜来说，它就是一种收藏，与收集鸟和蝴蝶是一样的。

诀窍在于批量购买元素，因为它们通常被应用于工业，把它们熔化并重制成更有吸引力的形式。大多数发烧友喜欢把他们的金属元素做成闪亮的珠子，以突出其光泽。其他人，特别是德国收藏家，却想要更自然的标本，他们把那些自然的元素碎片熔解冷却之后，重新合成了更大的晶体。

大概有30％的元素是可以买到的，只要你知道正确的购买渠道。

· ·

例如镁，由船舶商贩出售，它们被悬挂在水线之下，用于"牺牲阳极保护"①，相较于船上的其他金属部件，它更容易被腐蚀。

马克斯的镁原料是从一个油罐车的"牺牲阳极保护"装置中得来的，油罐大小如一个巨大而时尚的浴缸。用作催化剂的稀有金属则以粉末形式出售。马克斯和菲奥娜将这些原材料加工成更漂亮的样子，客户更愿意相信这才是"元素原来的样子"。当然，这是否真的是元素的本来面目尚是一个争论点，但经过一番精心包装，元素毫无疑问会变得更有魅力。惰性气体通过进放电管进入密闭空间，那些管子被弯曲成各自的化学公式的形状，其中最活跃的有毒元素，因为受制于海运限制，则被装在密封的安瓿中。有些带放射性的稀有物质，如镭和钍，也有售卖，比如手表中的荧光指针，保留着镭元素，它被安全地包裹在树脂里。

他们将漂亮的元素及其化合物装在照明箱中。他们的客户包括学校和化学公司，但他们业务中的很大一部分来源于一些执着的人。放射学家在他们的客户中尤为突出：也许他们的工作取决于某些元素的放射性活跃度衰减成为其他元素的能力，也许，正因如此，他们渴望周期表是固定的。对于其他人来说，元素周期表毫无疑问是有吸引力的。一套完整的元素毕竟是所有人的终极目标：原则上说，你可以把所有元素都收集齐。

他们给我看稀有金属的珠子：铑、钌、钯和锇。所有这些元素都和铂密切相关，都同样有着明显的灰色光泽。它们看起来非常相似，尽管仔细查看后还是能发现彼此间的细微差异。比如，我可以看出锇和其他几个元素相比，明显更蓝一些。我把密度最大的锇元素碎片——至少是已知的密度最大的物质的碎片——放在手心里，还小心翼翼地闻了闻。虽然锇金属性质稳定，但其挥发性氧化物是已知的最臭和最有毒的物质之一。我松了口气，因为我发现我什么味道都没闻到。2004年，四氧化锇因为伦敦的一起恐怖袭击成了舆论焦点。我问马克斯当时元素交易是否因为这件事而受到牵连。马克斯承认他曾被"核警察"问过一次话。"但他们很好，还就如何提高我们的库存量给出了一些

---

① 牺牲阳极保护是利用原电池的原理，防止金属被腐蚀的方法。——译者注

建议。"

　　这一天，马克斯和菲奥娜的任务是美化一些工业钼。很多元素并不罕见并且非常有用，钼就是这样的元素，主要用于特种合金钢，我们却很少听说它。他们先把几块灰白色金属粉末压制成蛋糕形状，而不是锭或者棒子。钼是熔点最高的元素之一，因此下一阶段是一个很大的障碍，需要一个强大的电炉。炉底是一块铜板，在其下方有冷水流动，用来防止它在超高温下熔化。它看起来像一个玻璃钟罐，但实际上是一个石英的保护屏，它形成了一堵透明的保护墙。整个玩意儿比高压锅大不了多少，但它似乎又像伊丽莎白剧院一样，蕴含着一整个世界。意外的是，在接下来的阶段里，有三个化学元素参与其中——小块的钨、钛及钼。菲奥娜打开附近气体钢瓶上的阀门，通过腔室吸入惰性氩气。马克斯从一个用于建造钢桥的电焊机上接入 453 安培的电流，用来完成电路并点燃火焰(钨是唯一不会熔化的电导体)。接下来，这一小块钛就像是在仪式中被牺牲了。但这只是一种预防措施，用来清除室内任何可能破坏钼的氧气。然后，马克斯依次点燃每一块灰色的钼，并通过厚厚的玻璃板观察燃烧过程，我看到金属发出橙色的光芒，并最终凝固成了珠子。橙色渐渐随着珠子的冷却而变化，一道明亮的光芒奇迹般地穿透乌黑的表面。这三个元素对所受到的冲击做出了不同的反应：一个被改变，一个被摧毁，另一个纹丝不动。好戏就此落幕了。当它们冷却后，马克斯把这颗闪闪发光的钼珠放入我手中，它像煮熟的豌豆一样变暗。它比铁更亮，比铬更灰一些，于是我把它放入我自己的元素收集之中。

二

在烧炭党中间
Part.06

二

早在 1939 年的时候,一个自称"最后一个烧炭工"的人以为伦敦酒店提供木炭为生。当然他不是第一个如此自称的人,也不会是最后一个。之前,肯特郡汤布里奇的奥巴迪亚·维克斯和东萨塞克斯郡的哈里·克拉克都曾声称自己是最后一个烧炭工。迪恩森林的爱德华·罗伯茨,曾早在 1930 年就自称是最后一个烧炭工,但直到 20 世纪 50 年代,他还在从事这个买卖,也许是因为花了太长时间与火焰为伍,才让他做出如此忧伤的宣言。

现如今,还是能轻而易举地找到一些烧炭工,甚至在我的家乡诺福克这个树木稀疏的村庄,也能追踪到一两个,但我最终还是选择去采访在布拉克摩山谷的森林里工作的吉姆·贝特尔,那是托马斯·哈代的《丛林人》故事发生的地方。这本书曾给我留下了难以磨灭的印象,虽然我不是很喜欢它,但它却是我读书升学的必读小说。吉姆在他家附近的哈兹伯里布莱恩接我,我们开了几公里后在山坡上拐了一个大弯,然后通过封闭的大门进入私家道,直到抵达树林,那里,他的一个窑已准备好出窑。

哈代有许多读者来信询问这本书的背景地小辛托克的位置。但是他也不知道详细地点，在后期加入的《丛林人》序言中，哈代调皮地写道："**为了回应读者的期待，有一次我曾和友人骑自行车花费数小时，试图搜索到具体位置，但最终都以失败告终。**"虽然学术界认为小辛托克的原型是向西走几公里的多塞特郡的麦田圈，但吉姆还是有理由坚信，这个地方实际上就是离我们要去的地方最近的小村庄腾沃斯。

哈代的丛林人不得不靠周围的生活燃料维持生计，但与他们不同的是，吉姆是自愿选择烧炭的。当地的高尔夫球场和庄园通常将木头当废物烧掉，见此，吉姆觉得他能做得更好，于是开始调查当地木炭使用的潜在市场。1996 年，他购买了第一个窑并开始了他的事业。吉姆讲述了他和某个商业顾问的谈话，商业顾问十分钦佩他的雄心壮志。经过一小时的讨论后，商业顾问问他要去哪里挖炭，气氛一下子就尴尬了。吉姆说，他非常惊讶居然有这么多人不知道木炭就是木头。木炭几乎是纯碳——比大多数煤更纯净，而且有效燃烧时，比起木柴在明火中燃烧，会释放更多热量，在很大程度上，它不会产生硫和油，而正是这两种物质使煤不受欢迎。

我们到达了目的地——布兰福德南部高山上的布斯利树林。吉姆的窑炉是一个直径两三米的钢桶，盖着一个薄薄的钢盖子。它的边缘有八个小舱口，用来控制火苗燃烧的速度。它被安放在一片褐色空地上，其铁锈色和秋天的色彩完美融合。吉姆和他的助手将会在这里建造一个窑炉，周围都是黑榛子、桦树和白蜡树的灌木丛，足以支持十几次烧制。然后他们将移动到另一个地方。在这个季节，他们在每个窑里都会这么重复两到三次。我们见面的时候，是 10 月中旬，而现在这个窑在经历了今年的第 135 次大烧后，将被封存起来安全越冬。其他木头将供应给专门的市场：艺术家们偏爱柳木炭；实验室比起松木则更愿意选择木炭作为中性吸收剂。烟火商则会混合不同种类的木炭，让它们的混合物恰到好处。

每一个窑炉都有 1.5 吨木材的容量，但只能产出 1/4 吨木炭。木炭的物理特性注定了烧炭工居无定所的生活方式，这是一个简单的事实——在木材生长地把它们烧制成木炭远比将其运到固定的窑里烧更有效。一个人远离社会,不停搬家,小隐于林,可能也没有固定住所,这一切都导致了他在社会中只能处于边缘地位。

在每一次燃烧的时候,木材都被稳妥地安排好。首先,把之前燃烧过的木炭堆在中间。长的木材被作为通风道,将其从顶部铺设到通风口,以确保空气能进入到火苗中心。之后,其他木材被仔细地分层,中间塞着更多的木炭。小一些的木材被放在窑的边缘,更大的则被放在中央,这里温度更高,这样一来,所有的木头都能均匀地燃烧。虽然吉姆的窑是钢制的,但这种精心选择和安排木材的方式却是十分传统的,可以追溯到古代,当时,人们把木材堆放在浅浅的坑里,并盖上草皮来控制燃烧的速度。

火焰点燃了中心的木炭,在盖上钢盖之前一直熊熊燃烧,这限制了进入窑的氧气量,并能防止木材中的碳被完全消耗并转化成二氧化碳气体。这之后,木材被小心地烧成木炭,没有火焰,只有很少的烟。燃烧的速度是由鼓脚周围的 8 个排气口控制的,它们被交替安装上长烟囱作为烟道,或者被留下作为进气口。吉姆和他的助手在燃烧过程中交替往烟道里安装烟囱,以确保窑内所有的木材都能得到相同的热量。

在需要清空的窑里,火从前两天就开始燃烧,燃烧的时候排出了所

吉姆的窑炉

有空气,待烧制后再冷却 24 小时。吉姆和他的一个助手揭开了盖子。木炭并不像我想象的那么黑。刚出炉的木炭像宽大的肢干一样排列着,有光泽,像有拉丝的钢,也有许多条仍然保留着树枝或树干的形状。在某些情况下,我几乎可以辨认出木材的种类。只要简单地把手伸进窑里,拿出一片木炭,放在手里捏一下,它就会裂成碎片,成为适用于烧烤的燃料。煤炭确实轻得出奇——我发现 10 千克木炭有许多片。

说烧炭正在复兴可能太夸张了。在英国,像吉姆这样的人寥寥无几。吉姆承认,能让这个业务持续下去是很有挑战性的,进口木炭的冲击、消费者的无知和零售商的集中采购是重要的问题。但经济、环境和道德方面的争论,从长远来说,肯定对吉姆有利。人们越来越热衷于野外烧烤,这使英国的木炭需求大大提高。但吉姆说,这个市场 90% 以上的木炭是进口的,产自西非、东南亚和巴西的热带雨林,大部分都是失控的木材开采的副产品。而吉姆的木材却是可持续采购的——他和林业协会签订了一份协议,对于小本经营者来说,获得实力认证的成本太高了,他只能通过把林业协会标志放在他的木炭袋上,向消费者证明他的实力。

与此同时,英国的烧烤厨师们不知不觉地在摧毁亚马孙雨林,他们不知道"巴西"这个词指的是烧焦的木材,这个国家被葡萄牙人命名为"热煤",指的是苏木红树,但这种树正以每年 10000 平方千米的速度被砍伐。

为了生存下去,吉姆必须成为一名环保大使,但也许他所交易的商品中也有一些能够让他成为一名活动家,因为黑炭、木炭或煤一直是争议的焦点。穷人靠让富人取暖而赚钱。早在 1662 年,在皇家学会上,约翰·伊夫林向他的同事们发表了名为"森林"的演讲,内容有关树木和林地文化。他指出,所有森林里所产的木炭都用于炼铁,换取火药,建造伦敦与法院(伊夫林知道这门生意是因为他的家族有权为皇室制造火药)。

消费者和既得利益者之间总有矛盾,夺得燃料的赢家往往能赢得最终胜利,这总是在提醒我们,得能源者得天下。矿工罢工是所有工业劳资纠纷中最血腥、也是最棘手的。在《通往威根码头之路》一书里,乔治·奥威尔把煤矿工人视为"肮脏的支柱",支撑着国民经济。他那番

• •

著名的描述让人既欣赏又震惊,他把这些男人描绘成"光辉灿烂"的,数量是"惊人"的,噪音是"可怕"的,但煤炭本身就是一件黑色的、无差别被攻击和摧毁的商品。在 D.H.劳伦斯的《查泰莱夫人的情人》中,查泰莱夫人害怕"工业群众",对矿工们感到敬畏和恐惧,她觉得他们是由碳、铁、硅等元素组成的低等生物。他们是元素生物,来自奇怪而扭曲的矿物世界! 埃米尔·左拉的小说《萌芽》生动地描绘了 19 世纪法国矿工们的生活,这个故事的核心痛苦而深刻。在被镇压的矿工们返回矿井中工作后,主人公的长子在一次地下爆炸中丧生,他的遗体被带回地面,但已经被烧成黑色焦炭,无法辨认。

烧炭工和他们为之工作的林业官们,也会有同样的恐惧和敬畏,至少,他们在一定程度上是自治的,但这些自由之地通常充斥着各种不法分子,使这种恐惧与敬畏更甚。在中世纪时期,英国大部分地区的森林都属于国王。"森林法庭"颁布了严厉的刑法,如果谁杀了国王的鹿,就要被刺瞎双眼或者被阉割。甚至在国王篡夺了平民的传统权利并控制了更多的林地来狩猎之后,砍伐也被禁止。烧炭需要皇家许可证,而且所有的木材都被用于锻造铁器。因此,烧炭是少数几件合法的事情之一,如果被卫兵抓到质问,他们就可以声称自己在森林里烧炭。

罗宾汉的故事中充满了伪装,包括伪装成烧炭工。有一个中世纪的故事更需要证实,故事是关于福克·菲茨·瓦林的,他是什罗普郡的一名绅士,童年时他被送进了亨利二世的宫廷,后来又被赶出了宫廷,被迫以亡命之徒的身份生活。在宫廷里,他与年幼的约翰王子争吵。

后来,当亡命之徒富尔克得知已成为国王的约翰在温莎森林附近时,他伪装成烧炭工,为把国王诱入森林深处,说他看到了一头壮硕的公鹿。国王落入他的掌中,富尔克威胁他,逼他承诺恢复自己的继承权。也许经历了太多次这样的遭遇,约翰在 13 世纪初统治了这个国家,并下令关闭森林。《大宪章》是英国国王约翰在 1215 年被迫接受的英国权利法案,部分原因是人们普遍反对这些严酷的森林土地权力。

现在,来自森林中陌生男子的礼物可能会让我们感到毛骨悚然,但这是一个从罗宾汉神话过渡到绿袍圣诞老人雏形的线索,在一定程度上起源于异教的"绿人"。该组织不仅与树木有关,而且与它们的燃烧物有关。在巴斯克地区,圣诞老人的形象是一个名叫奥林泽罗的烧炭工，他的木炭袋里装满了木雕玩具。

财富和权力的再分配也是烧炭党的目标，他们是意大利复兴运动的革命先驱，最终促使意大利于1871年独立。他们最初是那不勒斯王国的一个秘密团体，在拿破仑战争期间反抗法国的占领，意大利人从烧炭工那里获得灵感，为他们取名烧炭党。

他们的旗帜是红色、蓝色和木炭黑，后来演变为现代意大利的红、白、绿三色国旗。烧炭党是爱国的、自由的和世俗的。在拿破仑战败后，他们又改为反对他们的新霸主——奥地利及其盟军教皇国。运动不断蔓延，1820年，在一系列起义失败后，烧炭党在意大利的几个城市发动了爱国主义叛乱。1820年12月8日（星期五）晚上8点之后不久，一个当地很有势力的烧炭党首领被暗杀，住在拉文纳的诗人拜伦在后来他的某部戏剧中曾提到当时的场面。在《唐璜》中，他这样描述："这是一个事实，并非诗意的寓言。"他描述了如何听到枪声，跑出他的家后看到了躺在街上的那个人："出于某种恶意的原因，他们向他开了五枪。"尽管他与罪犯的距离很近，**那个男人还是在一片意大利语的争吵声中走远了**。拜伦在烧炭党运动中很活跃，他被选为小头目，参与购买和储存武器。

烧炭党用类似于共济会的方法来组织自己。他们穿炭灰色的粗布衣服，领袖坐在一捆炭搭成的宝座上，这是一种有创造力的画面，也来自于阿布鲁齐森林里那些谋求自由与独立的自由人的浪漫想象。在现实中，他们中有农民和劳工，也有裁缝，甚至有初级神职人员，他们自认为与那些从事着最古老的工艺之一的、面孔被煤烟熏黑的人团结一心。意大利烧炭党人对木炭制造的无知，就像共济会对石雕工艺的无知一样。

炭之所以处在经济中心，并不是因为它是当时唯一的燃料，而是因为它是唯一好用的固体燃料，可以彻底燃烧。1860年，迈克尔·法拉第（Michael Faraday）在英国皇家学会的圣诞系列讲座中专门提到了"蜡烛的化学史"，并向他的年轻观众解释了所有炭燃烧的产物都是二氧化碳——一种没有残留物的气体，由此一举成名。将近50年以前，他目睹了佛罗伦萨最富有戏剧性的一幕：他的导师汉弗莱·戴维用托斯卡纳的大公的玻璃凸透镜，让一颗钻石燃烧殆尽。在这类实验中，碳

意大利烧炭党创党典礼

与其他易燃材料几乎都不同。如果碳留下了金属在燃烧时留下的固体废物——也就是说,比原始材料重的氧化物——那我们的壁炉中产生的废物量将是难以承受的。

当然,即使燃烧的是瓦斯,也会排放出二氧化碳。法拉第认识到这种化学现象是一个经济奇迹,但他对我们现在所说的维多利亚时期城市的碳排放并不敏感。"蜡烛会燃烧四、五、六或七小时。那么,这就是每天排放到空气中的碳酸(二氧化碳)量了!"法拉第计算,一个人一天就可以将身体里的糖转化为 7 盎司(约合 198 克)的碳排放出来,而马则能排出 79 盎司(约合 2240 克)。

"在 24 小时内,仅在伦敦呼吸就能产生 500 万磅(约合 227 万千克)或 548 吨的碳酸。"法拉第发现,植物能够吸收所有这些二氧化碳,这使他大为惊奇,因为他对地球大气中积聚的气体情况一无所知。伦敦现在每年的碳排放量估计是 4400 万吨,是维多利亚时期的 220 倍。

· ·

钚的哑谜

Part.07

格伦·西博格可以说是最伟大的元素发现者。他在 1940 年制造出了钚,在 1944 年制造出了镅和锔,在 1949 年和 1950 年又分别制造出了锫和锎,还参与了其他几种元素的制造。他所制造出的元素总数多过发现惰性气体的威廉·拉姆齐,打败发现了一系列新金属的汉弗莱·戴维,也许更重要的是,他也胜过了化学元素符号的首倡者、斯德哥尔摩的量子化学大师、伟大的永斯·雅各布·贝采利乌斯。

说到西博格,像许多元素的发现者一样,他血管里有瑞典血统。他的父姓是西博格,他的母亲是瑞典人,他是在密歇根北部的伊什珀明长大的,瑞典语是这一家的母语。伊什珀明是美国备受斯堪的纳维亚移民青睐的地区,他们沿着铺着铁矿石的街道漫步的时候,一定立刻有回到了家乡之感。

在西博格的高中时期,化学界不时地传来令人兴奋的新闻,最后的几个元素已经被发现了,门捷列夫元素周期表剩余空白已被填满。他们不约而同地用了地理名称来命名元素：阿拉巴马(第85号元素砹)、俄罗斯(第44号元素钌)、弗吉尼亚[第87号元素钫(francium)的旧名]、摩尔达维(未证实)、伊利诺斯(第89号元素钇)、佛罗伦萨(第61号元素钷)、日本(第113与元素铱)。到1929年,17岁的西博格从学校毕业时,元素周期表似乎完成到了铀,这种元素每个原子核中有92个质子,因此,它的原子序数为92。虽说上述有些声称已被发现的元素是错误的,或者至少言之过早了,但我们现在所知道的元素锝、砹、钷和钫已在辐射实验室成功被合成了。

在物理与化学交界处的新领域,化学元素可以相互转化,一些强大的实验室掌握了其中的关键,这让西博格十分兴奋。一旦条件允许,他便自己做了辐射实验。比如,还在加州大学伯克利分校读研究生的时候,为了把碲转化成碘的重同位素,他将碲与氘的原子和中子撞击。碘的放射性可以追踪,并可用于监测甲状腺功能,可以通过使用盖革计数器找到碘浓度高的热点区域来发现肿瘤。接触碲的工作总是令人不快的,它与氢形成的化合物就像硫化氢那样,有臭鸡蛋味,但比臭鸡蛋还要臭。后来,西博格将碲的研究授权移交给了自己的学生,学生长年累月浑身臭烘烘,很难去除。后来,仅凭那令人作呕的气味,就能判断出他查阅过哪些图书馆的参考书。

西博格不满足于把他的实验局限于元素的嬗变,他意识到,元素数量的上极限只是一个能量的问题。把中子和质子结合在一起形成原子核的强大核力在极短距离内是很强的。在较大的原子核中,质子所带的正电荷的相互排斥变得更加重要。在某一点上,这两种力量可以平衡。"没有人意识到这一点,在自然界中,我们没发现超过铀元素的92个质子的元素,也许这就是原因了。"西博格在回忆录中写道。

最明显的是用粒子撞击铀,看看粒子是否会附着在铀原子上。1939年年初,还有其他原因要做这个实验。世界各国都在加速备战,准备迎接全球战争。纳粹奥托·哈恩在柏林汇报了原子裂变情况。哈恩将铀原子与中子撞击后发现,在天然放射性衰变链中,不仅小颗粒断裂了,而且原子分裂成了两个原子。在反应物中他发现了钡,其原子量刚好是铀的一半,他对此感到很困惑。当他的困惑稍稍平息时,他的长期合作伙伴,犹太人莉莎·麦特纳用计算证实了这一点,以前她曾看到这个现象,但不相信(此时,麦特纳正流亡瑞典,1918年,她与哈恩一起发现了镤元素）。她也注意到，重铀原子中的中子数比正常铀原子中多，可以预期它会分裂成原子量较小的元素，同时释放出巨大的能量。很快，西博格的同事埃德·麦克米伦也有类似的发现，由此得出这样的结论：并非所有的铀原子都这样分裂，有些可能只是吸收了中子。如果是这样，它们会变成一种新元素，即第 93 号元素。这个假设很快被确认，而这一发现发表于 1940 年。当时，欧洲正处在战争之中，公开发布这种潜在的战略信息引起了英国人的强烈愤怒。看来，唯一沉默的，就是该元素的名字：麦克米伦管它叫镎（neptunium），与铀构成一个系列，尽管那时海王星（Neptune）已广为人知近一个世纪了，但这一信息直到战争结束才公布。

西博格关于第 94 四号元素的研究是在秘密的状态下进行的，元素镎对许多实际应用而言半衰期太短，所以它被用于制造原子弹。这个词是英国著名科幻小说家赫伯特·乔治·威尔斯于 1913 年在创作的小说《获得自由的世界》（*The World Set Free*）中杜撰出来的，但有理由相信，接下来的元素应该有所不同。它的研究在伯克利开始，但紧接着，美国也参战了，曼哈顿计划也开始了，合成钚的工作地点转移到芝加哥。西博格的工作地点是一座叫冶金实验室的大楼，他在这里工作了三年，直到 1945 年。[①] 该计划的第一个任务是建造一个原子堆，其中的铀块堆积在其中，它们会发生链式反应，产生第 94 号元素。起初，他们寻找的这种元素被简单地称为 94 号，但这个命字有点太过明显了，化学家们聪明地以 49 号为代码，并称之为"铜"。这当然也可以，直到实验中真的需要一些铜，然后化学家们不得不它称为"对上帝诚实的铜"。

这个新元素于 1942 年 8 月被分离出来。西博格相当低调地在他的日志里记录了这个在实验室"最激动人心的日子"："我们的'微量化学家'首次将 94 号元素单独分离出来！这是人类第一次用肉眼看到 94 号元素（此前人类也并没有看见过任何合成元素）。我确信，我的感觉与一个新父亲相似，自从他夫人怀孕以来，他就一直全身心地关注着

---

① 美国陆军部于 1942 年 6 月开始实施利用核裂变反应来研制原子弹的计划，称为曼哈顿计划。——译者注

他后代的成长。"

接下来,这个后代得有个合适的名字。鉴于即将展开的化学和军事事件,他们明智地淘汰了 extremium 和 ultimium 这两个名字。后来西博格学麦克米伦的做法,1930 年发现的太阳系中的冥王星(Pluto)给了他灵感,他之后这样写道:"我们采用了更为悦耳的'钚'"①。他坚持认为行星是他选择合适名字的唯一灵感。当他记起这也是罗马的冥府之神的名字时,西博格坚持认为,任何这样的象征意义都完全是巧合。"我对该神不熟悉,也不知道这个行星为什么以他的名字命名。我们只是在追随以行星命名的先例。"

我认为,这位化学家的解释有些牵强。西博格在学校时是学文科的,他进入科学领域相对较晚,似乎不可能不知道布鲁托(Pluto)的黑暗含义,当然了,对于化学符号他了解得更多。"每个元素都有一个缩写,缩写成一个或两个字母。遵循标准规则,钚的缩写应该是 Pl,但我们坚持选用 Pu。"他这样解释,这个缩写在美国俚语里是"呸",表示反对之意。"我们以为我们的小玩笑可能会遭到批评,但几乎没有人注意到。"那些曼哈顿计划中化学领域的关键人物,还成立了"呸俱乐部"(UPPU club),要想成为俱乐部的会员,你必须接触足够多的钚,使尿液中含有钚。

1943 年 8 月,西博格首次用显微镜观察到了钚,这时,距他将不可见的原子分离出来已过去了一年。又过了一年,他的反应堆产生了更多的钚,储存在洛斯阿拉莫斯国家实验室。为了推动并完成炸弹的制作,他没有时间细究这个令人激动的发现,更不用说更细致地研究钚实际上是什么了。在大多数情况下,发现一种元素之后,就会有一批化学家急于研究它的性质,测试它的反应性和制备它的化合物。就钚而言,核校某些核衰变的高技术参数是很重要的。但除此之外,似乎没有人关心它。甚至它的命名还需等待些时日才能为世界所知——通常,命名对于将这种元素带到这世界上的人而言是极其荣耀的。战争结束时,部分"曼哈顿计划"的工作人员及其夫人聚集一堂,在确保不泄密的

---

① 钚的英语是 plutonium,冥王星的英文是 Pluto,所以才说是冥王星给了他灵感。后文提到的罗马冥府之神名字也是布鲁托。——译者注

情况下,玩起了猜字游戏。当丈夫们试图表演"钚"这个词时,夫人们被弄糊涂了,因为她们从未听过这个东西。

之后,西博格身上的化学家特质表现得更明显了。在一份1967年的报告中,他满怀敬畏地描述了他发现的新化学元素,这份报告的名字带着无意识的诗意,叫作"钚的首次测量"。他写道:"钚是如此罕见,令人难以置信。在某些情况下,它几乎像玻璃一样坚硬但易碎;而在另一些情况之下,它又柔软如塑料或皮革。在空气中加热它,它会很快地燃烧成粉末,或在室温下缓慢崩裂瓦解。它的毒性很大,即使量小,也有剧毒。"尽管如此,西博格还是天真地相信,有一天钚将取代黄金成为货币标准。也许,他真的忘记了这个元素名字的象征意义。

当然,从另一方面说,无论是过去还是现在,钚的潜能都体现在另一个领域。几磅的元素钚就足够制造出原子弹,比可替代的铀同位素更有效率。沃纳·海森堡和其他德国科学家在1941年意识到,第94号元素可能是一种强大的核爆炸物。然而,盟军似乎从未认真考虑过纳粹使用钚的可能性,而德国人也没有意识到盟国拥有钚。如果任何一方知道对方的利益所在,将钚纳入军事计划中,那么第二次世界大战可能会有一个截然不同的结果。

钚是一种几乎没有人见过的元素,它迅速占据了恶魔的地位,传统上这个位置是属于硫元素的。起初是因为它在炸弹中的使用,后来是因为公众逐渐觉醒,意识到摆脱它十分困难。主要存在于钚核废料中的同位素的放射性半衰期为24000年,它的安全处置问题,超越了正常的工程规划。任何存储结构都必须比金字塔更经久耐用,必须以一种可以被我们自己的文明所理解的方式来传达其致命性。

作为一个初出茅庐的化学家,我曾在原子能研究所里申请过一份暑期工作,这个研究所位于英国牛津郡哈维尔。就是在这里,我第一次接触到了钚,也是唯一的一次。那时,我不得不签署官方保密法以作为就业的条件,这使这个元素显得更加重要。这里是他们想保守秘密的斯巴达式住所吗?或者,把我们送来工作的那辆车可能是被淘汰的军用巴士?我特意阅读了小说《第二十二条军规》,以消磨旅途的时光。军用巴士沿着杂草丛生的机场跑道行驶,发出噪音,研究机构在1945年之后曾在此扎营。

被淘汰的军用巴士

　　我发现自己被安排在一个实验室里工作，这个实验室由于勒先生领导，他用烟斗抽烟，走路带风。实验室的安全级别为"红色"，处于四个安全级别中的第三级。这意味着我在实验室，得到了使用含有钚的稀释溶液的许可。我得穿上帆布鞋，这种鞋适于在油毡地板上行走。然而，我立刻对那些夏天来工作的学生心生一丝嫉妒，因为他们被分配到"紫色"区工作，那里处于最高安全级别。这项研究的目的是观察钚能否被物质吸收，然后转变成玻璃块。这种玻璃化被认为是安全处理含钚的废物的可靠方法，而处理的手段和地点从未为人所知。我所做的实验总是一成不变的，包括将一种叫"普洛特"的溶液倒入含钛砂的试管里，这种钛砂是制造玻璃的原料。我拿着装有放射性液体的烧瓶走来走去，并没有真正意识到其中的危险。它并没有像《辛普森一家》中那样变成绿的，我也没有漫不经心地把试管装在工作服口袋里，就像荷马·辛普森在斯普林菲尔德反应堆做的那样（我不记得曾经被搜过身）。我持久的记忆是：安静而沉闷的夏天过去了，我把无穷无尽的读数，从装着钛砂的试管上，整理成乏味的官方文字。这是我唯一一次在实验室里工作的经历。

回忆起那些日子,我有一种怀旧的冲动,想在自己的周期表中添加上钚元素。我缺少原子序数超过 82 的所有自然元素。在排在铀之前的需要人工合成的元素中,我只有西博格的锔,是从一个家用烟雾探测器中提取的,从这个机器中发射出的 α 粒子流完成了一个电路,如果烟阻挡了路径,它只能断开。我甚至也没有极具收藏价值的菲亚斯特放射性陶瓷,这种陶瓷是 1930 年在美国生产的,它那种木瓜的橙色是由釉中的氧化铀产生的。

为了搜寻元素的样本,我曾怀有满腔热情,这并不容易。在 20 世纪 90 年代,由于对废物处理不善,污染了当地的供水而受到指控,哈维尔的反应堆和研究项目逐渐被关闭。原子能管理局技术公司(AEA Technology)是一家私营公司,接手了英国原子能管理局的业务,它改变了方针和立场本身,成为一个有关气候变化的咨询公司。这也许是明智的,但有点不可思议。它帮不了我。我又尝试联系了负责英国核废料的装备的英国核能公司(British Nuclear Fuels)。但我发现公司通信总监的电话号码被神秘地切断了,后来从其网站上得知,该公司"已经逐步剥离了所有的业务,并关闭了其企业中心"。

美国人似乎更能接受这类事情。伯恩斯坦的著作《钚》谨慎地转述了钚的同位素 239 的规格可在美国田纳西州橡树岭国家实验室购买。它被作为氧化物粉末出售,纯度至少可达 99%——"这将是超级武器级钚"。书中留有电话号码,还有个电子邮箱:isotopes@ornl.gov。我写邮件过去,求一个小样本,并哀怨地补充说,作为一个学生,这对于我处理钚的解决方案的研究是一个很好的启发。对方的回复迅速又坚决:"不,我们无法为任何形式的展示提供钚样本。"

这似乎有点不友善。钚似乎受到限制,按其官方监护人的说法,每个人都想要它的唯一理由是:他们计划通过建造自己的原子弹来增加全球 2.3 万枚核弹头的数量。元素的暴力名声才是最主要的原因,事实上,它也是化学万神殿的一个无可指责的居住者,它仅仅是第 94 号元素,别无其他。

而且,我也并没有想要很多钚样本,我要做的一件事就是把这个逻辑作为最终的结论。我知道,事实上我可以很容易地在药店买到"钚",将其作为顺势疗法药物。当然,顺势疗法对于接受过科学训练的人是难以理解的,因为它只含有很少甚至不含所标示的有效成分。所以,据推测,位于肯特郡坦布里奇韦尔斯的太阳神顺势疗法中心销售的钚溶液,包含一些浓度极低的钚,可能跟我在哈维尔工作时接触过的差不多。似乎,以一个化学元素命名一件愚蠢的神秘事物是有悖常理的,这个化学元素还被认为是升华了人类自我毁灭的欲望。太阳神文学对此胡乱地做出解释:"**潘多拉的放射性盒子已经打开,并释放了黑暗,融入光明之中。**""**要想重燃光明,我们唯一的选择是完全进入黑暗的一面。这些放射性物质,尤其是钚,对人类的影响深入了身体最深处——骨髓、DNA、遗传结构、内部器官及内心情感。**"

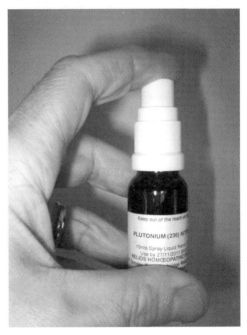

钚溶液

我得说,它们真的有这种影响。到"黑暗面"的票价依旧是合理的 14 英镑,我冲进了位于考文特花园的太阳神商店。

"我想买些钚。"我愉快地说道。

那店员神情严肃地回答:"我需要请示一下药剂师。"

什么? 我本来正在阅读一些荒谬的广告,闻言惊讶地抬起头来。在店员回来之前,我听见那一墙棕色小瓶后面传来窃窃私语,看起来,这家店里并没有钚。我指出,网页上是列出了这一项的。可从他们的藏身之处里传来了药剂师不情愿的声音说:他们从来没有钚这种东西。并不是有任何限制或禁止命令,她补充道,如果我想知道得更多,得和总部去交涉。然后她打破了店主的谨慎态度,眯起眼睛,要求知道我为何对钚感兴趣。我说,我是一位化学家,想买些钚作为我的收藏。也许我应该说,我想要它,是怕自己被某种形式的晚期辐射病击中,可

· ·

是已经太晚了。她因揭露了一个顺势疗法的怀疑论者而欢欣鼓舞。

在坦布里奇韦尔斯,约翰·摩根则提供了帮助。"这种元素在物理上是无形的,"他告诉我——我想这是一个顺势疗法医师的观点,"那个元素的特征是'由分子稀释的过程产生'或是'放射性'。"他不能肯定,很显然,找资料是不可能的。在被"证明"的过程中,这种疗法被认为在治疗抑郁症方面特别有效。但是,摩根愉快地补充说:"如果你曾暴露在钚中,我想它可以帮助修复一些损害。"

=

门捷列夫的手提箱
Part.08

=

在首次诺贝尔奖评选中,德米特里·门捷列夫被俄罗斯科学院列入了黑名单,并被忽视。在去世将近 50 年后,他才因发现周期表而获得了应有的奖赏。最终,在 1955 年,荣誉以一种最合适的方式授予了他——用他的名字来命名一种元素,即周期表中的第 101 号元素:钔。门捷列夫是一位以这种方式被纪念的全职化学家,令人惊讶的是,这一天来得这么晚。在元素周期表中的钔元素之前,镄和锿这两种元素是以物理学家的名字命名的,以彰显他们在伟大的物理实验"曼哈顿计划"中表现出来的天分。之后,其他的元素也用物理学家的名字来命名,如卢瑟福、玻尔等。以化学家命名的元素只有钊和锔,就连玛利亚·居里,也同时是物理学家和化学家。更甚者,在元素发现的全盛时期,人们更多地将荣誉归为国家和古典理想,而非发现者,这真是化学家们的悲哀。今天,他们的机会似乎消失了。现在我们不可能再看到用化学家的名字来命名元素了。

门捷列夫出生于 1834 年,是这个西伯利亚家族的第 14 个、也是最小的一个孩子。母亲将年轻的德米特里带到了彼得堡,希望至少有一个孩子会超越她。像今天许多有抱负的科学家一样,他到德国去完成学业,费用由政府补贴。像他这样的情况,在屠格涅夫的几部小说中受到了不公平的讽刺。然而,对于俄罗斯化学家,任何野心都不是玩票性质的,而是为了赶上科学的最新发展。门捷列夫于 1861 年回到彼得堡,他分别在几间大学进修,很快就取得了化学博士学位,并且去了偏远地区的乌拉尔和高加索地区进行考察,在那里,他为政府担任顾问,也为各种商业利益提供服务,从奶酪制造和农业生产力到新兴的石油工业。

元素周期表是这些科学发现中的一项,这些发现在突然之间解释了许多问题,以至于它似乎只能在它的创造者的头脑中形成,如同在梦中显露。门捷列夫自然地编织了一个发现元素周期表的神话,一举成名。但在元素周期表这件事上,他的梦很晚才为人所知。事实上,元素周期表是他长期深思熟虑的成果。门捷列夫努力寻找一种方法,让学生们理解化学元素,正如他在学习俄语时曾努力地寻找一本入门教材一样。他用 63 张卡片写出了已知元素的原子量及其化学特性。然后他开始将这些卡片进行分组,如同玩一种考验耐心的游戏,开始时,他将最轻的元素放在一排,但某些卡片似乎应该是放在一起的,比如代表

门捷列夫的首版元素周期表

卤素的氯和碘。很快,他发现了每种典型类型中最轻的元素——最轻的卤素、最轻的碱金属,诸如此类。他提供了一个模板,将这些元素与其较重的"堂兄弟"放在一起。这一突破是在一天的时间内完成的。那些卡片,可能只是将所有剩余的元素,按原子量的增加,排列在顶行元素之下。但这63种已知元素中包含一些错误,或者是被暂时接受为元素的物质的数量,这些元素后来被证明是其他元素或元素的组合。这两个因素使门捷列夫更难确定他是否提供了最适合的科学证据。在1869年他写的化学教科书《化学原理》中,出现了"以原子量和化学关系为基础建立元素体系的尝试"。仅仅一年之后,他在一篇科学论文里更有信心地确认了这种尝试。他将今天被遗忘的一些变量也包含了进去,尽管在1871年,他就将之称为"周期性",但又过了几十年,所有的这些元素才被正确地放进了它们如今为人所熟知的位置上。

对其他人而言,有些难以理解的是,门捷列夫的元素周期表似乎是凭空得来的,有好多年没人知道它是真是假。纸上的符号排列,哪些有可能是"真的"?俄国人声称他的元素周期表可以用来预测元素的重要性质,如密度和熔点,但事实上,对于他的对手来说,这个元素表完全是从理论出发的,并不实用。

1875年,法国化学家保罗·埃米尔·勒科克·德·布瓦博德朗全然不知门捷列夫的成果,他声称自己发现了一种新的与铝相似的元素,他将之命名为镓,而批评家们对此则保持沉默。镓的原子量正好与门捷列夫预测的某元素的原子量相当,被排列在铝元素下面。甚至,人们是通过识别其特征谱发现了这个元素,门捷列夫也预测到了。勒科克发布的元素密度比门捷列夫所估计的要低,但门捷列夫开诚布公地给他写信,建议他准备一个纯净的样品,他照做了,结果测出的样品的密度与门捷列夫得出的非常接近,戏剧性地证实了这位俄罗斯人的理论。然而,镓最引人注目的特性是熔点低,这使它成为在液态状态下容易被观察到的第二种金属,仅次于水银。

类似的故事在1879年重演了:乌普萨拉大学的拉斯·尼尔林发现了位于钙和钛之间的钪,填补了门捷列夫留下的空白。1886年,故事又一次重演,在位于萨克森和波希米亚边境的矿石山上的弗莱贝格矿业大学,克莱门斯·温克勒从当地的矿物标本中分离出了半金属锗,在元素周期表中，这种元素位于硅和锡之间。

随后，不断有消息传来，门捷列夫的理论一次次被印证，周期表上的缺口不断得到了填补。1889 年的那个版本上印出了勒科克、尼尔林和温克勒的照片，他们被视作"强化周期表"的重要人物。虽然时至今日，门捷列夫被多国科学院所授予荣誉，他却未能在俄国圣彼得堡科学院得到最高荣誉，因为他反对帝国主义政治，这种思想的种子在他还在西伯利亚的青年时期就已经种下，那个时候，他遇上了一批流亡的十二月党人，他们都是革命者，于 1825 年试图推翻沙皇尼古拉斯一世，却失败了。后来他被迫辞去了在大学的教授职务。很快，他就找到了新工作，在政府部门做咨询顾问，这真够讽刺的。

有一段时间，每一个新元素的发现都会得到门捷列夫的赞赏，这些发现都被纳入了他的周期表。但随着时间的推移，更先进的技术出现了，能够揭示具有不可预见特性的新元素，对此他却不能欣然接受了。从 1894 开氩元素的发现开始，威廉·拉姆齐发现惰性气体，周期表在成功建立之后的 25 年，第一次受到了质疑。门捷列夫再一次观察到，基于原子量排序，在碱金属和卤素之间还缺少一些元素，但是不是缺失了整个元素家族，却几乎没有可信的分析。目前也还不清楚元素周期表是否确实需要修改。在 1895 年标准教科书里，门捷列夫首次对氩和氦表示怀疑。接着，两人之间有过一次怒气冲冲的交流：门捷列夫首先驳斥拉姆齐的主张，说他的新气体氩只是一种很重的氮（像是氧的臭氧形式，它包含三个而不是两个原子，这个假定的三原子分子将比两个原子的正常氮分子重一半，使它接近拉姆齐观察得到的氩的重量。）随着拉姆齐连续发现更多类似的元素，首先是氦，然后是氖、氪和氙，门捷列夫想到了一个办法，那就是在周期表旁增加新的一栏，以便最终能收录拉姆齐的发现。看来，在无数的其他成功发现之后，门捷列夫却未能预测到惰性气体，也许正是由于这一原因，诺贝尔奖评委没有在 1906 年把化学奖颁发给门捷列夫。在门捷列夫晚年，玛丽·居里等人发现元素的放射性衰变，进一步破坏了他的化学秩序体系。如果只简单地通过释放一些亚原子粒就可以让元素从一个类别跳到另一个类别，那将元素进行归类又有什么意义呢？1902 年，门捷列夫为了与他认为阻碍了国家进步的唯心论对抗，曾从俄罗斯出发，访问了居里夫妇的实验室,他觉得他再次面对了同样无法控制的力量,他严厉地称之为"精神问题"。

门捷列夫经常被描述为神秘主义者和先知,不过这更多的是因为他来自西伯利亚,以及他暴躁的脾气和蓬乱的胡子,而不是他的专业。当代的肖像画并不总有用,其中有一幅画的是,这位化学家靠在椅子上,疯狂地用双手抓住一本书贴在脸上,他的指缝间还夹着一根点燃的香烟。门捷列夫曾出色地设计了一个元素的周期系统,他在这个周期表中充满信心地留下一些空缺,但这是一个基于科学证据的合理猜想,而非一种预言。他的其他活动同样根植于理性主义:对抗唯心论,提出有关国民经济及农业改革的建议。虽然心中充满了各种想法,但门捷列夫天生就是个保守派。虽然不被科学院等机构接受,他似乎仍然是个举足轻重的人物。1893 年,终于有了对他的定论:由他主管新成立的国家度量衡委员会。

在成为教授之前不久,门捷列夫在莫斯科郊外买了一处避暑别墅。像《安娜·卡列尼娜》中的列文那样,他利用这块土地展示他进步的农业思想。在这里,他的女儿柳博芙·德米特里耶娃·门捷列夫遇上了年轻的诗人亚历山大·勃洛克,并坠入爱河,勃洛克的家族拥有邻近的一处地产,1903 年他们成婚的那一天,勃洛克给妻子的父亲写了一封充满崇敬的信,认为他"**早已知晓世上发生的一切,他的知识几近完美**"。勃洛克写过《斯泰基人》及其他的一些作品,这些作品根植于荒凉的俄罗斯本性,用文学先锋的声音发声,肯定地回应了门捷列夫与俄罗斯深厚血统的不调合与沉迷欧洲最新思潮的说法。1907 年,门捷列夫去世之后,勃洛克指出,与愤世嫉俗的知识分子相比,他是以乐观的态度来看待国家的未来的。可之后,有些事骤然改变了。这位充满了革命热情的诗人认定他的岳父更多地属于过去。在 1919 年 1 月 3 日的日记中,他写道,"**象征性行动:在苏联新年,我砸烂了门捷列夫的桌子**"。

门捷列夫的大学公寓被作为博物馆保存了下来——可惜没有把曾经相邻的实验室包含进去。我在一个酷热的 6 月参观了这个博物馆,在一片金色阳光的笼罩下,我穿越闪耀的涅瓦河,随后漫步在位于瓦西列夫斯基岛上的大学建筑群的大道上——这是条沿斜坡建造的优雅大

• •

道。整个地方依然闪耀着彼得大帝的野心的光芒，我发现了一个可与欧洲最伟大的城市匹敌的城市。

这就是门捷列夫生活了 24 年的地方，从 1867 年他获得化学教席开始，贯穿了他研究出周期表，并因他对缺失元素的预言一一实现而心满意足的时光，直到 1890 年他被迫退休为止。房间里摆满了扶手椅和沙发，还有同样数量众多的期刊。一幅抽雪茄的肖像画最为显眼，门捷列夫与科学家们的照片，包括他所预测的元素的发现者们、圣彼得堡的显赫人物，一一排列在墙上。访客签名潦草地写在一块桌布上。室内还有一张书桌。他就是在这张书桌上排列了元素卡片吗？或者，这就是勃洛克砸过的那张书桌？那些显示着门捷列夫工作方式的元素卡片和其他文件早已丢失，可他编写的教科书以及里面的元素周期表却得以保存，即使整本教材都扭转了 90°，这张表上的元素序列依然可以一眼识别，一行行排列齐整，B，C，N，O，F 栏在左边，Al，Si，P，S，Cl 在右边。随着原子重量的增加，我注意到了一种排列，现在，这种排列被认为是一种误导，如：汞与铜和银被归为一类，而金与铝被归为一类。但在这些序列间的空白处留着一些问号，这充分体现了门捷列夫是个天才。

看到熟悉的字母排列被打印出来，很难相信这一版没有把之前的元素排列方式都推翻。我问博物馆馆长伊格尔·德米特里耶夫这是为什么，"已经有许多分类了，"他解释道，"每一种都不是很严谨，因此我们就可以理解门捷列夫的工作有多艰苦了。"

真正让我难忘的是那个箱子，门捷列夫可能不是个神秘主义者，但他肯定有他的怪癖，最怪的就是他制作箱子的爱好。他的公寓里，零乱地放着完成度不同的箱子，还有制作箱子用的搭扣和工具。当然，把这种奇怪的消遣看作是一种隐喻是很诱人的，它是一个男人井井有条的物证。但是这样做既不必要也没有帮助。事实上，他承认，19 世纪科学对自然物进行组织整理的热情中有他的一份功劳。比如，他一直关注自然主义者将物种进行分类的努力。但是他的化学元素体系和最终进行分类的性质，仅仅是从教育学的需要来简化化学知识的表达，而不是对世界混乱无序表达愤怒。

从 1955 年起，钔是第一个通过人工合成来到世界的元素，甚至时至今日，钔的产量依旧极低，无法用肉眼观测到，"我们认为它用一位创立了元素周期表的俄国化学家德米特里·门捷列夫的名字来命名是很恰当的。"钔的发现者格伦·西博格这样写道，"在几乎所有发现超铀元素的实验中，我们都依赖于他根据元素在周期表中的位置预测化学性质的方法。"西博格承认，在冷战的高潮时期，这一"有点大胆的方法"受到了一些美国人的谴责，可在苏联的高层圈子里，它广受好评。在伯克利和其他地方的粒子加速器中所制造的极少量的钔很快就会衰变，充其量只能用于测定这个元素的性质或研究其化学性质。有人怀疑，这些事会困扰到那个时代最伟大的理论化学家德米特里·门捷列夫，其实一点也没有。

＝

液体的镜子
Part.09

＝

在法国著名诗人、剧作家和导演让·科克托(Jean Cocteau)1949年拍摄的电影《奥菲斯》(*Orphée*)里,著名的诗人与歌手奥菲斯通过一面水银的镜子进入冥界,去追求马其顿帝国腓力三世的王后欧律狄刻。这一场景运用了熟练的电影手法。奥菲斯由一位留着希腊式发型的演员让·马雷扮演,他被带到一面穿衣镜前,戴上乳胶手套,一种神奇的预备仪式并不能完全掩盖事实——科克托这位著名先锋艺术家,似乎有着十分现代的健康和安全观念。"戴上这双手套,你便可以如同水一样穿过这面镜子。"奥菲斯的引导者这样解释道:"先把手穿过去。"奥菲斯满心怀疑地将手放在镜子表面,便被它的抵抗力所征服——它只是面镜子。"信则灵",引导者这样劝他,"你必须相信。"然后我们看到他的手指穿过屏障的特写镜头,镜子表面因他的这种行动而颤抖起来。电影用了个俯拍镜头,这会儿,我们看不到液体镜面,奥菲斯和他的引导者穿过镜子消失了。

我们无法得知地下世界,直到我们离开

人世,这是不言自明的。为此,科克托打造的这两个世界之间的分界线,用的完全是视觉屏障,实际上物体是可以穿透过去的。据说这个装置需要一池半吨左右的水银。这个量听起来有点大,但这种金属的密度很大,铅都能浮在其表面上。半吨水银被倒入一个全身镜大小的水池中,深度也只有 1 厘米。当然,要把这样的一个池子直立起来是不可能的,所以,科克托不得不转动摄影机,以拍摄一个短暂的垂直镜像的错觉场景,在这场景中,奥菲斯的手穿过了屏障。而将整个身体沉浸在水银里是不可能的,也是不安全的,因此,随后就切换了镜头。

电影《奥菲斯》中的镜头

艺术家可能会使用牛奶或颜料来获得一些必要的效果,可要想有完美的反射效果,水银才是最佳选择。这种材料也提供了一个意外的效果。后来,在一次采访中,科克托解释说:"手消失在水银中,这个动作伴随着一种颤抖,犹如水会产生涟漪和一圈圈的波纹。最重要的是,水银有阻力。"这样一来,奥菲斯的恐惧、他的挣扎、他的努力、他的意志,都变成了肉眼可见的,他必须鼓起勇气来放弃生命。此外,水银的质量很好地暗示了超自然世界中的不确定性,这是不常见的,几乎是不自然的。

大约五千年来,水银一直以其融合了液态和金属的独特性质而著称,即使这种性质使人们不容易找到其用途。作为一种材料,显然,它是特别的,同时也是相当无用的,它有一个明显的用途,就是用于神圣的仪式之中。科克托用水银作为通往另一个世界的门户,这只是漫长而普通的故事中的一个现代转折。

中国的第一个皇帝秦始皇于公元前 221 年统一了全国,据传说,他被埋葬在中国西北部陕西省靠近西安的一个高低不平的土丘上。历史学家司马迁于一个世纪之后,书写了有关这位皇帝死亡的事,他描述了一个巨大的用青铜装饰的房间,其顶部以宝石装饰,象征着天空,包含一个极好的皇帝宫殿的模型,他的都城咸阳围绕在宫殿周围,后面是他的整个王国。据说在模型景观里,以流动的水银代表中国的大江百川。虽然不容易看出这是怎么做到的,但司马迁描述了一种机械装置,这种装置能保持水银的持续流动,象征着皇帝的永恒命脉。不仅如此,在秦始皇死时,他的血液中很有可能含有水银,因为据说他曾吞下了汞丸,以期获得永生。

1974 年,正是在中国的这一地区,中国考古学家发现了著名的兵马俑,有成百的真人大小的陶土塑像,最多的是士兵,然后是乐师、武士和官员,它们展示出了大量先秦时代的生活细节。很快,这一地点与司马迁的史书所描写的风景吻合了。由此推测,向西 1 公里处的某一隆起可能隐藏着皇帝的陵墓。随后的挖掘显示,兵马俑周围的坑只是相关的大型地下综合体的一部分,可陵墓并未被挖掘,因为担心可能无法保持其原貌,尤其是里面美丽的水银河,一旦挖掘可能会被破坏。然而,科学家们在现场进行了各种无损检测,包括土壤样品的化学分析。这些结果表明,墓地附近的水银浓度远远高于正常值。在司马迁的叙述中,这个地下帝国是严格按照真实的地理分布移入地下的。这些已发现的高浓度的水银,象征着中国的部分沿海海域,以及广袤的长江下游江面。

中国人从丰富的红色朱砂矿中提取了足够的水银,这种颜料以本身常见的朱红色渗透到文化中,被认为是一种独特的吉祥颜色。朱砂撒在坟墓里,使死者的面颊保持红润,而且早在公元前 1600 年的商朝,它就被用来制造墨水,用它将刻在骨头上的汉字染色。这种金属本身作为一种替代液体,用于驱动水钟或机械浑天仪。它甚至被用来制作可翻滚的玩具。"中国人更广泛地使用水银和朱砂,无人可及。"伟大的汉学家乔瑟芬·李约瑟在他 24 卷的巨著《中国科学技术史》中这样写道。

在 1937 年巴黎博览会上,亚历山大·考尔德为西班牙馆创造了一个现代水银喷泉,极富生命与死亡气息,这位美国艺术家在西班牙内战期间,从短命的共和政府间接得到了佣金,在他的水银喷泉展出地,也曾展出过同年代纪实性杰作——毕加索的名画《格尔尼卡》。考尔德的作品对冲突的反映更为尖锐。这个可移动的雕塑由一系列的三个金属板组成,上面有一个大的水银池。水银被抽水机抽到顶部的金属板上,一道细细的水流缓缓流下来。液滴在下落时加速,在金属的重量之下,回转弯曲,又返回到金属板上,静静地消失在下面的水池里。

水银喷泉

这件作品中,水银是关键。就像当时世界上大多数的水银一样,它来自于马德里西南的雷阿尔城阿尔马登朱砂矿。这个战略的上重要位置被佛朗哥的叛乱分子多次包围。考德尔的这件作品是为了纪念那些矿工们,这些人几个月前成功地击退了第一次民族主义者的冲击。这是有史以来最有想象力的战争纪念碑之一。我们看到鲜活的生命聚集、分离、汇聚成更为伟大的事件，而在他们的生命最终走入寂静之前，这些事件反过来又决定了他们的命运。

阿尔马登在阿拉伯语中是"矿井"的意思，8 至 15 世纪，这个地方在统治西班牙的阿拉伯人中很有名。考尔德的喷泉也反映了这段历史。在科尔多瓦附近的阿萨哈拉宫阿尔马登以南几百千米，哈里发阿卜杜勒拉赫曼三世开始在他的个人地产上建造了一个豪华宫殿，这个宫殿俯瞰着一座清真寺和数个花园。这个富丽堂皇的阿卡萨城堡或者说是皇宫建筑群，有一个迷人的特征就是里面有一池水银，在这池水银所在的屋子里，反射着明亮的阳光。参观者们可以把手指伸进这种金属中，享受着它的凉意，它包裹着手指，在天花板上投射出野生动物身上的斑纹图案，就像是早些年舞池里的闪光球。装饰性的水银池是伊斯兰上流生活的一个特有的特征。有证据表明，它们也被用于前哥伦布时期的美国。在人们知道这种元素有毒之前，这种流动的、滴淌的、闪闪发光的液体是很容易引发人的喜爱之情的，这很自然。

1975 年，当水银喷泉被转移到巴塞罗那的琼·米罗基金会时，被放置在专用玻璃柜里展示。游客们不再像在巴黎时那样，可以把硬币扔到液体表面，只是为了看它们漂浮其上。在 1937 年，是允许参观者对它采取这种不在意的行为的，事实上，那时对水银对公众健康的影响的看法是极为不在意的。在西班牙馆的开幕式新闻发布会的当天下午，从阿尔马登运来了 200 升水银（考尔德用钢珠来模拟雕塑的动作，就像他在创作这个作品时一样）。考德尔说会留下 50 升水银，以弥补在展览会期间因溅漏而造成的损失，这真令人惊讶。水银有毒性，当它被皮肤吸收或变成蒸气被吸入肺中时，毒性就会显现出来，这是那些在工作中要使用汞化合物的帽匠等行业的职业病。然而，考尔德的作品的崇拜者们，甚至没有戴上乳胶手套进行基本的防范。

对水银喷泉进行检疫隔离意味着元素无所不在。从最初的装饰和神秘的奇迹开始，水银因其独特的组合属性——密度、流动性、电导率——而被广泛运用。它的化合物被用于颜料和化妆品。它的天然毒性被用于制作杀虫剂和海洋防污。在医学上，它提供了甘汞和红药水中的活性成分，用途从治疗严重的梅毒到常规缓泻剂和防腐剂。但以上这些及许多其他用途现在都已被废弃了。2008年1月1日,挪威禁止所有涉及水银的进口和制造,甚至包括牙科用汞合金。欧盟于2011年7月起禁止汞出口,努力减少这种元素在全球的运用。水银温度计和气压计将成为历史文物。阿尔马登在经过2000年的经营后终于停产了。水银的源头断了,人们的注意力便转向流通中的水银,英国的一个有关火葬的研究,甚至引发了人们对空气中所含汞元素的关注,这些汞是死者牙齿中的充填物火化后蒸发到空中去的。曾经与我们和睦相处的金属如同幽灵一般纠缠着我们。

很快,水银只剩下高度专业化的应用了,虽然有一两种古老的与水银有关的娱乐被重拾起来,以追寻一种古怪的快乐。在离温哥华不远的不列颠哥伦比亚山区大天顶望远镜,就是用水银液体镜来获得天空的图像。水银被倒进一个直径为6米的盘子里。这个盘子匀速旋转,使水银的表面变成了比固体玻璃或铝所能得到的更完美的抛物面。这个想法已经存在了一个多世纪了,但直到最近,由于这种金属在别处招致骂名,才使得这个想法变为可能,即创造出一个足够平滑的运行机制,使水银池中产生清晰的图像。要想让液体镜不泄漏水银,这种装置必须保持水平,并且望远镜始终保持向上的视角,不会散射阳光,但能聚集星光,为人们提供了一扇窗口,不是为了探寻地下世界,而是为了仰望外面的世界。

许多为炼金述士所熟知的化学过程,现在看来是超出了正常的科学实践的范围,这并不是因为它们特别复杂或模糊,而是因为它们被认为是非常危险的,以至于现代的健康和安全法律不允许它们再进行,哪怕是在一个最先进的实验室、在严格的保障措施下进行。其中之一是汞和硫的可逆结合,这种反应曾是炼金术的理论核心。炼金术士对这个简单反应的兴趣是很容易理解的:把又热又干的黄色的硫黄与又冷又湿的液体水银放在一起,就相当于把所有物质的四种特性结合在一起了。

硫黄的颜色和水银的光亮表明,金可能是两者熔合的结果。炼金术士相信地球上所贮藏的所有金属都有可能变为黄金,如果一个人炼出了锡或铅,就说明他还得继续尝试。汞和硫因其原生的讨人喜欢的外观,有望更快达到变为黄金这一目标。伟大的阿拉伯炼金术士和8世纪的神秘主义者阿布·穆萨·贾比尔·伊本·哈扬(他的名字在拉．．

丁语中常读作贾比尔)可能是将中国人关于朱砂和水银的知识带到西方去的代表人物,他相信,这两种元素无论是在自然界发现的还是人类制造的,只有以正确的比例在适当的温度下熔合,其完美性才能得以显现。所谓不够完美,也就是说当人们希望找到黄金时,却只找到了普通的金属,只是被简单地解释为比例不够均衡。贾比尔的观点是,有了相对大量的汞,就能确保产出贵重金属,但所用元素的纯度和类型也是有进一步的条件限制的。比如,将水银与贾比尔称之为白色硫黄的金属融合,便能产出银子,而用最好的水银加少量的红色硫黄就能产出黄金,但我们不能确切地知道他所说的这些术语是什么意思。

理论上是如此,但不用说,实验结果令人失望,虽然一些年老而声名狼藉的炼金术士设法说服了几个轻信的灵魂,称他们至少通过增加汞和硫来增加了现有黄金的数量。硫会被烧掉,而汞会与金合并,重量上明显增加了,但不会有黄金产出,这是显然的。炼金术士们认为所有的金属元素都可以通过简单地调整这两种元素的相对比例而产生,他们就用这些不尽如人意的结果来阐述贾比尔的理论,而不是放弃他们所珍视的希望,因此,这种反应是中世纪欧洲主流科学的核心,几个世纪以来也是炼金术思想的核心。它经常得以演示,并得到学术界的认可。17世纪初的一篇文字描述了一个托马斯·阿奎纳的雕刻,他像一个导游似的,指着一个烤炉的剖面,炉子里,两种元素的蒸气交织在一起。"大自然从硫黄和水银中产出金属,艺术也是如此。"图片上这样写着,虽然这一反应是基于错误的信念进行的,但它却是现代化学道路上的一个关键转折点。这也许是用两种已知成分合成一种新物质的第一例。此外,这也是第一次清楚地证明了化学反应的可逆性。因为汞不仅容易与硫结合形成硫化汞(朱砂),而且硫化汞受热时也会重新分解成两个组成元素。这就提供了一个重要的线索,即物质既不能被创造,也不能被毁灭。

这不是一个很困难的实验。我可以很容易地从一个旧的温度计里把水银取出来,放进坩埚里,与适量的硫黄混合,盖上盖子进行加热,直到富含水银的朱砂色开始出现。为了分开这两种成分,我可以再加热一次,将硫黄烧热后蒸馏掉水银。虽然我对许多化学实验广告上的危害表示怀疑,但那一天,我却不敢在家里尝试。我现在意识到(当我用

Fig. 17 Thomas Aquinas points approvingly to an illustration of the sulphur–mercury theory: the natural vapours underneath the earth are imitated in the artificial alchemical process going on above it. The caption reads 'As nature produces metals from sulphur and mercury, so does art'. Michael Maier, Symbola aureae mensae (Frankfurt 1617).
[BL. 90.i.25, p.365]

托马斯·阿奎纳

烘焙废电池法获得水银的时候,我却没想到这一点),水银蒸气是非常令人不快的东西。

我在伦敦大学学院的马科斯·马蒂农·多乐思的帮助下,在仅一步之遥的距离中,看到了这一实验。马科斯在考古学和材料科学的交界处开辟了一个新的学术种类,这为他提供了一个绝妙的借口来重新演绎炼金术士的实验,以研究历史记录的准确性。尽管如此,当他重现这个硫与汞的实验时,他甚至被逐出机构中的实验室,被迫在郊外隐蔽的田野里进行。

反应容器是黏土梨缶(clay aludel)——像许多化学中的词一样,这个词来自阿拉伯语,是一种有尖盖的大坩埚,像巫婆的帽子,蒸气可以在里面混合和冷却。这玩意儿的大小和形状像一个鸵鸟蛋,顶部的一个小通风口可以防止压力在容器内增加并引起爆炸。马科斯和同事——来自巴黎索邦大学的尼古拉斯·托马斯在梨缶的底部撒上朱砂,盖上盖子,用湿黏土把它密封起来。然后他们建起一个用黏土和砖制成的小炉砖,填上木炭后点燃。当他们判断热度足以分解朱砂,而又不会让水银像蒸气一样逸出的时候,便将梨缶放置在炉上。他们戴上呼吸装置,蹲伏在炉边,仔细地观察着梨缶,看着火红的火焰将梨缶烧热。梨缶没有破裂,他们放下心来。很快,他们观察到在通风孔周围凝结着细小的水银珠。这是反应发生的迹象,他们将容器冷却下来,然后

黏土梨缶上的水银珠

将其打开。一个个明亮的小球在内壁上凝结。他们收集起水银珠,再添加硫黄,再度加热,这次他们收获了黄色和橙色混合的朱砂,是半固体半融化状态的。他们满世界寻找的像焦糖浆布丁的东西,闻起来却像魔鬼般恶臭。

＝

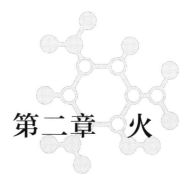

第二章　火

二

硫的环球之旅
Part.01

二

由于其在金钱或功利上的价值,金、银、铁和铜在《圣经》中都出现过数十次,铅和锡则被草草带过。以上是古代已知的 10 种元素中的 6 种。另一个元素则具有一种完全不同的象征性的价值,那就是硫(sulphur),在英文版的《圣经》中被译作硫黄(brimstone)。

硫黄在圣经中一共被提到过 14 次,没有一次是赞美。它的每一次出现都伴随着惩罚和破坏的场面,或者至少是巨大的暴力威胁。在"创世记"中,堕落的城市所多玛和蛾摩拉被摧毁了,**"主从天下降下硫黄与火"**,如雨点一般落在人们的身上。硫黄的 6 次提及来自耶稣基督给使徒约翰的启示书中的中心章节,包含着伟大的磨难、王者归来、千禧年和最后的审判。七重封印被打开之时,七个号角中的六个被吹响了,硫黄开始流动,直到 200 行之后,新耶路撒冷出现了,我们才松了一口气。

在"启示录"第九章中,约翰看到 1/3 的人类被"20 万"骑手所杀。骑手们"胸前有甲如火,马紫玛瑙并硫黄。马的头好像狮子头,

•• •

有火、有烟、有硫黄,从马的口中出来"。

然后,第七个雷发声,在天堂宣告神的国度,撒旦的兽抬起他们无数的脑袋,一个天使警告说,任何崇拜野兽的人"也必喝神大怒的酒,比酒斟在神愤怒的杯中纯一不杂。他要在圣天使和羔羊面前,在火与硫黄之中受痛苦"。

巴比伦覆灭了,天堂一片欢愉,基督骑着一匹白马出现。在随后而来的世界末日善恶大决战中,魔鬼和他的同伙"被扔在硫黄的火湖里",最后,约翰听到上帝宣判那些不听从他的话的人:"惟有胆怯的、不信的、可憎的、杀人的、淫乱的、行邪术的、拜偶像的和一切说谎的,他们的份就在烧着硫黄的火湖里,这是第二次的死。"

上帝或是约翰,在末日之时的惩罚形式的管理上缺乏想象力,赋予了火与硫黄一个特别的仪式性意义。事实上,地狱火总是伴随着硫黄,没有地狱之火,硫黄也就没有了存在的意义。这不仅表明硫黄是易燃的,而且表明它燃烧的火焰特别可怕。弥尔顿很清楚这些特性,在他的著作《失乐园》的开场中便安排了这样的场景,即如何将魔鬼从天堂中驱逐出去:

> 四周皆是恐怖的地牢,
> 如巨大的洪炉,那火焰之中,
> 没有光,只有看得见的黑暗,
> 只为让你看见悲哀的景象,
> 悲痛的领域,阴沉的影子,
> 希望无所不到,唯独不到那里。
> 永不来临,只有无穷的折磨,
> 仍在以燃烧不尽的硫黄,
> 持续那烈火的狂潮。

因为硫黄的燃烧不像蜡烛,它在燃烧时只能发出微弱的蓝色火焰,所以说真的**"只有看得见的黑暗"**,它不会像木头一样迅速地被消耗,所以很容易想象火焰**"持续那烈火的狂潮"**。特别是,硫黄有时会自燃,当它开始自燃时,会在煤层里持续不断地燃烧,然后无形地向地下深处蔓延。

这些可怕的材料,真的与我曾经看过的,堆放在得克萨斯州加尔维斯敦码头的硫是一样的吗?柠檬黄色砖块一样的东西,装满一个个集装箱,层层叠叠地排列着。跳跃的色彩使它们看起来更像是一个不同寻常的成功的公共艺术作品,而不是待装运的重要工业商品。这种物质是通过升华提纯元素的形式,也就是说,通过直接从蒸气中冷凝固体。众所周知的古怪的硫黄之花,在春天的阳光下,看起来与地狱火和诅咒之类的事物十分遥远。

单质硫黄平平无奇,它那不讨人喜欢的特性,只有在经历化学变化时才会被唤醒,最简单的反应是燃烧。燃烧会产生具腐蚀性和漂白性的窒息性气体二氧化硫,它既有清洁作用,又能发热,这迫使我们开始区分简单的火和《圣经》中的硫黄火,前者是有破坏性的,后者在燃烧时发出臭味,还有净化清洁的作用。也许,经过了硫黄之火的威力之后,甚至撒旦都可以恢复他以前的化身:堕落天使路西法。在古代,硫被广泛用于消毒剂和相关的仪式中。当奥德修斯回到希腊西部爱奥尼亚海中的伊萨卡岛,把那些一直缠着他妻子佩内洛普的登徒子们杀掉之后,他命令保姆**"拿着硫黄来清除污染,再升起一堆火,让我好洗理房屋"**。今天,人们买硫黄也是为了同样的目的,建议你在温室里使用它,而不是用于消灭不想搭理的人。直到 20 世纪,人们还用燃烧硫黄来抵抗霍乱,以内服硫黄来治疗消化道和其他疾病。狄更斯的小说《尼古拉斯·尼克贝》(*Nicholas Nickleby*)中斯奎尔斯夫人在多特男童学校,早上让孩子们**"喝硫黄糖水"**。她解释说,给他们硫黄糖水喝,**"一方面是因为不让他们吃点这样那样的药,他们就老是闹病,叫你麻烦得要命,还有一方面,这东西能搞坏他们的胃口,又比早饭和中饭省钱"**。

燃烧是一种快速的氧化过程,是物质与氧气的化学结合,而在胃里发生的是与此相反的过程,叫作还原反应,是通过细菌的作用来完成的。在简单的还原反应中,硫黄会产生另一种恶臭的气体,即硫化氢。在这两个基本的化学过程中,硫的化学性质是非常重要的。能产生如此多的有毒化合物,无疑给硫这个元素带来了恶名。如果这些化合物没有与其他的令人愉快的元素一起被锁进一个循环,这种恶名就不会存在。比如:葱蒜类蔬菜的各种刺激气味,就是在这个化学过程中产生的,因为洋葱、大蒜、大葱、韭菜都含有不同的微量硫化合物。在烹饪过程中,这些化合物转化为比糖甜得多的物质,常用于人工甜味剂中。在卷心菜家族里,烹调逐渐将所包含的硫化物转化得更臭,这也是煮过头的球芽甘蓝那么不受欢迎的原因之一。我们消化食物时释放出来的硫化物会以排泄物的形式被排出体外,这些排泄物有许多是易挥发的,如放屁和口臭。其中一种硫化物是甲硫醇,据称是世界上最难闻的分子,与无味的天然气体结合在一起,让我们能敏感地发现煤气管道的泄露。虽然硫黄的数量非常少,但其恶臭的气味和与身体功能的联系,足以解释其在元素中的恶魔般的文化声誉。

我看到的加尔维斯敦码头上的硫是当地石化工业的副产品。这让我想到了墨西哥湾下的气洞,特别的海洋细菌在地球内部释放出的气体中合成纯黄色的硫。当然,我知道,事实上这种元素是从近海平台上运上岸的天然气中的硫化氢中回收的,但在这两种情况下,气体基本上都是古生代植物衰变的产物。最近发现,甚至连"海洋的气味"也是含硫气体引起的,即二甲基硫化物,是由生活在地表水中的微生物释放的。

1835 年的平安夜,是所谓"七年环球旅行"探险活动的开始,其目的是测量海洋、收集科学标本,在这个晚上,在普利茅斯上船的海员们,一定是受到了海洋气味的召唤。他们的船只被称为"硫黄号"。

探险队的意图与"贝格尔号"相似,这是它漫长航程的最后一站,不久之后,它将带着查尔斯·达尔文的危险货物还有他所有的标本和新思想靠岸。《环球航行叙事》(*Narrative of a Voyage Round the World*)这个两卷本的著作中就详细叙述了这个过程,这本书是"硫黄号"的船长爱德华·贝尔彻所著。船上的外科医生理查德·布林斯利·海因兹也写了三卷本的著作,描写了航行中所看到的哺乳类动物、软体动物和植物。

贝尔彻的"硫黄号",是一艘装备有 10 门大炮的探测船,是三艘同名的皇家海军舰艇中的第三艘,当海军在 1778 年从它的美国主人那里买下它的时候,它们中的第一个就已经有这个奇怪的名字了。我无法确定其命名的具体原因,我猜想,它只是被当成一个适合的"好战"的标志,因为于 1797 年购买的第二艘"硫黄号",与它的姐妹舰艇"火山号"

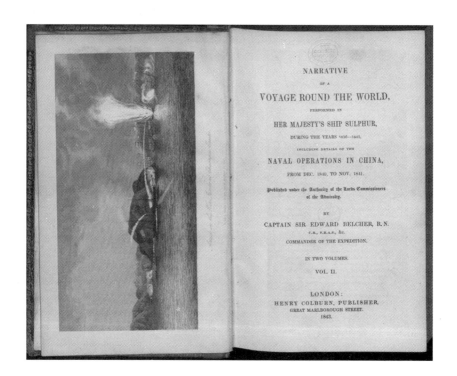

《环球航行叙事》

"爆炸号"和"恐怖号"一起,参加了哥本哈根战役。像第二艘船一样,第三艘"硫黄号"配备了迫击炮,能够从船头发射爆炸性炮弹和炸弹,而不是从侧面发射简单的环形炮。"硫黄号"经特内里费岛和佛得角群岛,绕过好望角,沿南美洲海岸溯流而上,到达巴拿马,从那里开始,对南北太平洋做了三次重大的勘察,探测深度,扫描未知岛屿的地平线;之后,它向西穿过太平洋群岛、马六甲海峡和马达加斯加海峡,绕过好望角后返回。它的主要任务是调查,因此,船上配备了沉重的可携带式计时器,以及可以发射升空来提供时间信号的火箭,在看到火箭弹闪光的时候,比较两个陆地上的天文读数,可以计算出它们之间的距离。

船员们将船驶离哥伦比亚海岸,在戈尔戈纳岛上进行读数,一些有质量问题的火箭在地面上爆炸了。幸运的是,他们有足够的火药再试一次。第二次,船员们将几袋火药挂在一颗高大的树上然后点燃,用这种简易的方法,成功地发射了信号。

在不列颠哥伦比亚努特卡湾,印第安人划着他们的独木舟,围住"硫黄号"进行鱼与皮毛的交易。岸上已备好娱乐项目,于是贝尔彻船长在黄昏时分上岸了,带着一个"神奇的灯笼和烟花",灯笼秀让人快活,可烟花却引发了恐惧,"有几个女人抓住了我的手"。

至此,"硫黄号"完成了对世界上一些地理热点地区走马观花式的航行。加那利群岛、巴拿马、夏威夷群岛、阿拉斯加州……贝尔彻船长登上了墨西哥火山,就好像在自家院子里一样闲庭信步。在 5000 英尺(约合 1524 米)高的别霍火山的三个火山口之一,他把温度计插入土壤中,发现读数极速上升。"很快,它的温度就穿透了我厚厚的靴子,让人无法久站"。在泰普他帕,即马那瓜湖汇入尼加拉瓜河之处,他们在硫黄温泉消磨时光,"我的温度计最高只能测到 120 度,可里面确实能煮鸡蛋了。"贝尔彻这样说。"水流过的小石块上有着丰富的结晶。我检查了一些样品,它们是硫和钙质的混合物,味道还不错。"贝尔彻在这个或任何其他场合,都没有想过他的船只与这种物质同名有什么可在意的。

与此同时,海因兹医生和他的科学助手们观察并收集了海螺、蛤蜊、扇贝、狐猴、跳鼠、鹦鹉、翠鸟、含羞草、大戟属植物,仙人掌和橡树。在动物和植物的发现上,"硫黄号"颇有成就,比对辣根和牛胆汁的研究早了一两代。这些人也许早就意识到了这一点,虽然他们并不知道,比如,他们的蛤,吃的是潜艇上硫黄排气孔周围的细菌。他们也不太走运,"硫黄号"通过马六甲海峡时,发现了苏门答腊泰坦魔芋和食人花,它们每隔几年就会疯长一次,释放出二硫化物混合物的尸臭味。

他们返回了斯皮特黑德,"硫黄号"幸存的船员们很高兴地得知,根据一项他们出发时的计划,他们有资格获得一笔奖金,以补偿他们长年在外远航的辛苦,而爱德华·贝尔彻则被封为爵士。理查德·海因兹打开了他的箱子,却发现他的许多标本已被昆虫"吃成了粉末",后来他又得知,他辛苦从加利福尼亚和太平洋岛屿收集来的 200 种植物实际上"已经被描述过了"。

"硫黄号"环行世界之旅,在无意间展示了与它同名的这种元素是无所不在的,也展示了它的日常效用。它的船员们对它那横扫世界之威无比尊敬,并且将它用于科学、狂欢与战争。这艘船归国了,在这个国家,发明家托马斯·汉考克刚刚获得了在橡胶硫化中使用硫黄的专利,"启示录"中有关硫黄的恐惧已经被充分地克服了,路西法的名字被用作了一种火柴的品牌,也为大众所接受。

..

很久之前,当磷在科学界还没有广为人知时,就有一位黎明温柔的引导者——启明星①:

　　甜蜜的启明星,带来白昼!
　　光明将偿还,黑夜的错误;
　　甜蜜的启明星,带来白昼!

这是英国诗人弗朗西斯·夸尔斯(Francis Quarles)的《寓言诗画》中的一段,这本诗集写于 1635 年,诗中的启明星,希腊语写作 Phosphoros,拉丁语写作 Phosphorus。尽管诗人们更钟情于用自发光的概念来形容它,但是我们现在所知道的启明星,和当时所指的启明星是一样的,就是金星,它总是出现在太阳附近,将它反射的明亮的太阳光呈现在我们面前,预示着新一天的来临。同时,金星还有着

尿液中获取的磷
Part.02

――――――――――

①　在英语中,磷与启明星为同一个单词 phosphorus,但后者的首字母需大写。——译者注

另一个职责,就是作为黄昏星,反射着落日的余晖,在夜间冉冉升起。那些总是爱晚起的诗人们,更喜欢提及它的这个名称。

科学证明,这些名称的使用是错误的,可这描述黎明与黄昏的名称太有用了,在这之后很久,它们还被用于抒情。大约1669年,汉堡的亨尼格·布兰德用磷来为他发现的一种新的元素命名,对"磷"这个名称诗意的运用尚未达到顶峰。渐渐地,诗人们开始慢慢接受这新增的含义。例如,在19世纪,丁尼生的《悼念集》中,仍然用启明星来象征白昼的时间,济慈在《写于班·尼维斯山顶》一诗中也是一样。但是,在他的《拉弥亚》一诗中,济慈对"自然光可能被人捕捉到"这样的观点很感兴趣,他在描述一个入口时,用了这样的诗句:**那里挂着一盏银灯,它的磷光闪烁着,倒映在下面的石阶上,温和如水中的星星。**这副景象描写的是"永恒之灯",据推测,永恒之灯很可能是能发出微光的磷光材料,被圣奥古斯丁这样的早期基督徒所使用。

某种物质没有被点燃,却能发光,这很吸引人,磷元素确实能在夜间发光。当磷暴露于空气中时,它的表面被迅速氧化而生成氧化物(即磷的自燃),并在这个过程中发出光线。这个事实到了1974年,在布兰德首次发现那种神秘的光的300年之后,才得到确认。然而,并不是每一种被我们描述成"发出磷光"的东西都是磷。海中的磷光,产生于夜间温暖的水中,海洋发出奶白色的光,就像照片的底片。它产生的原因是发光细菌体内的酶发生了化学反应,而不是磷的自燃。除了海洋中的磷光,萤火虫、蜜环菌等其他发光生物体也会发生类似的化学反应。

此外,磷也与一些不同寻常的情况有关。例如,据说鲱鱼在腐烂时会发光。这个匪夷所思的说法吸引了我,我买了一些鲱鱼,并将其中一条放在车库里任其腐烂,这样,氨气的味道不至于太恶心人。两天之后,我寻味而去。首先,我什么也没看见。但是,当我的眼睛适应了黑暗的环境后,我惊讶地发现鱼雷状的鲱鱼发出微弱的光,其中光线最亮的部位是鱼的头部。温弗里德·格奥尔格·泽巴尔德在他的游记《土星环》中写的**"死气沉沉的鲱鱼的光"**尚未得到解释,但是其化学反应是很简单的。随着氨气的产生,同时还生成了少量的磷的类似物,包括磷化氢和一个相关的化合物——具有自燃性的二膦酸。鱼的遗骸在腐烂的过程中缓慢释放出这种气体,在空气中自燃,并产生平缓的火焰,这就是鱼发光的原因。相同的化学反应被用来解释人体自燃的传言。在查尔斯·狄更斯的《荒凉山庄》一书中,收破烂的库鲁克就死于人体自燃,令人印象深刻。他的房客发现他时,他已经成了"**一团皱巴巴的黑色的东西**","**臭皮囊终归要腐化——不管死因有多少,他只能是由于'自动燃烧'而死**"。狄更斯在描述库鲁克的尸体勘验过程中,引用了大量"真实"的案例,由此可知,他曾经详细研究过人体自燃现象。当这个情节以连载的形式首次出现时,狄更斯受到了乔治·亨利·路易斯和其他学者的批评,他们认为人体自燃是一个伪科学概念。但是狄更斯坚决捍卫自己的立场,他在小说的前言中提到了进一步的案例。令人费解的人体自燃的传说仍会不时出现,但是能够亲眼见证的人还是相当稀少。不排除有这样的可能性:由尸体释放出的磷即是火源。

亨尼格·布兰德(Henning Brand)是一个炼金术士,他的婚姻很美满,在妻子的支持下,他维持着一个实验室。这个实验室位于繁荣的汉萨港港口城市汉堡的新区,在新完工的圣米迦勒教堂附近。他是一个正直的人,虽然有点浮夸。身为一个平民,他赢得了讽刺性的外号——条顿①博士,尽管现在看来,他的真名比任何绰号都更加恰当:布兰德一词在德文中是火焰的意思。他相信根据炼金术的正统说法,在他寻找的金子和丰富的金黄色液体——人的尿液之间,有着神圣的连接。因而,他收集并蒸发了大量的尿液,并通过蒸馏提取其残留物。他注意到溢出的蒸气发出幽灵般的光芒,由蒸气凝结成的白色蜡状物质也发着相同的内在的光。当它从曲颈瓶中溢出来并接触到空气时,会突然燃烧起来。布兰德很惊讶地发现,这种光并不是靠设备的加热产生的,看起来倒像是这种神秘物质的固有特性。布兰德意识到,他现在知道了一些不同寻常的事情——能发出不可思议的光的物质,是我们身体的组成部分。也许这个物质就是"贤者之石",至少是一个标志。作为一个勤勉的炼金术士,布兰德在接下来的几年里都在尝试将他的发现转变成金子,然而这些尝试都是徒劳的。其他人试图利用布兰德的成果,但是,当时被汉诺威的约翰·弗里德里希公爵所雇用的哲学家戈特弗里德·莱布尼茨已经以朋友的方式照顾布兰德,并与他订立契约。

---

① Teutonicus,拉丁文,泛指日耳曼人及其后裔,或是直接以此称呼德国人。——译者注

终于，他付出的努力能让他有所收获了。

布兰德在实验中发现了一种新元素，即使当时人们并没有意识到这个实验的价值，但它还是被记录在最早的科学文献中了。看起来，我能在家中再现这个实验。我可以从我自己的尿液中提取属于我自己的磷。

但是，首先，无论我是否有机会成功，都需要更精确的配方。这个配方在哪里能找到呢？布兰德并未公布他提取磷的方法，一开始这是个秘密，布兰德只是偶尔会用几个重要的细节来换取几个泰勒（德国旧银币）。仅根据这些少量的提示，布兰德的竞争对手们在好些年里并不能重复他的成果。偶尔有人成功了，他们也会采取措施来保密。对于这种神秘物质的发光标本，越是保密，人们就对它越有兴趣。

有许多画作画的是著名的科学家，也就是元素的发现者们，其中最重要的作品，是雅克·路易·大卫为伟大的现代化学的先驱者安托万·拉瓦锡和他的妻子所画的华丽肖像。然而几乎没有画作展现出他们工作的样子或者展现元素被发现的时刻。磷元素的发现是个例外。

约瑟夫·赖特画了一幅有关"磷的发现"的绝妙画作。它巧妙地揭示了这个标题：**一位炼金术士在寻找"贤者之石"时发现了磷，并祈祷他的实验能成功，就像古老的占星家一样。**

我到德比的城市美术馆去看这幅画。这座城市是赖特出生的地方，他一生中大部分时间都在此地工作。这幅画中有很多让人感到惊奇的地方。如果画中的时间是 1669 年，那为什么作为炼金术士的布兰德穿着修道士的长袍，并且在一个拱形的哥特式房间里工作？这一幕更像是一部科学怪人电影中的场景，而不是一个合适的实验室。如我们所见，这样的时代错误可能是故意为之的。然而，此刻，我应该把注意力集中在进行中的实验上。赖特画出布兰德跪在地上，他面前的三脚架上的玻璃烧瓶发出明亮的光芒，布兰德被此情此景惊得张开了双手。在烧瓶后面的是一个抹灰的砖砌烟道，兀自立于房间，烟道里是看不见的火焰。一根管子从烟道的顶部伸向下面的烧瓶，一些发光的物质通过管子流向烧瓶。图中能很明确地看到，烧瓶并没有被加热，每一

约瑟夫·赖特的画作《炼金术士》

个措施都是为了排出实验设备中的空气,比如烧瓶与管子的连接处就被黏土密封了。这些细节都是为了强调所产生的光是自然奇观,而不是任何炼金术士的障眼法。

诚然,赖特异想天开的画作不能作为可靠的证据,但它似乎鼓励了我。简单粗暴的实验装置,让我能更简单地重复这个实验。而且现在我知道,我该期待这实验是否奏效。但是隐藏在火炉里的原料依然和以前一样神秘。尿液需要经过什么样的处理才能放进火炉里呢?

幸运的是,布兰德和他的竞争对手们游走于欧洲宫廷,口袋里装着"夜光标本"的样品,一些当时顶尖的科学家在现场,他们不仅做了记录,还自行进行了研究,以得出更明确的实验方法。现存的最明确的纸质资料之一来自罗伯特·胡克,他是英国皇家学会的初始成员之一,该资料出版于他去世后 23 年,即 1726 年:

> 取大量的尿液(一次实验用量不得少于一整桶的 50%～60%),将其静置于一个或多个盆中,或者大橡木桶中,直到尿液开始腐败,并有昆虫开始繁殖,这个过程大概需要 14～15 天。然后,将一些腐败的尿液倒入大壶,用大火加热,随着液体的减少和蒸发,倒进更多的尿液,重复这个过程,直到最后剩下一些膏状物,或是类似于硬煤或者硬的外壳这样的物质。如果火候控制得好的话,这个过程大约要持续 2～3 天,如若不然,也许需要耗时 2 周或者更久。然后将得到的膏状物或硬壳碾成粉末,并加入干净的水,水量为大约 15 指高,或是粉末的 4 倍,将混合物加热约 15 分钟。然后将加热后的液体用羊毛布过滤,将滤出的残渣扔掉,过滤后的液体需要继续加热,直到几小时后变成"盐"。

之后的步骤就显得很简单了,将一些铁丹(即氧化铁,据可以在任何药店买到)加入"盐"中并将混合物浸在酒精中,在这之后,将会生成一种糊状物:

> 之后,将所有的产物在温暖的沙子中蒸发,然后将生成红色或者微红的盐。将盐放进曲颈瓶中加热,第一个小时用小火,之后每

·· ·

过一个小时火力加大一次，在火力加到最大后持续加热 24 小时。有时候，通过控制火力，完成这个过程 12 小时就足够了。当你看到容器中出现白色的物质，随着火焰闪耀，然后不再闪光，或者，时不时地还有轻烟从曲颈瓶中冒出，此时，实验就完成了。你可以用羽毛将这些发光物收集在一起，或者用小刀将其从其附着的地方刮下来。

这个发光物最好保存在一个铅制容器中，与空气隔绝。但是为了让人能看到，它（磷）也被保存在玻璃容器中，再放入水中，这样就能看到它在黑暗中发光……

这个过程听起来很"高大上"。开始的时候，尿液有一满桶的 50%～60%，可真多。我需要多久才能排出这么多尿液呢？事实上，我知道有捷径可寻，可以用少量的尿液重现这个实验。收集一桶尿液大约耗时 3 天，大约含有 4 克的磷。如果我能把它提取出来，就能得到磷火。

首要的问题是去收集何种尿液。健康指南上总是说尿液应该是"稻草色"的，好像每个人对稻草的颜色都很熟悉一样。我能用白苏维翁葡萄酒来形容这颜色吗？我觉得用橡木桶味道过重的霞多丽白葡萄酒来形容晨尿更准确，这让我觉得其中的溶解物质含量更丰富。我收集了 4 升尿液，将其倒进一个敞口容器，并把容器放置在花园里，让尿液自然蒸发。一开始，尿液发出浓烈的臭气，不过这个令人作呕的气味渐渐地消散了，液体变成了浓啤酒的棕色。看到没有昆虫繁殖的迹象我就放心了，这不仅是因为我不用费事将昆虫从净化的浓缩液中挑出来，也因为，这意味着我的样品并没有被其他有机物污染，这样的话我就能省略一些重复的净化程序，而这些程序在 17 世纪时是必须的。在太阳下暴晒几周后，所有的液体都蒸发了，只留下 22 克几乎没有臭味的木屑色的结晶物。我希望，这就是胡克观察到的淡红色的盐。

现在，我已经准备好开始进行长时间的焙烧。为此我需要更多的专业实验仪器和建议。我向我以前的一位化学老师安德鲁·希德沃求助。安德鲁是一个多才多艺的人，我记得他总是喜欢在课间突然拿出他的吉卜赛小提琴，或者传授一些关于养蜂或汽车维修方面的知识。更关键的是，他在炼金术史方面是权威，也曾写过有关于米歇尔·山迪佛鸠斯的论文。米歇尔·山迪佛鸠斯是波兰的炼金术士,他可能在17世纪早期发现了氧气并将其应用到了首台载人潜水艇上,该潜水艇是由荷兰人科尼利斯·德雷布尔在1621年制造的,他用这艘潜水艇来横渡泰晤士河。安德鲁习惯用带着波兰口音的英语,以教授的身份大声地向我这个他曾经的学生打招呼。他对重现这个首次分离出的化学元素的尝试充满热情,并列出了各种可能对我们的探索有帮助的原料,尤其是他用柳树制成的一些优质的火药木炭。

我们把一些尿液结晶倒进研磨杵中磨碎并将其放入试管中准备加热。试管连接着一个装置,这个装置能让我们收集到所有的馏出物,并能检测到任意分离出的气体。挥发性的物质,包括任何形态的磷单质,将在第二个试管中凝结,而气体则将通过排气口逸出。我们的目标是以两盏本生灯作为基础,来对装有实验材料的试管进行加热,调到最大火力并等待。一开始,出现了一些水蒸气,接着出现的是浓厚的黄色螺旋状烟雾,看上去和闻起来都有点像燃烧的烟草。"很奇怪,"安德鲁用他魔性的方式说道,"我必须说,这是最怪异的实验了。"这种蒸气凝结成一种柏油状的棕色油,与多种形式的有机物以这种受控制的方式燃烧所产生的物质一样。在排气孔处,出现了一缕缕白色的蒸气。这是磷的酸性燃烧产物五氧化二磷吗?遗憾的是,石蕊试纸显示,它是碱性的。另一个用盐酸做的快速测试证实,它只是氨气。我们将留在试管里的固体冷却,它变成了暗灰色。通过焰色反应——将一点固体放在一根铂丝上,再放进灼热的蓝色火焰中——暗灰色的物质发出了钠元素的黄光和钙元素的砖红色光。安德鲁正在给我上一堂大师级的分析化学课,他长篇大论地谴责化学教育的危机:学校门卫如何一直试图清除被他们当作废品的各种各样的设备;几乎不允许学生们自己做实验;如果他们需要独自做实验的话,必须将实验设计出来,并在课程结束前得出结果——这个限制对磷的提取这样的缓慢反应关上了大门。

留在试管中的固体里所含的钠元素来自于日常用到的食盐,即氯化钠吗?或者,如我们所期望的那样,会不会是磷酸盐或者亚磷酸盐呢?如果是这样的话,那我们离目标就更近了一步。为了确定其中是否含有氯元素,我们取了少量灰色固体,将其溶于水中,并滴入一滴硝酸银,水中迅速产生了灰褐色的沉淀物,这些沉淀物与奶白色的软泥区分开来,这说明固体中含有氯元素。除此之外,这个固体中还有一种神秘的棕色沉淀物,它既不溶于酸也不溶于碱,可以推测其中含有大量无机物。磷元素可能就潜藏在这种棕色的沉淀物中。为了将磷元素从磷酸盐或亚磷酸盐中还原出来,我们决定将残留物(即试管中留下的固体)与安德鲁带来的木炭混合起来,再次加热。将两种原料——灰色的尿液加热后的残留物和黑色的柳树制成的木炭——混合在一起研碎,并用本生灯将其加热。"现在我们要让它现出原形了。"安德鲁愉快地说着。

当这个混合物在学校实验室所能达到的最高温度下加热了大约一小时后,我惊讶地看到它开始重新产生化学反应。安德鲁解释说,由于残留物和木炭是混在一起研碎的,这大大增加了两者的接触面积,因此提高了两者发生反应的可能性。更多的氨气析出了,随后是另一种气体,这种气体在靠近点燃的蜡烛时会燃烧起来并产生淡蓝色的火焰。现在是黄昏时分,我们把实验室的灯关掉,以便更仔细地研究火焰。这是我们想提取的磷吗?显然不是,因为如果是磷的话,将会产生五氧化二磷的白色浓烟。它大概是一氧化碳燃烧生成的看不见的二氧化碳。火焰在昏暗的实验室中逐渐变小,在它垂死的时刻露出微弱的白色边缘。安德鲁告诉我:"我们可能刚刚开始有所收获。"现在是由于温度的限制——本生灯火焰可以达到的最高温度为 $500\sim600$ 摄氏度——基于布兰德和他的模仿者们的经验,用温度更高的加热炉加热,并持续运行数小时或数天,我们对实验进行了改进,然而温度还是不够高。我们决心再试一次,采用石英试管和氧乙炔炬,让加热的温度能更高一点。

这一次,结果马上就明确了——我们达到了足够高的温度。我们先前花费超过一个小时甚至更长时间观察并记录下来的一系列实验现象,在几分钟内得以重现。很快,石英试管中的烘焙残渣开始发出耀眼的白光。这让我们非常激动,我们认为这可能就是我们想提取的磷,但这个白光坚定地停留在温度最高的地方——氧乙炔炬火焰的尖端。如果这是真正的磷,它会以蒸气的形式从试管中流出,在第二个温度较低的试管中凝结,和赖特的画中所描绘的一样。这看起来仅仅只是石英

磷的分解实验

管本身所含有的物质经高温加热产生的白炽。① 我们不得不承认,无论布兰德有什么谬见,他仍然是一个强大的实验科学家。

　　《炼金术士》是德比的约瑟夫·赖特于1771年完成的,这只是他致力于在画布上表现的大量科学论证之一。他最著名的作品大概是早几年的完成的《空气泵里的鸟实验》,在这幅画中,一个富裕的家庭聚在一起,围绕着一个玻璃灯泡,面部带有惊叹、恐惧和怜悯等多种表情。画面中心那位目光坚定地凝视着我们的自然哲学家,已经排出了灯泡中所有的空气,灯泡里的小鸟的生命即将逝去,至少将暂时失去知觉。

　　赖特与位于伯明翰的月光社②联系紧密。月光社的成员包括:蒸汽机的发明者詹姆斯·瓦特、生理学家和诗人伊拉斯谟斯·达尔文和化学家约瑟夫·普里斯特利等人。他们通常在满月之夜聚会,这样的话就能在聚会之后披着月光回家。聚会的内容通常是晚餐和一些哲学笑话,有时也包括实验演示。《空气泵里的鸟实验》的灵感来自于罗伯

　　① 白炽,又译为白热,是指对一个物体施加能量,使它温度上升,直到产生可见光的现象。——译者注
　　② 月光社是由十几位生活在英格兰中部的科学家、工程师、仪器制造商、枪炮制造商在1756年组成的社团。1765年至1813年,成员们定期在英格兰的伯明翰聚会。起初学会的名称为月光派,1775年正式更名为月光社。——译者注

特·波义耳在 17 世纪 50 年代对真空的研究,这幅画似乎也预料到了普里斯特利的实验——在画作完成之后几年提出的,关于新的气体,即氧气和二氧化碳有着影响生命的特性的实验,满月之光透过窗户照射进来。① 月光社的其他成员,比如实业家约书亚·威治伍德和理查德·阿克赖特买下了画作。通过这些画作,赖特作为科学启蒙的记录人被人们所熟知。

和《空气泵里的鸟实验》一样,《炼金术士》重新阐释了历史。据称,这幅画展现了一个多世纪之前首次发现磷的画面。作为一个寓言,这幅画似乎想要展现现代科学的光明照亮炼金术的黑暗,这样的暗示受到了赖特的赞助人的欢迎。然而,对赞助商和当时的观众来说,这部作品都没有吸引力。直到 1797 年赖特去世时,这幅画都没有卖出去。对此,艺术史与科学史家珍妮特·维特斯有一个敏锐的分析,她试图解释《炼金术士》这个"奇怪的失败",并说明了主角的怪异打扮。这幅画在三种光源中取得了平衡,画面中再一次出现了满月、流进烧瓶发出光芒的磷,还有背景中的长凳上的油灯,两位实验助手正借着油灯微弱的光做他们自己的事情,显然没有注意到正展现在他们面前的神奇景象。这种三位一体的光可能具有宗教意义,但它也象征着自然(月亮)、启蒙(油灯)和一些神秘的、更强大的第三股力量之间的较量。理性的自然研究者,即助手们,穿着现代服饰,使用现代仪器,与他们的德鲁伊教徒主人相反,在灯光下辛勤地工作。在无知的炼金术士偶然发现的光的映衬下,他们要暗淡得多了——是字面意义上的暗淡。回想赖特措辞严谨的标题——"炼金术士,在寻找贤者之石的时候,发现了磷",换句话说,就是炼金术士在做本职工作的时候,不经意间对科学做出了贡献,而理性主义者们却未能做出这样的贡献。这给快速工业化的英格兰中部地区月光社的那些启蒙运动的社会进步派们传递了怎样的信息呢?

然而,科学笑到了最后。但布兰德和他的少数成功重现实验的竞争者们在带着珍贵的发光物游走于欧洲宫廷间。在英格兰,查理二世参与了一次实验演示,就像塞缪尔·佩皮斯和他的皇家学会成员们做

---

① 该实验是在 1774 年做的,即在画作完成之后 3 年。

的那样。约翰·伊夫林记下了当时的情景。1685 年,他在与佩皮斯一同就餐时,目睹了"一个非常伟大的实验",两种液体混合在一起后产生了"**有着真正火焰的、好几个固定的太阳和星星。完美的球形,在玻璃的两边燃烧得最猛烈,就像有许多星座一样**"。但在很长一段时间里,磷只是一种高端的聚会把戏。获得它的过程是艰难而曲折的,它作为元素的地位还远远没有得到共识,化学辞典有时把它当成"硫黄的一种"。

在布兰德·亨尼格从尿液中提取出磷的 100 年后,瑞典的卡尔·舍勒和约翰·加恩证明了它是骨骼的主要组成部分。这个元素的丰富来源使最终将其付诸实际应用成为可能。正如济慈所观察到的,在自然界中,比神秘的光更有吸引力的是人类可以捕捉到的光。当济慈在 1819 年写《拉弥亚》的时候,他所描述的磷灯是最新的事物,发明家已经找到了一种方法,通过加入合适的惰性介质,将其稀释,并调节空气的进入量,从而避免了磷的完全燃烧。这样就能获得一盏灯,它能在几周内持续发光。磷的发现和应用决定了该元素的发展,它成了自然、进步和启蒙运动的象征。

在 1943 年 7 月的最后一周,英国报复性地把汉堡的化学礼物还给了世界。在夜间突袭中,数以百计的飞机在城市中丢下 1900 吨白磷燃烧弹,1941 年的"士气轰炸"战略的最高权限掌握在首相温斯顿·丘吉尔和皇家空军的轰炸机首席指挥亚瑟·哈里斯手中。哈里斯试图直接对最有可能削弱敌人士气的场所进行空袭。随着战争的进行,轰炸的方式越来越重要。在 1943 年的夏天,盟军的目标是摧毁城市,不仅是有重要历史意义的地区和工业区,还有那些有着主要劳动者的人口密集地区,它们采用专门设计的方法来恐吓德国,令其投降。这使燃烧弹得到了空前的重视,特别是对磷的重视。

1943 年 7 月 27 日,在发动猛攻的第三个夜晚,燃烧的炸弹加上闷热的天气,形成了一场火灾。

这是一种现象,由于大火形成的压差,四面八方的空气被吸入大火中,从而补充了助燃的气体并形成一个猛烈的火焰热涡。用德国历史学家最近的分析的话来说:

气候、燃烧率、倒塌的防御工事及城市街区的结构等结合在一

汉堡大爆炸

起,印证了哈里斯的"蛾摩拉"预言。圣经中对蛾摩拉的预测,与亚伯拉罕在"创世纪"第 19 章第 28 节中看到的一样。哈里斯望着眼前罪恶的城市,"看啊,瞧,这个地方的烟气上腾,跟火炉中的烟一样"。它烧死了 4 万到 5 万人。

还有许多人死于窒息,因为上升的火焰把空气从他们所处的地下避难所中吸走。尽管这座古城幸存了下来,但大火摧毁了汉堡市中心的大部分地区。这是一个中心区域,布兰德在 300 年前就在此分离出了磷。超过 25 万座房屋被毁,还有工厂、航运和所有重要的潜艇码头。58 座教堂被夷为平地。但尽管邻近地区遭到重创,圣米歇尔大教堂却幸存了下来,直到一年后在一次美国轰炸袭击中遭到严重破坏。那年秋天,汉堡的树木又像春天时那样开花了。

约翰·埃姆斯利写道:"向无辜平民的居所投放磷弹不可能再重演了。"同时,他解释说,由于磷这个元素用途广泛,除了仍然占据了现代军械库的一部分,它还用于照明、制造烟幕或点燃及清除植被。然而,正如我在 2009 年 1 月所写的那样,以色列承认在加沙地带使用白磷。以色列的战火首先袭击了一所联合国学校;1 个星期后,联合国驻近东巴勒斯坦难民救济和工程处的官员声称,他们位于加沙城的建筑被磷弹点燃。和第一次世界大战以来的其他冲突一样,在这场冲突中,磷被认为是战争的合法代理人,但它的使用仅限于战场,而且不允许对平民百姓使用。在加沙地带,所谓"战场",恰巧是人口稠密地区——磷制造出的"烟幕"真是名副其实。

仿佛在绿色的
海底①
Part.03

红罂粟,我们将它戴在胸前,是为了纪念在第一次世界大战中失去生命的人们,它给了我们安慰,因为它是幸存的象征,是一种以被害者们的鲜血为养分,从战场的土壤中生长出来的花。但战争中使用的一种武器甚至把这种多情的象征也摧毁了。1915 年,对战双方均为首次使用毒气。这种毒气有着可怕的力量,让人窒息,把草和花都漂白了,它就是氯气。

战争爆发后,人们已经预料到,在大约50 年的时间里,在 19 世纪的科学进步基础上研制出的新型化学武器可能会被用于战争。然而,这种可能性如此之大,人们强烈地意识到这是一种极其凶险的东西,于是,一个先发制人的禁令出台了,一直以来都用以规范在战场上使用这种致命的药剂。

使用催泪瓦斯仍然是合法的,因为它没有致命性。军事工程师们面临的挑战是要找

① 本节标题选自英国战争诗人欧文的诗。——译者注

到一种方法,大规模地将其运用到敌军队伍中,并确保它能以这样一种方式被使用:对敌军造成最大限度的破坏,同时将其对己方部队造成的危险降到最低。这个工作落到了德国化学家弗里茨·哈珀的身上,也就是那个之后为了国家努力从海水中提取黄金的哈珀;同时又是将空气中的氮转化为氨的过程中的创新者之一,并因此被赞颂的哈珀。之后,当他因为合成氨被授予诺贝尔奖时受到很大争议,因为那时他被盟军列为战犯。

哈珀的想法简洁明了。从催泪瓦斯到氯气,在化学技术上是一种倒退,但在实用性上却有相当大的飞跃。哈珀并没有试图将其封装在可能会发射到敌人后方的炮弹中,而是提议,简单地将这些气体从地面的气罐中释放出来,让风来完成剩下的工作。氯的密度是空气的 2 倍,它会沿地面滚滚向前,形成一片令人窒息的覆盖层,在它面前,敌人将别无选择,只能撤退。在比利时北部的伊普尔,由哈珀亲自监督,德军在西线长达 7 公里的范围内安装了 5000 多个毒气罐。1915 年 4 月 22 日的下午,氯气成为第一种用于毒气战的武器。当天刮着东北风,风力不大,这对德国军队有利。这次突然袭击似乎严重影响了盟军士兵,主要是法国和阿尔及利亚的军队。他们被具有腐蚀性的云吞噬,无法分辨是应该从气体中撤退,还是该寄希望于穿过气体,来寻找远处干净的空气。到那天结束的时候,有成百上千的人死去,数千人丧失行动能力,许多人虽然活了下来,却已经永久残疾。

氯气是《海牙公约》中所禁用的"窒息性和有害性"的物质吗?哈珀争辩说,氯气是不致命的,就像催泪瓦斯一样,是一种合法的战争武器。之后,他发表了那个令他声名狼藉的言论,说他发明了"一种更高级的杀人形式",鉴于此,他的这番争辩让人觉得很虚伪。在那个 4 月的下午,伊普尔的死亡人数,宣布了对氯气的判决。

当然,这次毒气攻击被认为足以让盟国对其做出制裁。在整个战争剩余的时间里,双方都定期使用毒气攻击,尽管这从来没有像德国在伊普尔及几周后在华沙以西的东线战场所使用的氯气那样具有破坏性。双方还展现出一种令人担忧的备战状态:准备部署更多的令人不适的气体,并开始使用像光气这样的药剂,使化学战逐步升级。光气闻起来有微弱的新鲜干草、芥子气和其他含硫和砷的氯化物的味道。但是,由于氯气的组成元素简单,它仍然是最残忍的武器。氯气会通过血管流经肺部,患者最终会在身体试图修复损伤时产生的液体中溺死。

哈珀的"爱国主义"投下了长长的阴影,尤其是对他的家庭。他的妻子克拉拉在 1915 年 5 月 1 日晚上用哈珀的左轮手枪自杀。传记作家争论着,她是否是以死来抗议哈珀的化学战争,但值得注意的是,她本身就是一位合格的化学家,为了引起哈珀的注意,她接受过这方面的培训。她观察到了氯气在哈珀的动物实验和野外实验中产生的影响。哈珀对克拉拉的死显得很淡定,他第二天早晨便出门去监督东线的毒气罐安装。

哈珀在他的第二次婚姻中所生的儿子卢茨(路德维希·弗里茨的缩写),被他父亲的过往所困扰,并将这段可怕的记忆写进一本名为《有毒的云》的书中,至今这本书仍然是化学战争的标准著作之一。1933年,当哈珀在柏林的研究机构被纳粹党关闭时,他被迫和他的家人一起离开了他心爱的德国(毫无疑问,他的化学天赋被利用,而且他确实曾为纳粹服务,但哈珀有一部分犹太血统,这使他无法被纳粹党接受)。他考虑过在巴勒斯坦定居,也考虑过在剑桥建立一个家;最后,两种方案都未实现,他在流亡的几个月后就去世了。

卢茨·哈珀和他的妹妹伊娃·夏洛特留在了英格兰。几年前,我在巴斯拜访了已经退休的兄妹俩,他们住在一个与这个城市优雅之名不符的小屋中。卢茨当时将近 80 岁,有点虚弱,但伊娃·夏洛特是那种似乎会一直敏锐到老的女性。他们依稀记得他们的父亲——奇怪的滚球游戏,或者扶着他上楼诸如此类的事情。伊娃回忆起他们家的朋友爱因斯坦,以移动的火车为例来给她解释相对论,她还告诉我,她和卢茨有一天爬上了梯子,爬进了哈珀的研究所,绊倒了一个辅助装置,将其损坏了,他们的父亲大发雷霆。卢茨为什么要写他的代表作《有毒的云》呢?"我觉得自己应该做点贡献,"他吐露道。在他这本书的自序中,他给出了一个对父亲的细致的看法:他是"**浪漫主义的化身,德国化学的准英雄,他将民族自豪感与纯科学的进步以及技术的功利主义进步混为一谈**"。他认为他父亲的爱国主义是"不寻常的",即便是在一个侵略主义泛滥的时代,他也被宽恕了。至于氯气,卢茨告诉我,这是"最容易得到的物质,当时的化学工业能够快速且大量地生产氯气"。

　　威尔弗雷德·欧文在他最著名的关于第一次世界大战的诗歌中，用描述氯气攻击的场景来揭露爱国主义的"古老谎言"：

　　毒气！毒气！兄弟们，快！
　　一阵狂乱的摸索，
　　刚刚掐着时间套好笨拙的面具，
　　但还是有个人叫着，一边跌跌撞撞，
　　一边挣扎，好像人掉进了烈火和石灰……
　　昏暗地，透过模糊的镜片和浓厚的绿光，
　　仿佛在绿色的海底，我看见他沉溺。
　　在我所有的梦中，我绝望无助的眼前，
　　他冲向我，半死不活地，呛着，沉溺着。
　　如果在令人窒息的梦中你也能迈步，
　　跟随我们将他扔进那辆大车，
　　眼看着他翻白的双眼在脸上扭动，
　　绞刑似的脸好像魔鬼因罪孽感到恶心，
　　如果你也能听见血液随着每次颠簸，
　　汩汩地从被泡沫腐蚀的肺部涌出，
　　猥琐如癌症，苦涩如那反刍物，
　　无药可医的恶疮感染了无辜的舌头——
　　我的朋友，你就不会带着如此高涨的豪情，
　　对热衷于某种绝望的荣耀的孩子们宣谕那古老的谎言：
　　"美哉，宜哉！
　　为国捐躯。"

　　欧文像病理学家般精确地描述了氯气对人的影响。约翰·辛格·萨金特在战争结束后的 1919 年完成了著名的画作《毒气战》，让我们直面我们并未参与的这场疯狂的恐怖袭击。巨大的画布上，画着一个 11 人的队列，队伍里除了一位领队，其余人的眼睛都被蒙起来，然后抓住前面那个人的肩膀或背包，在领队的引导下向前行进。远处的白衣男子也引导着一个类似的队伍。在行走的伤者周围，还有一些受伤的人躺在地上,其中一个拿着水瓶喝水,还有一个伤者则将一只手放在他缠着绷带的眼睛上。在荒凉且单调的景色中,只有帆布搭起来的护理站点缀其间。绿色的天空笼罩着大地,低矮的仿佛变质了的太阳发出的光线穿透空气,洒落下来。

约翰·辛格·萨金特的画作《毒气战》

这个画面显然有些不对劲的地方。这并不是一场野餐,但这一幕出奇地静止,几乎是平稳的。士兵们没有受苦,没有明显的损伤,没有疤痕,没有烧焦的皮肤,没有流血;军装很整齐,也没有欧文所描述的窒息现象。这幅画是萨金特在 1918 年夏天访问法国后画的。这场战争后期所用的毒气更有可能是芥子气,尽管这种病态的绿色雾暗示着氯气。萨金特在官方简报中做出了明确的回应,他将作品的重点放在强调士兵的同志情谊上,但他无法描绘出他看到毒气袭击后的情景。他用巨大的场面调度,来描绘行进中的金发碧眼的雅利安英雄群像,他们都是那些上流社会的女性的儿子们,画家曾因为她们绘制肖像而致富。这一幕就如同宽荧幕上的英雄电影。

在帝国战争博物馆的顶层那明亮而静谧的阅览室里,我看到了来自伊普尔的信件,信件的内容里描绘了同样的场景,但与萨金特所画的完全不一样。诺森伯兰步枪团第五营的埃尔默·克顿中士描述的场景是这样的:

平坦的乡间被 5 到 7 英尺(约 1.5 米到 2.1 米)高的淡绿色蒸气云覆盖,那些蒸气云的成分是氯气,再往前走,我们经过了一个急救站——有十几个男人撑着身体靠在一堵墙上——他们都被毒气所伤——身体变成了黑色、绿色和蓝色，舌头伸出来，目光呆滞。其中一两个已经死亡，另外一两个已经超出了人力所能救助的范围，一些人从肺部咳出了绿色的泡沫。

我读过一些其他的信，里面也提到了这种新武器所造成的局面(步兵詹姆斯·兰达尔在《纽约时报》的第一篇关于伊普尔战役的报告中将其描述为"**一股硫的洪流**")。由于盟军毫无防备，将其误称为一氧化碳(陆军中校维维安·弗格森提到英国人有"**小苏打或类似的解药**")。还有来自加拿大护士艾莉森·穆兰克斯的感受，她照料着两名吸入毒气的男性，他们的肺部都被烧光了，由于吸入了病人呼出的气体，医生不得不离开病房呕吐。

氯气的刺激性从一开始就被人们注意到了。瑞典的卡尔·舍勒在1774年首次制得氯气，他注意到它的颜色是绿色的，有着令人窒息的力量和对石蕊试纸及植物的漂白效果。制得氯气的这一天，舍勒正在研究一个伟大的化学课题：确认是否所有的酸中都含有氧元素。我们都知道，诸如硫酸和硝酸之类大家很熟悉的酸里面都含有氧元素。而氯化氢，当时被称为盐酸，它是否含有氧元素，还是一个谜。安托万·拉瓦锡甚至称其为"氧酸"，确信它的酸度与氧有关(实际上与氧无关)。舍勒在自己做的与盐酸相关的实验中成功地获得了氯气。然而，这并不能证明盐酸不含氧。直到1810年，才由汉弗莱·戴维完成了这一研究，他证实，舍勒所制得的气体确实是一种元素，他将盐酸与他新近发现的金属钾进行反应，从反应中得到的产物只有氯化钾和氢气——没有氧气。

氯容易与其他元素结合形成有害的新化合物，比如大家早就注意到的芥子气，在这些有害的化合物中，其中一种是极易爆炸的三氯化氮液体(纯净的 NCl_3 是黄色、油状、具有刺激性气味的挥发性有毒液体)。1811年，皮埃尔-路易斯·杜隆(Pierre-Louis Dulong)以一只眼睛和三根手指为代价，第一次制得了这种化合物。安德烈-马里·安培(André-Marie Ampère)就实验的危险性对戴维进行了警告，但戴维还是把实验重复了一遍，在实验中，他被炸飞的玻璃碎片割伤了眼睛。

批评家约翰·罗斯金在他1860年的文章《给未来者言》中，对化学

·· ·

性质稳定的氮气和具有高爆炸性氯化物之间截然相反的性质感到十分震惊,并以此为例,提出了一个观点——支持"意外",反对人类对物质的完全控制:

> 我们对纯氮(氮气)进行了各种科学实验,让我们确信这是一种非常容易管理的气体。但是,看!我们要处理的是它的氯离子;而这一刻,我们在既有的原则下接触它,它却将我们和我们的设备送到了天花板上。

现在,我们更熟悉的危险的含氯化合物是那些已经臭名昭著的环境污染物。其中一些源于哈珀和他的同事们的研究。对"更高形式的杀戮"的不断探索,对人类以外的物种造成了影响。DDT 是这项研究的一个副产品,在实验室测试昆虫潜在的军事价值时,人们发现 DDT 有杀虫的功效。DDT 是一种氯代烃,是烃中的(一个或多个)氢原子被氯原子取代所形成的化合物。在越南战争期间被称为橙剂的除草剂也是一种危险的含氯化合物,此外,还有一系列被称为氟氯烃(CFC)的制冷剂。

氯是一种具有两面性的元素。它在自然界中含量很丰富,尤其是在海洋中的盐中。它对生命至关重要,在调节人体功能方面扮演着重要的角色。就像硫和磷一样,在天然化合物中,它通常是安全的。但当它摆脱了禁锢时(从化合物变成游离态,即自由基),将会造成很大的危害,这就是氟氯烃造成危害的原因。氟氯烃是一种著名的惰性化合物,最初被作为现有的气溶胶推进剂和制冷剂气体的安全替代品。但当它们上升到大气层的平流层后,在强烈的紫外线的作用下,氟氯烃会分解出氯原子(称为"自由基"),然后同臭氧发生连锁反应(氯原子与臭氧分子反应,生成氧气分子和一氧化氯基;一氧化氯基不稳定,很快又变回氯原子,氯原子又与臭氧反应生成氧气和一氧化氯基,一直循环),不断破坏臭氧分子。

然而,在可控剂量下,氯有着很好的作用。我们对氯气的刺激性气味的认知并非来自于战场,而是来自公共游泳池的消毒剂、厨房水槽下面放着的漂白剂,来自医药箱,来自 TCP(磷酸三甲苯酯)消毒水的制备过程(该化合物的合成方法中有一种是三氯化磷间接法,也叫冷法),来自我们出国度假时需要带的氯喹片(一种治疗疟疾的特效药)。据说,在第一次世界大战中,军队的氯化饮用水,所拯救的生命比它用作武器所夺走的生命更多。

早在1785年,拉瓦锡的追随者、印染厂的检查员克劳德·路易斯·贝托莱就公开发表了他关于新元素的实验报告。他对舍勒观察到的这种气体的漂白作用进行了补充。他表示,通过将碳酸钾(碳酸钾最初是从木灰中提取出来的)与氯水混合,可以制成一种安全实用的漂白剂。贝托莱的发现正是时候。传统的漂白是一项艰苦的工作,包括反复清洗,然后长时间暴露在阳光下,即使是在有利的天气条件下,这一过程也需要几个月的时间。

常见的亚麻床单摊在田野的景象激发了一些令人难忘的画面,尤其是在荷兰的艺术作品中,比如雅各布·凡·雷斯达尔画的哈勒姆的室外漂白场(后来,关于白色矩形墙纸的文化记忆可能是抽象画家彼埃·蒙德里安的灵感来源)。工业革命导致纺织品生产的增加及对快速漂白技术的需求。贝托莱向英国科学家们宣告他的发现,1786年,当时的主要工业家詹姆斯·瓦特和马修·博尔顿到巴黎去看贝托莱,并看到了他展示的快速漂白过程。瓦特非常钦佩这位法国学者,和他讨论了他发明的蒸汽机,并带回了关于贝托莱的快速漂白工艺过程的信息,随后在他岳父的纺织厂应用。

就像奥德修斯的硫黄一样,很快,氯气也被用于对抗感染和疾病。然而,这种气体很难管理,而且总是令人不适,在很长一段时间里都不是一种受欢迎的治疗方法。在第一次世界大战之后,一场毁灭性的流行性感冒,提高了氯的接受度——这是一种双重讽刺,因为不久之前用于杀人的气体对于杀灭流感病毒并没有实际效果。1924年,美国最保守的总统卡尔文·柯立芝在三天多的时间里接受了氯气吸入疗法治疗感冒,《华盛顿邮报》写道:

> 氯气,战争的歼灭者,用于总统的感冒的辅助治疗。在密闭室50分钟后,柯立芝的症状减轻了很多。非处方的氯疗法开始激增。一种叫作"呼吸氯"的药膏,应用于对鼻孔"释放纯氯气"。产

·　·

品广告上说:"实际上,它的发现是科学上最伟大的胜利之一。"

1925 年,柯立芝总统的健康状况大致恢复了,《华盛顿邮报》欢快地描述了一幅更大的图景:"**氯拯救的生命比战争的死亡人数还多。**"

我很感激这些关于氯的特性的见解,并把这些见解记录在这本不同寻常的书里。它实际上是一本元素的传记,但它作为一个有趣的教学实验的永久记录,作用更为显著。

伦敦大学学院(University College London)科学史课的两位讲师要求他们的本科学生从科学、医学、技术和战争等不同方面探索氯的生活。这个项目在几年的时间里完成了,学生们继承了他们的前辈们的作品,完善了他们的工作,并一点点地改进,直到一个独特的化学摘录本被建立起来。我从图书馆借来的那本从未被打开过。我难道只是想体验一下一股从刚刚漂白的纸页上冒出来的氯的味道吗?(几乎可以肯定,我从这本书的印刷书中得知,氯可能不会被用于漂白纸张,即使用了,也没在纸上留下气味。然而,奇怪的是,你仍然可以在这里捕捉到一点战场的气息。芬兰最近的一项研究表明,这种独特的"新书"味道可能来自于乙醛,这是一种造纸过程中的有机副产品,跟光气一样,闻起来有新割的青草的味道。)

二

人道主义的废话
Part.04

二

在斯坦利·库布里克最经典的黑色喜剧——《奇爱博士》中，偏执的美国空军部长杰克·D.里珀，在伯尔森空军基地被他自己的部下围攻，最后向倒霉的英国皇家空军军官莱昂内尔·曼德拉透露了他为什么向苏联发动核攻击，这场攻击导致了电影结尾时人类文明的毁灭。"你意识到了吗?"他一边咬着雪茄，一边说，"这是我们面对过的最可怕、最危险的共产主义阴谋。"应该说，里珀（Ripper 的另一个意思是开膛手）被一种病态的恐惧所驱使，他的"宝贵的体液"被污染了，这个症状首先出现在他"爱的肉体行为"中。在他的办公室被机关枪扫射的时候，他解释说，氟化作用始于 1946 年："**这种氟化作用与你所说的战后共产主义阴谋有什么关系?**""**曼德拉，你知不知道除了氟化水，还有一些人在研究氟化盐，氟化的面粉、果汁、汤、糖果，牛奶和冰激凌？氟化冰激凌，曼德拉，儿童冰激凌。**"

氟是卤素①中的第一个元素,其单质也是卤素中最容易发生化学反应的,它已经悄悄地进入了我们的生活。它就像一个夜班护士,不经我们的同意,就给我们一通治疗,一边治一边说,"这是为了你好"。法律规定,饮用水是氯化、氟化或溴化的,食盐是碘化的(即加碘盐)。没人指导过我们,但我们就是知道。这些简单的药物有一种原始的特质,这个特质鼓励我们像获取牛膝草或芸香那样获取它们。溴化盐,或称溴塞耳泽成(Bromo-Seltzer)止痛药,在美国文学中,几乎与波旁酒和马提尼酒一样,作用是缓和不适感。在田纳西·威廉姆斯的《欲望号街车》中,酗酒者布兰奇·杜波依斯抱住她自己的头,自言自语道:"今天某个时候,我必须得弄到点儿溴。"在欧内斯特·海明威的《乞力马扎罗的雪》中,一名男子在山坡上死亡,原因是他未能将碘搽在受伤的腿上。造成死亡的原因很明确,不是最初的事故,而是未能进行治疗;他似乎在潜意识里选择了死亡,因为这让他摆脱了海明威式最糟糕的命运——形成一段成熟的人际关系。碘是一种神奇的消毒剂,虽然它会带来有益的刺痛。在奥尔德斯·赫胥黎的《加沙的盲人》一书中,愤世嫉俗的冒险家马克·斯泰特在接受类似治疗时,对此十分赞同:"**说到碘,就别提什么人道主义的废话了。**"莱昂纳德·科恩 1977 年的歌曲《碘》中描述了含有这种元素的药物给人的感觉,像女人一样矛盾——前一分钟刺痛你,下一分钟抚慰你。

有件事情里珀将军说得很对,美国的氟化运用始于第二次世界大战结束之时。1945 年 12 月,密歇根州的大急流城成为第一个提供氟化水的城市。附近的一个城市被指定为对照组,在为期 10 年的"氟化水对牙齿健康的长期影响"实验中作为参照物。但是氟化作用被提前宣布成功,并迅速扩展到包括受控城市在内的其他城市供水系统,从而破坏了实验。如今,超过半数的美国人都在饮用氟化水——就像这个国家即将到来的免费全民医保一样。该计划遭到了自由主义的约翰·伯奇协会和其他游说团体的抵制。从那时起,就有人指责这是一场共谋的交易:氟化作用是一种凭空想象出来的方案,这个方案使铝行业

---

① 卤素指的是元素周期表中的一列元素,一共有 5 种,从上至下分别是氟、氯、溴、碘、砹。——译者注

能够处理掉在金属制造中产生的大量含氟化合物；这个方案是由糖业资助的，其目的是摆脱吃糖破坏牙齿的困境；而且，因为在麦卡锡时代的美国，氟化作用得到了政府的支持，而具有讽刺意味的是，政府是反氟化主义的，是左翼的傀儡。原则上的反对意见主要不是针对氟化物在预防牙病方面的作用，而是官僚们对在没有事先诊断、处方和剂量测定等常规医疗预防措施的情况下，强制要求实施"治疗"所抱持的无所谓的态度。一些欧洲国家已经停止使用氟化水，并推行自由选择是否购买含氟盐和含氟牙膏。然而，出人意料的是，美国人仍然是世界上最广泛的氟化人口之一，而且争论还在继续，有一个典型的网站将氟化作用称之为"医学上的恶势力"。

溴化物从未受到过敌视，它们曾经作为万能镇静剂被广泛使用，这个词到现在依然保留了关于性的幽默内涵。虽然广受欢迎，但在1975年，它们却不声不响地撤出了美国市场。此时，溴化物的许多危险的副作用已经暴露出来，并有了专门的诊断结论：溴中毒。

在一个多世纪以前，溴化物已经开始成为知名的药物。曾经为维多利亚女王的9个孩子的诞生助产的妇产科医生——查尔斯·洛考克爵士，在1857年时听说患有癫痫症的病人在服用溴化物后，性欲降低了，于是决定将其用于治疗"癔症"这种精神障碍。名字非常有趣的洛考克分享了当时的专家们的观点，即癫痫与手淫、色情狂和其他"过度性兴奋"的表现有关，并推断，由于女性癫痫患者们在月经期间似乎处于最易发病的状态，故采用溴化物治疗可能是一种有效的方法，可以抑制这种困扰她们的欲望。经证实，溴化物能有效地抗惊厥和抑制性欲，这似乎证实了癫痫和手淫之间的联系，此后，溴化物开始成为一种处方药，在任何需要使行动变得迟钝的情形下都可以使用。美国幽默作家格列特·伯吉斯在他的1907年的著作《你是溴化物吗？》中，把世界分成两类：亚硫酸盐和溴化物。溴化物这个词被广泛地理解为"无聊"，与此形成鲜明对比的是亚硫酸盐，它形容的是完全相反的一类人，他们往往在餐桌上言语犀利。

溴化钾或溴化钠同样也是《欲望号街车》的主角布兰奇·杜波依斯、美国喜剧演员W·C.菲尔茨及其他豪赌客们所需要的"溴"里的活性成分。溴这一通用术语是由溴塞耳泽成药演变而来的。这是一种商

华丽的弗罗伦丁·溴塞耳泽塔

用抗酸剂,是马里兰州巴尔的摩市的艾萨克·埃默森开发的,其产品形式是泡腾粉。华丽的弗罗伦丁·溴塞耳泽塔仍然矗立在城市里,它的钟面上有 12 个位置,拼出了药品的名字。尽管这个品牌现在的产品不再含溴,但品牌依然存在,而这座塔已经被改造成作家的工作室,现在的人们可以在此治疗酒瘾。

虽然碘元素与氟、氯和溴均属于卤素,但对我们来说,它的危险性比它的卤素伙伴们小得多,甚至还很有益。加碘盐在美国就像氟化水一样普遍,但在 20 世纪 20 年代,对它的介绍并未激起自由主义者的热情。我们所熟悉的它的药物形式是碘酒——碘单质的酒精溶液。棕色的液体在棕色的瓶子里,它看起来是纯粹的,它的醉人的香气及锈迹盘的色泽,就像是一种外用的香草精。

碘是科学上的重大偶然发现之一。1805 年,伯纳德·库图瓦接管了他的家族在巴黎的亏损的硝石工厂,而他的父亲则被关进了债务人监狱。虽然拿破仑战争已经开始,但在法国大革命之后,巴黎仍处于和平状态,当地对炸药的需求也很少。尽管如此,炸药的原材料,尤其是最方便制造硝石的海鸟粪,正变得越来越难以获得。库图瓦努力维持业务,准备用木灰(成分为硝酸钾或硝酸钠)作为替代品来制造硝石。当木灰也变得短缺的时候,他就将目光转向了海藻。传统上,人们从布列塔尼和诺曼底海岸采集海藻是为了提取其中含有的苏打,这是制作玻璃的原料。1811 年的一天,他注意到有一个铜器皿有锈蚀的迹象,那里面盛放着用于制造硝石的原料——海藻灰和其他成分的混合物。通过实验,库图瓦发现,当硫酸被添加到碱性苏打中时,发生了激烈的反应。他不禁注意到,这种反应也释放出了一股迷人的蓝紫色蒸气。经过进一步研究,库图瓦发现这种蒸气并没有凝结成液体,而是形成了一种陌生的、看起来像金属的黑色晶体。库图瓦怀疑他可能发现了一种新元素,但缺乏进行测试的设备,也无法从他的生意中抽出时间进行验证。于是,他让两位朋友代替他来完成这项工作。其中一位朋友是气体化学家和气球驾驶者约瑟夫·路易·盖·吕萨克,他提出了用与氯相似的碘来给这个新元素命名。

由于某种机缘巧合,汉弗莱·戴维也出席了碘元素的命名仪式。自 1792 年以来,英国旅行者很难进入法国,但戴维曾获得拿破仑奖,皇帝亲自为他颁发了护照,使得他能来法国领奖。1813 年 10 月,新婚的戴维和他的男仆——神情紧张的年轻人迈克尔·法拉第,在普利茅斯登上了一艘用于交换战俘的船,开始驶向布列塔尼。多雨的航程结束之后,他们在敌人的领土上登陆,登陆后他们被搜身,连鞋子也搜了。当他们去往巴黎时,发现虽然厨房肮脏不堪,食物却出人意料的美味。戴维对人类的科学手段寄予厚望,希望能够缓和"民族战争的严酷",但却似乎不愿迈出第一步:在罗浮宫,他将目光从画作上移开,只觉得有义务恭维他的主人。与此同时,简·戴维在杜伊勒里花园里用她那不时髦的小帽子吓了路人一跳。

　　戴维会见了安培。安培曾写信警告过他有关三氯化氮的危险性。戴维也得到了一些库图瓦的新物质。戴维利用他的便携式化学仪器,对新物质进行了分析,并与盖·吕萨克得出同样的结论:它确实是一种新元素,与氯相关。戴维将这个结论写成了论文并提交到了英国皇家学会,这让盖·吕萨克非常恼火。但戴维认为,法国人只不过是首先带着问题来向他讨教罢了。然而,令戴维感到高兴的是,当他在巴黎的为期 2 个月的行程即将结束的时候,他当选为法国科学院的院士。拿破仑并没有亲自接见戴维夫妇,但皇后约瑟芬在马迈松行宫接见了他们。随后戴维一行人前往意大利、瑞士、奥地利和德国游历,于 1815 年 4 月滑铁卢战役的前几周返回家乡。戴维一定是在旅途中改变了他对"民族战争的严酷性"的看法,不久之后他就写信给英国首相利物浦勋爵,敦促他在《和平条约》的条款下严厉地对待法国人。

　　1815 年之后,随着对硝石的需求进一步下降,库图瓦试图从他发现的碘元素中获利,他用氯气来提取海藻灰溶液中的碘,以此来生产碘单质和各种化合物。但他这一次也不走运,这一过程很快被更高效的工艺过程所取代。到了 1838 年,他最终默默无闻地死于贫困。

　　在库图瓦发现碘之后不久,碘在海水和各种矿物质中被陆续发现,并被公认为对治疗甲状腺肿大有效。这一发现解释了传统疗法中用燃烧的海绵或海带来治疗肿胀的合理性。分布在法国北部和苏格兰西部水草丛生的岩岸边的海藻灰产业,曾经由于西班牙和南美探明了巨额储量的碳酸钠和碳酸钾矿藏的冲击而萧条,现在因为可以向医药行业提供碘而享受着短暂的复兴。

　　这一产业为佃农们提供了一种收入微薄的生计,他们在夏天燃烧海藻,以产生富含碘的海藻灰。企业家们试图以格拉斯哥为中心,将这种劳作工业化。1864 年,建立在克莱德班克的第一家工厂是为了处理从苏格兰岛屿上运来的海带。这些海带,每年都达数千吨之多。但是当智利发现了碘化物矿床后,这一劳动和能源密集型的产业在一夜之间就变得不经济了,这与硝石产业的衰落是相呼应的。

　　虽然离我最近的海岸东安格利亚有着平坦的沙子和泥土,海草不像在岩石海岸上那么茂盛,但我还是决定去制备我自己的碘。我仔细地阅读了我应该选择的海藻种类的说明,但是,在寒冷的 12 月,身陷潮汐池中,区分不同种类的海藻变得相当困难。我用冻得麻木的双手随意舀起一桶海草,然后把它带回家,摊开放在锅炉里晾干。

　　几周后,我有了 400 克的干海藻,我把它放进火中的一个敞口陶瓷碗里。在干海藻燃烧的时候,钠的橘色的火焰懒洋洋地在盐卤中跳舞。干海藻燃烧完后,只剩下了 60 克易碎的灰。

　　我把灰捣成粉末,用最少量的水将粉末搅拌均匀,形成一团松软的黑色矿泥,然后用滤纸包着放进漏斗。富含海盐的清澈液体从漏斗中流出。当然,这种溶液的主要成分是氯化钠,但是其中应该也有溴和碘。海藻能有效地富集这些元素。海水中碘的浓度不到千万分之一,但在海藻中,它的浓度可以达到千分之几,是海水中碘含量的一万倍。我将滤液放置几天,在此期间,大量的白色的氯化钠晶体从溶液中析出。

　　现在是时候尝试将无色的碘离子转换成艳丽的纯碘元素了。和库图瓦所做的一样,我往溶液中加了一些硫酸,随后产生了大量的过氧化氢(反应没到恐怖的程度,但相当强烈),它可以氧化碘化物。我摇动混合物以加快反应速度,看到液体开始变色。溶液从淡黄色到金黄色逐渐变深,几分钟后就变成了煮过的茶叶的颜色。我真的非常惊讶。尽管我以前从来没有尝试过这个实验,而且在收集原材料时也很随意,但我得到了碘,或者差不多是碘——溶液的深棕色是碘和碘盐混合形成的。我还想看看那让库图瓦大吃一惊的迷人的紫色蒸气。我将棕色的液体倒入另一个容器,加入四氯化碳后,将混合物摇匀。四氯化碳这种气味芳香但不太可爱的化学物质,是一种致癌物并且会破坏臭氧层,到现在都几乎无法获得,但我在父亲收集的危险溶剂的综合区中找到了一些。它不溶于水,但易溶解于碘。在这种完全不同的溶剂中,我第一次看到了碘的特征颜色。用蓝紫色来形容是正确的,因为它的颜色之深远远超过了淡紫色,但还没有达到紫色。我迅速地说了句"都是我的错,对不起了臭氧层",然后将四氯化碳蒸发,在玻璃上留下黑色的薄膜。这些是微小的碘晶体。它们散发出一种微弱的刺激性气味,与氯气类似,但没有那么刺鼻,气味并不太难闻,我们现在通常将这种气味称为药味。常识上我们知道,卤素被用作消毒剂。我将晶体缓缓加热,然后看到,一开始粉色的幽灵在试管中上升。很快,固体就消失了,剩下的是一种色彩艳丽的漩涡蒸气,它在冷却管的冷却部分上凝结——同样的单质,由于碘原子重新排列,形成了新的黑色晶体。1822年,为了给来访的客人们找些乐子,歌德做了相同的实验,他很高兴实验结果支持了他那颇具影响力的色彩理论。在他的著作《颜色论》中,他认为红色和黄色与白色相关,而紫罗兰的光谱谱线之下的"冷色"的颜色则来自黑色。

现在，如果一个人只知道一个化学分子式，那么它一定是水的分子式 H_2O，一种由两个氢原子和一个氧原子组成的化合物。然而，在 18 世纪的时候，人们并不知道 H(氢) 和 O(氧)，水被广泛认为是组成所有物质的不可再分的元素之一。

从亚里士多德开始，人们普遍认为水似乎是四元素[①]中最安全的。哲学家和炼金术士们质疑四元素理论的时候，他们所质疑的可能是火(它需要用其他元素来维持自身)、土(显然包含了许多不同的物质)，或是气(可能是虚无本身)。而水，至少实打实的就是水，而且它也是最明确地与它的"原则"或者说是与其寒冷和潮湿的基本性质相关的元素。然而，水也是一个谜。它可能看起来是恒定的，但通常情况下，不同来源的水的味道差异很大，从异常甜美到完全不能饮用都有。

现代科学有理由更进一步地探究亚里士

温和的燃烧
Part.05

---

① 四元素论是古希腊关于世界的物质组成的学说，该学说认为世界上的所有物质都是由气、火、水、土四种元素组成的。——译者注

多德所认为的元素的本质。在不断扩张的城市中,卫生设施不健全,干净的水总是很匮乏。乌托邦小说的设定中都少不了充足的新鲜纯净的淡水供应这一条。在托马斯·莫尔 1516 年所写的《乌托邦》一书中,乌托邦的主要河流是阿尼德罗,它的名字来源于希腊的"无水",就像莫尔给"乌托邦"设定的货币制度,意味着"不存在的地方",这个奇怪的类似泰晤士河的潮河,并没有被用于向城市供应饮用水。根据莫尔的描述,城市供水是由精心设计的渠道和蓄水池来提供的。弗朗西斯·培根在 1624 年所著的《新亚特兰蒂斯》中写道,那里的科学方法已趋于完善,在他的想象中,水通过渗透作用得到净化,并进入池塘中,这些池塘,其中一些的作用是从盐水中过滤出淡水,而其余的作用则是将淡水变成盐水。

产生于炼金术士之后的那一代自然哲学家们开始对"水的质量对公共健康至关重要"这一概念有了模糊的了解。他们之所以会这样想,是因为他们觉得被污染的水是致病的原因,并且他们坚信,往水中添加的某些物质可能对健康有益。科学对酸和盐的理解及对水的气态成分——氢和氧的分离,将会在这一过程中出现。

1767 年,34 岁的新教牧师约瑟夫·普利斯特里在完成了他的一次长时间定期访问后,从伦敦回到了利兹,并在这个他出生的城市定居。他搬进了一个与啤酒厂相邻的房子。作为一个有着强烈求知欲的人,他曾写过传记和科学史,出版了小册子,批评英国对美国殖民地的政策,并通过宣扬他的非正统基督教信仰来挑战教会。然而,他在伦敦与本杰明·富兰克林会面,受此启发,普利斯特里在实验科学中找到了真正的归宿。搬到利兹后,他自然而然地把注意力转到了从隔壁酿酒厂的麦芽汁中不断冒出来的泡泡,即刚刚确定的"固定空气"上。

普利斯特里对这种气体的性质进行了系统的研究,并指出它会使火焰熄灭并导致动物窒息,但植物却在其中苗壮成长。他确信这种气体对坏血病等疾病有疗效,这让他开始考虑是否可以找到一种方便的方法来管理它。他将一个玻璃杯放在一个大桶上,桶里装了麦芽浆,通过晃动玻璃杯中的水,他发现一些固定的空气会溶解在水里,此时,他意识到他找到了答案。为方便那些家门口没有啤酒厂的人,普利斯特里发明了一种制作气泡饮料的简单易行的方法,1772 年,他出版了"用固定的空气浸渍水的方法说明"，该方法是以硫酸和白垩反应为基础，然后将反应释放出的气体通入普通的饮用水中。他认为这种冒泡的液体可能既有治疗作用，又有军事用途。

"固定的空气"其实就是二氧化碳。法国人加布里埃尔·文内尔早些时候曾将同样的成分加在一起，但他希望人们会喝下整个的"冰沙"混合物。普利斯特里是第一个制作可以饮用的碳酸水的人，但他没有因此获利，这份利益由雅各布·施韦佩(Jacob Schweppe)继承了。这位瑞士移民在1792年创立了伦敦苏打水公司，其产品至今仍以他的名字命名(即Schweppes，怡泉)。

与此同时，在法国，一场以收集法国各水域的矿物含量信息为目的的长期、全国性的活动正在进行中。1755年，文内尔在法国的莱茵河畔，真正的萨尔茨河水源处对其矿物成分进行了分析。法国最伟大的年轻化学家——安托万·拉瓦锡，也参与了这个项目。

他在这里的经历，为他之后的探索之旅奠定了基础："自然界存在的水"是由纯水和不同的盐组成的；这些盐是由不同的金属与酸性物质组合而成的，这些酸性物质通常是由于与氧这个当时的未知元素结合而获得了腐蚀性。

就像他的英国竞争对手普利斯特里和后来的汉弗莱·戴维一样，拉瓦锡先是接受了人文学科的教育，但他很快意识到，科学才是真正能体现他才华的领域。然而，一开始，他跟随了父亲的脚步学习法律，并购买了皇家特许权来收税。他的高利润的税收工作涵盖了防止走私烟酒和收取加布尔税，即法国大革命前的盐税。这个臭名昭著的盐税，是法国大革命爆发的原因之一。与此同时，他的科学智慧用在了对自然水源中的矿物成分的分析测定中。这项工作为拉瓦锡提高分析技术提供了广阔的空间。同时，严谨的分析技术也是他将化学从炼金术中脱离出来而声名大噪的基础。他将作为"税吏"所获得的一部分财富用于投资最好的仪器。通过精确测量不同水域在密度上的细微差别，他就能说出这些水含有多少盐。但他并不那么享受在烈日下、风雨中和黑夜里，在廉价客栈里度过的那些日子。他喜欢实验室的舒适环境，并努力工作争取这样的机会。

在普利斯特里做二氧化碳实验的时候，拉瓦锡这位新当选的法国科学院院士,正将他的测量技术应用于测定物质燃烧前后的重量上。他发现,如果算上燃烧产生的气体的重量,那么钻石、硫及磷在空气中燃烧后,生成的产物的重量会增加。这一现象也发生在进程较慢的金属腐蚀过程中。1773 年,他向科学院提交了一份重要的论文,首次正确地记录了铜和铁转化为铜锈和铁锈后,重量有所增加这一事实。他将之解释为,这些可燃物吸收了空气中的某些成分。

1774 年 10 月,拉瓦锡和他科学院的同僚们在巴黎的一次晚宴上接待了约瑟夫·普利斯特里。席间,他们听普利斯特里介绍了他最新的实验,实验中,氧化汞(一种红色的含汞石灰状物质)受热释放出"一种新的空气",留下了纯的液态汞。一个月前,拉瓦锡收到了瑞典额卡尔·舍勒的来信,得知他在之前做了同样的氧化汞受热分解的实验。舍勒为人十分谦虚,他从不寻求学术上的认可,连瑞典皇家科学院的会议他也只参加过一次。他没有留下任何可靠的画像,连斯德哥尔摩公园里的那座舍勒的雕像也只是希腊人的幻想,而非真实的肖像。最糟糕的是,他并没有及时出版他的著作。与此同时,普利斯特里因为他的发现而陷入了理论上的混乱(普利斯特里信奉燃素说,而氧气的发现,与燃素说的部分理论相悖)。这给拉瓦锡留下了自由发挥的空间,他重复了两个人的工作,并在前期实验的基础上进行了更进一步的研究。1777 年,拉瓦锡将这种气体命名为"氧",其含义是"酸的生成器"。

普利斯特里的兴趣主要是研究空气的组成,而拉瓦锡则更喜欢研究与水相关的课题。舍勒和大多数瑞典化学家一样,他的研究重点是地球上的矿物质。虽然研究的重点都集中在氧这一重要元素上,但三位科学家是分别从物质的气态、液态和固态这三种状态进行研究的,由于侧重点不一样,也就难怪他们之间难以交换意见了。然而,混乱的阴云终将消散,氧元素这个自然界中无处不在的元素的重要性终将显现。公平地说,氧气的发现归功于舍勒和普利斯特里,但拉瓦锡通过证明氧在水、酸和盐中的中心地位确定了这个新元素的其他化学性质。

1766 年,在氧气被正式命名的 11 年前,英国化学家、物理学家亨利·卡文迪许,这个像盖蒂一样古怪而富有的家伙,在他位于伦敦的私人实验室里用金属与酸进行反应时,发现了氢气,当时氢气被称为可燃空气。他在实验室里用点燃气体与空气的混合物来引发爆炸,并自得其乐。这些气体爆炸过后,凝结出的液体就是纯水。通过这种方式,卡文迪许确信,水不是一种元素,因为它可以由其他基本成分,即氢气和空气中的某种物质,通过化学反应生成。

拉瓦锡在 1783 年的夏天,以一种非常奢华的方式重现了卡文迪许的实验。由于此时已经可以确定那个与氢气反应生成水的"空气中的某种物质"是氧,因此拉瓦锡使用的反应物是氢气和纯氧。拉瓦锡在实验中使用的仪器现在保存在巴黎工艺博物馆。即使到了现在,精美的黄铜制品和雅致的吹制玻璃器皿也能显示出拉瓦锡的实验方法的精确性。两个装了实验用气体的巨大储气罐需先进行称重,之后才能将气体通进一个巨大的玻璃灯泡中混合。灯泡中的电线在通电之后产生了电火花,将氢气点燃。燃烧反应唯一的产物是几克水,这清楚地表明,水仅仅由氢和氧这两种元素组成。同一年的夏天,法国航空先驱、热气球发明人蒙特哥尔费兄弟(Montgolfier brothers),乘坐第一个热气球在高空飞行。拉瓦锡立即发现,如果能有一种经济的方法从水中获得大量超轻的氢气,那么它在热气球运动中一定会有市场。

我记得我在学校组织的一次化学活动中做过同样的演示。这次活动被称为"防爆 76"(Explo'76)。活动的节目单中,氢氧反应既不是颜色最丰富的,也不是味道最大的,但它发出的声音却是最响的。我点燃一根长棍末端的引线,引爆了这个装有混合气体的气球。事实上,这份报告最清晰的一点是,我是按照拉瓦锡的报告所指出的正确的比例,即氢气与氧气体积比例为二比一,来向气球中充入混合气体的。片刻之后,一团细雾笼罩在曾经放着气球的寂静的空中。我后来了解到,这个防爆活动一直延续到我离开学校 20 多年之后,并且做得越来越夸张。我听说,他们已经夸张到了将演示地点从演讲厅挪到了学校废弃的室外游泳池里,甚至还引起了紧急救援部门的注意。

我试着避开"燃素"这个可怕的词,来表达化学史上这个著名的转折点。然而"燃素"这个概念在 18 世纪是如此根深蒂固,却又如此错误和令人困惑,以至于它仍然有能力阻碍业余科学家的认知。燃素是"火的原则",当时普利斯特里和其他许多人,都错误地认为燃素这种物质是存在的。燃素化空气指的是发生燃烧后的空气,而与常理相悖的是脱燃素空气,指的是有燃烧潜力的空气。由于假说中不存在的燃素实

· ·

际上是一种存在的元素氧,这就产生了混乱。

燃素学说很好地解释了化学家们观察到的现象,但它并没有真正解释其中所涉及的过程。一种描绘这种混乱的方法是去想象人脸的面具模型。如果强光从侧面照过来,你可以清楚地看到鼻尖和眼窝。但只有通过改变你的视角,或者更好地去触摸面具,才会发现光不是从你的想象中的右边来的,而是从左边来的,你实际上是从后面而不是正面看过去的。燃素学说就是这样一个颠倒的形象,它对所有表象的解释都是准确的,但却具有本质上的欺骗性。想要看清事物的真正改变,就需要从拉瓦锡的视角来看问题。

尽管燃素说没有正确地解释任何现象,但它仍然是一种根深蒂固的理论概念。即使是拉瓦锡这位著名的燃素怀疑论者,在他做氧气实验之前,也曾用脱燃素空气、超凡空气和活命空气这样的名字来称呼氧气,直到1784年"氧气"这一名称的诞生。我们现在对抗氧化面霜的迷恋有着一个有趣的预兆,那就是在燃素学说被推翻的50年之后,古斯塔夫·福楼拜在《包法利夫人》中提到的"消炎软膏"①。

拉瓦锡的实验确定了位于燃烧反应中心地位的是氧,而不是火。同时,氧在化学的其他许多方面也处于中心地位。1789年,法国大革命前夕,拉瓦锡发表了《化学基本论述》(*Elementary Treatise on Chemistry*),书中给出了一个全面的列表,内容是"属于整个自然界的简单物质,这些简单物质可以看作物体的元素"。这些元素被分为四类:第一类包含的是气体,如氢、氧、氮、光和热要素,或者说是热。第二类是可酸化(或可氧化)的6种非金属物质:碳、硫、磷、未知的盐酸(氯化氢)根、萤石酸(氟酸)根和月石酸(硼酸)根。第三类列出了17种"可氧化"的金属,从锑排列到锌。第四类是5种可合成盐的简单土质物质,如石灰和苦土(主要成分为氧化镁)这种拉瓦锡正确地预感到了其中含有未发现的金属元素的物质。

拉瓦锡的书卖得很好,他发动了一场化学革命。然而,现在政治革命来了。尽管拉瓦锡在1791年拒绝了路易十六的盛情邀请,但他还是

———————————

① 消炎软膏(pommade antiphlogistique),有"反燃素"之意,因为炎症的症状为红、肿、热,被认为与燃素的作用相似。——译者注

旗帜鲜明地支持旧政权。他不愿意当路易十六的财政部长,因为这样做会危及他力求把经济学和政治学同化学结合起来的"理想的平衡"。在海峡的对岸,普里斯特利举办了一个聚会来庆祝巴士底狱陷落一周年,然而当天的晚些时候,一个保皇派暴徒毁了拉瓦锡的家。雅各宾派当权后,拉瓦锡的命运变得更悲惨了。在 1794 年 5 月 5 日,他被推上了断头台,愤怒的人们只记得他是万恶的税吏,而忽略了他在科学上的贡献。如果没有同时在空气和水中发现氧,我们很有可能不会如此确认氧元素的重要性。如果是这样的话,化学革命将被推迟,也许要到亚历山大·伏特在 1800 年使用铜和锌的电极制造出第一个电池后,化学革命才会被触发。到那时,我们从这样一个无所不在的、极度活跃的元素(还是气态的物质)和更多来自于化学物质间无形电荷的短暂交换中得到的对化学的认知就会减少,而现在我们就没有了"在原则和命名中对氧的过度支配"。

但氧元素的确进入到了化学的中心地带,在适当的时候,它也在我们的语言中获得了更广泛的象征意义。这并不是立刻发生的,而是随着电的运用而逐步发生的。浪漫派作家们发现了电疗法在戏剧性和隐喻性上巨大的潜力,比如玛丽·雪莱最著名的作品《弗兰肯斯坦》,它的灵感就来源于对电流的新理解。他们也从化学的新发现——氧中获得了灵感。19 世纪的诗人们可以采集空气和生命的浓缩精华,并考虑是否将其添加到他们的词汇中,就像莎士比亚所做的那样,将"甜蜜的空气"和"夏日的暖风轻拂"写进作品。柯尔律治参加了戴维的讲座,就像他说的那样,他此行是为了"丰富我的比喻",并开始观察醚:**它确实能在空气中燃烧,发出明亮的光,但是,噢,你看,它在氧气中燃烧时是多么的明亮,多么的白,多么的生动又是多么的美丽!**"还有一次,他指出,在电的作用下,氢元素和氧元素可以挣脱水的束缚,变成气态的单质。尽管已经强烈地觉察到了氧的发现及它在生活中所扮演的角色,但浪漫派诗人们并没有把它写进他们的诗歌中。如在珀西·雪莱的诗《西风颂》和《致云雀》中,就充满了维持生命的空气和水及自然中随处可见的蓝色和绿色,但他并没有提到氧的名字。这大概是因为他们读者们对最新的科学不那么熟悉吧。诗人们拒绝使用"氧"这个词,更有可能是因为它是一个多音节词,不适合用来抒情,因为它读起来不够通

··

顺。很久以后，罗杰·麦格夫通过在诗中使用氧的化学符号，像烟圈一样的"O"而不是他的名字"氧"，来回避这个问题，他在诗的最后一行，用由八个 O 组成的逐渐褪色的序列来代表一个人最后的呼吸。

氧是在什么时候作为"本质"的隐喻开始广泛传播，并让人们易于理解的呢？例如维多利亚时代的诗人弗朗西斯·汤普森，用来形容雪莱的句子——"一个构想的黯淡的小火花，在他大脑里敏锐的氧气中熊熊燃烧并发出耀眼的光"，以及玛格丽特·撒切尔的誓言——一个曾经的化学家，当然不会惧怕"宣传产生的逆反效应"①。

答案可能是 19 世纪氧气疗法的传播，它首次向公众介绍了这个气态元素。作为维持生命的必要条件，现在氧气是用来对付各种疾病的首选气体。它可以通过加热硝石制成，并被观察到在肺部和四肢产生"舒适的热量"。氧气疗法可以减轻导致呼吸困难的病症，如肺结核，尽管这种缓解只在进行治疗的时候有效，但这对推销"生命空气"疗效的人来说并没有什么障碍，然而对许多其他疾病来说，氧气没有明显的疗效。因为被指责为庸医的骗术，氧气疗法的早期热潮很快退去。但是，一种新方法在 19 世纪中叶引起了人们的兴趣，那就是从空气中提取氧气，并将其压缩和储存在便于运输的钢瓶中。由于对其疗效的适当的医学研究很少，氧气疗法基本上不加区别地被使用着，并且继续受到怀疑论者的挑战。一个 1870 年的自辩性质的广告是这样说的："一个经常被问到的问题是'吸入氧气危险吗？'"回答非常明确：一点也不。它使用起来没有任何风险，而且总是伴随着"康复的真实希望"。

在第一次世界大战之后，由于著名的生理学家约翰·斯科特·霍尔丹展示了氧气疗法对因吸入毒气而引发后遗症的士兵们有良好的疗效，此后，氧气疗法得到了医学上的正式认可。霍尔丹是一个臭名昭著的自我实验者。他制作过很多被称为"棺材"的气密室，并往里面充入各种让人感觉不适的气体，然后小心翼翼地将他自己和一起进行研究的同事们关进去，使实验者直接暴露在气体中，并记录下气体对实验者身体和精神的影响。他为了亲自呼吸 14000 英尺（约 4267 米）高空的

---

① oxygen of publicity，这个词系英国前首相撒切尔夫人所创，她认为对非法活动的报道只能为其带来好处。——译者注

稀薄空气,爬上了科罗拉多州的派克峰。他的主要科学贡献是阐明血红蛋白在调节呼吸中的作用,此外他也做了一些有益的创新,提出了潜水员的减压程序①和用于警告地下的低氧水平的"矿工的金丝雀"②。

我们现在看到的氧气面罩和氧气舱这样熟悉的术语,就是他的工作成果。与此同时,像双氧水香皂这样的商业产品也以氧的保健和清洁特性为卖点开始贩卖。每一盒乐多舒(Radox)浴盐都曾经在包装盒上印了它的品牌说明:"乐多舒"是"辐射氧气"这一毫无意义的短语的缩写。人们依然在利用这种气体有益于恢复健康的特点赚钱,在东京和北京流行一时的氧吧里,人们可以付费呼吸更纯净的空气。

现在人们理解了氧气和臭氧都不是氧元素本身,其中臭氧的分子结构是由3个氧原子组成的三角形,而我们呼吸的氧气分子则是由2个手拉手的氧原子组成。从本质上说,臭氧的氧化性比氧气更强,它被称为"电离氧",这个名字既反映了它的生产方式,也是一个令人印象深刻的品牌,用于净化饮用水、去除异味,普遍认为经常饮用这样净化过的水有助于保持健康活力。一种瓶装水的宣传语是"臭氧就是生命",而在撒切尔夫人用氧气进行比喻之前,约翰·多斯·帕索斯在《赚大钱》里就写到了"反抗的臭氧"。

然而,近来,我们倾向于把氧气看作是生命的破坏者,而不是支持者。普利斯特里在他的实验中观察到老鼠在氧气中十分活跃,蜡烛的燃烧速度也变快了,他在《几种气体的实验和观察》(1776年)中预见到:任何被给予太多氧气的生物都可能"活得太快,而动物的精力在这种纯粹的空气中很快就会耗尽"。和普利斯特里一样,英国医学家、诗人、发明家、植物学家与生理学家,查尔斯·罗伯特·达尔文的祖父伊拉斯谟斯·达尔文也是月光社的成员。在他的诗《植物园》中写道,氧气是**"空气的纯粹本质"**,可以培育植物,供养跳动的心脏,也可以用于**"温和的燃烧"**。

这种"无焰之火"会腐蚀它所接触到的一切。正是这种无处不在

---

① 即阶段减压法,目的是将潜水员在高气压环境下在体内溶解的惰性气体经肺泡排出体外,避免引起减压病。——译者注

② 矿工们把金丝雀带到矿下,用作指示空气质量的早期示警。——译者注

的、持续的、不可避免的反应，使氧气变得至关重要，这就是为什么我们将许多重要的化学过程分为氧化过程和与之相反的还原过程。氧化作用并不总是需要氧气本身。它可以由其他化学氧化剂，比如氯，或是通过紫外线等能量的作用来完成。

植物的光合作用利用太阳光来促进氧化和还原。光合作用主要是将二氧化碳转化为葡萄糖。但在森林的另一边，光氧化水释放氧气，每天都在每一片绿叶中重复舍勒和拉瓦锡的实验。在这些过程中，氧气只是产生的废物，如果动物没有随着地球大气中氧气含量的增加而进化，那么氧气将成为破坏动物生命的腐蚀性气体。

当元素与氧化合后，具有不同的氧化态。通常每一种氧化物都与一种特殊的颜色有关，比如铁盐中，亚铁盐（二价铁）是绿色的，而铁盐（三价铁）是棕色的。但是，当铁生锈的时候，我们更有可能注意到的是时间的腐蚀，而不是像拉斯金那样看到那种丰富而美丽的色调。在另一位作家眼中，氧"这个缓慢的吸血鬼"，是毁灭其他物质的元素，在它们纯粹的表面形成一层乱糟糟的腐烂的渣壳。

还没有被氧化的物体可能是这样的：树林里的碳，就是明天的二氧化碳，生锈的废船船体是昨天的装甲舰。显而易见，文明只是"有组织地抵抗氧化"。我们能够在一些地方遏制住颓势（即被氧化），甚至用各种孤注一掷的措施来扭转这种趋势：从矿石中夺取金属，种植森林，扑灭火灾，但这些措施的效果并不长久。氧化作用体现出了时间的流逝和无序的必然胜利。这种气体滋养了生命，也让死亡变得更近。根据最近出版的一本关于元素的书中所写的，氧是导致衰老和老年病的最重要的原因。

一些损害来自于正常呼吸过程中产生的活性化学物质——自由基。这是一种含有未成对氧原子的短寿命物质，它有着一个不稳定的末端，能引发生化破坏。研究这种氧化作用对生物细胞造成的损伤程度，是对衰老最有意义的测量方法之一，与计算鱼尾纹或肝脏斑点在科学上是等效的。

当我在 2009 年 6 月写这篇文章时，我听说歌手迈克尔·杰克逊去世了，享年 50 岁。据报道，他在氧气舱内睡觉，有没有可能就像普里斯特利所观察和担心的那样，这一点加速了他的生命流逝，并导致了他的死亡呢?

很快就有人说他的身体将使用特殊树脂进行"塑化",以他标志性的太空漫步姿势保留下来,并在他计划举办复出演唱会的地方——伦敦的 O_2 体育馆展示。

· ·

=

镇之母
Part.06

=

世界上不时地会出现这样的情况——一种元素，即使是大部分科学家可能永远看不到它，它也依然能摆脱实验室的局限，在更广阔的世界里获得美名或恶名。就像我们所看到的，在原子弹爆炸之后，钚出名了，但镇才是这类元素中的第一个。镇是一种能发生爆炸反应并具有放射性的金属。普通人都没有接触镇的经验，在这样的情况下，它突然出现在这个世界上，被当作一个奇迹般的护身符来追捧和争夺，被用作地名和产品品牌。在几十年后，如它出现时那般，它又戏剧性地消失了，就像块烫手的山芋一样，被人们抛弃。

玛丽·居里（Marie Curie）是镇的故事的中心人物，也是造成这样一种现象的原因之一。1867 年，她出生在华沙附近，出生时叫玛丽亚·斯克沃多夫斯卡（Maria Sklodowska）。由于被波兰的大学拒之门外，她移民巴黎，继续学业。在巴黎，尤其是在索邦大学，她觉得自己获得了自由。在那里，她可以自由地寻找自己的方向，而不是像她在波兰的高级中学里那样，受到令人窒息的监管。不寻常的是,她同时学习了化学和物理,后来还同时在这两个领域获得了诺贝尔奖——这一成就至今无人能及。玛丽原本打算毕业后回到波兰,像父母那样从教,但就在她准备毕业考试时,遇到了皮埃尔·居里;在两人认识的第二年,也就是 1895 年,他们低调地结婚了。

在接下来的 10 年里,他们维持着一种罕见的和谐且高效的科学伙伴的关系,直到皮埃尔 46 岁时,因为一场意外,丧生于马车的车轮和马蹄之下。有了皮埃尔的鼓励及在他的实验室里充分的发挥空间,玛丽决定研究一种类似 X 射线的自发性辐射的能量,根据最新的报道,它是从被称为沥青铀矿的铀矿石的样品中发现的,玛丽称其为"辐射能"。她的主要研究工具是一个石英装置(即石英晶体压电静电计,又名居里计)。这个仪器是皮埃尔在几年前发明的,它利用了一些晶体所具有的在压力作用下产生电荷的特性,且能够探测与放射性衰变过程相关的非常小的电流。玛丽发现,放射性是某类特殊物质的固有现象,而不是像当时许多人所认为那样,是"某种物质与其他物质或能量相互作用的产物"。在测量过程中,她还发现一些铀矿的放射性比其他铀矿要高,有些甚至比纯铀的放射性更高。这说明,这种矿石里一定含有一种未知的高放射性物质。

这引起了皮埃尔的兴趣,他放弃了自己的研究,参与到这个项目里来。他和玛丽仓促地开始粉碎一部分沥青铀矿,然后用化学药剂将其溶解,使其中最具放射性的成分逐渐被分离出来。在两个月的时间里,他们逐渐获得了比铀的放射性高 300 倍的成品。他们注意到,在这些放射性物质的样品中,有某些成分和钡的化学性质相似,还有某些成分和铋的化学性质相似。三周后,他们确信发现了一种新的元素,它与铋的化学性质非常相似,但并不是一种天然的放射性物质。居里夫妇选择了"钋"作为它的名字。1898 年 7 月 13 日,皮埃尔在实验室的笔记本上写下了字母"Po"。这个名字代表了玛丽心爱的故乡——波兰。她曾穿着波兰的传统民族服饰参加巴黎的一群外籍人士聚会。然而,他们无法将钋与铋分离开来,这尤其令玛丽感到沮丧,她希望能得到纯净的钋。

与此同时,这对夫妇继续使用一种新的沥青铀矿样本来追踪与钡相似的放射性物质。他们在圣诞节前就成功了,这一次,他们获得了另一种新元素的确凿证据,这种新元素的放射性比钋还强,他们将这个元素命名为镭。钡和镭的盐比铋和钋的盐更容易溶解。由于氯化镭的溶解度比氯化钡低,会先于氯化钡从溶液中析出,因此可以通过重复加热并缓慢冷却混合盐溶液这一过程来提纯氯化镭。玛丽于 1899 年开始着手应对这一重大挑战。她获得了 10 吨的沥青铀矿渣,这些矿渣的放射性比铀矿石更大。这些矿渣与松针混在一起,被装进麻袋,送到了玛丽的实验室。她将实验室的简陋的棚子当成了工厂,在不同的准备阶段用同一口大锅来煮沸这些放射性液体。由于条件所限,她每次只能处理 20 千克的矿渣。这份工作让人身心俱疲,但也有着追逐的兴奋。最后,在 1902 年,她获得了新元素的确凿证据:0.1 克的纯氯化镭。

化学家发现新元素后会有什么感觉?这种感觉常常由于冗长的努力而变得麻木,但也有获得强烈快感的时刻。发现了两种新元素并获得了两次诺贝尔奖的居里夫妇,在这方面的体会比大多数科学家都要深。当然,他们并没有沉醉于他们的成功所带来的官方宣传。参加颁奖典礼也从来都不是他们的首要任务,这并不奇怪,尤其是对于玛丽,授予她这个奖项看起来很勉强,在最初的提名名单中,铀的放射性的发现者只有皮埃尔与亨利 · 贝克勒尔两人,她并不在其中。随之而来的宣传也不过是件麻烦事。

不过,这些物质的发现让他们兴奋不已。对沥青铀矿藏着某种神秘物质的怀疑很快变成了信念。没过多久,他们就知道这个神秘物质就是他们在寻找的新元素,他们把名字都准备好了。他们的科学论文以一种得体且大胆的方式宣布了这些发现:他们毫无歉意地给出了这些元素的名字,但也慷慨地承认了别人的贡献。玛丽对"我们的新金属"感到非常自豪,但当她确定了钋和镭的存在,却无法实际获得(无法将金属与杂质分离开来)时,仍然觉得很沮丧。他们希望看到有色的盐,也对不洁净的材料发出的光感到高兴。有时晚饭后,他们会偷偷溜回实验室,去看那些在他们的实验室里发光的样品,这是一种永远会让他们唤醒"新的情感和魅力"的景象。

镭这种罕见、奇特且难以驾驭的元素,是怎么引起公众的注意的呢?首先,当然是因为诺贝尔奖。在诺贝尔奖颁发的前两年,物理学、化学和医学等七个奖项几乎没有受到关注。但是,这一变化戏剧性地发生在对一个女人和一对已婚夫妇的第一次奖励上，他们给媒体提供了能够产生各种各样浪漫幻想的素材。镭的奇异特性为这些幻想增添了更多趣味。它能发出明亮的蓝光，有着神秘的、不可见的放射性，玛丽·居里被誉为"镭之母"，但她也开始深受不为人知的辐射病之苦。

乔治·萧伯纳准确地讽刺了公众的热情，但他很快就否认了镭的实际价值。他在《医生的困境》的导言中写道："**镭，激发了我们的轻信，就像卢尔德的幽灵激发了罗马天主教徒的轻信一样。**"人们从一开始就注意到镭损伤皮肤的能力，现在又发现它对治疗癌症有奇效。这一发现立即开启了一个行业，引发了一种传说。1904 年，在巴黎城外的马恩河岸上有一家大型砖厂，将居里夫人所用的制备方法的规模扩大，来生产镭盐。其他人迅速跟进。镭是肿瘤的破坏者，由于疗效太好以至于在肿瘤治疗上不可或缺，但它很快被滥用在对血液、骨骼和神经疾病的治疗上。

科学家们争先恐后地对新元素进行实验。威廉姆·拉姆齐从伦敦一家化学品供应商那里买了一个样品，然后带回实验室确认样品的真假。他在金属丝上放了一点样品，然后把金属丝放进火里。红色的火焰证实了它是纯净的镭，没有被钡污染。若样品中含钡，火焰会变绿。但是拉姆齐在实验室中无意间释放出了放射性蒸气，这使样品在此后的放射性实验中变得毫无用处。

游客们成群结队地来到盛产镭的山区——厄尔士山脉。这个著名的波西米亚"矿石山"，是人们熟知的欧洲最多产的金属产区。公元770 年，查理曼大帝在罗马帝国覆灭后重新开放了这些矿山，并从萨克森州带来了战俘，这些人成为矿工，帝国从矿山获得了黄金、白银和铅。后来，铀和钴也被开采出来，用于制作彩色玻璃和陶瓷。

约阿希姆斯塔尔(在捷克共和国被称为亚希莫夫)成了旅游热潮的中心。1912 年，镭宫酒店开门营业，它提供放射性的水疗服务。这座酒店紧靠树木繁茂的山坡，是一座大型的新古典主义风格建筑。酒店水疗服务所用的水中溶解了少量的镭，在镭衰变为氡的过程中，产生了少量的泡沫(约阿希姆斯塔尔也与其他元素有联系：在 16 世纪，在这里铸造了第一枚银币，即约阿希姆斯塔尔币)；阿格里科拉在这里写下他的冶金杰作——《矿冶全书》。①

最近,镭宫酒店又重新开放,并承诺将采用富含氡的在地下深处流动的水进行水疗。如果你手头宽裕,还可以预订居里夫人的公寓。不远处,另一个温泉镇仍然以名中有"镭"字而欢欣鼓舞。氡水治疗院在美国也很普遍,在美国有 7 个州都曾有名字中有"镭"的定居点。在乔治亚州、怀俄明州和新墨西哥州,还有一些叫作镭泉的城镇。

水疗中的元素一直在不断更新。罗马人到巴斯享受含硫黄的水。德国哈兹山的巴特苏德罗德的水富含钙,巴克斯顿的水含镁,而玛丽亚温泉镇则会用碳酸水为你服务,其他水域则是含氡或含碘的。水疗元素的更新与化学的进步保持同步,这一点很合理,新发现的元素氡和镭也会有应用于水疗的一天。

那些并不重视镭的人们发现,镭已经进入了他们的生活。镭在聚会上被展示。人们玩镭轮盘赌博,然后去看镭舞。"镭模特"穿上发光的服装并摆出各种姿势。镭在漫画中广为流传,最重要的是,它被誉为

镭宫酒店

万能的灵丹妙药,被添加到各种各样的产品中,特别是那些有治疗效果的产品。这个词出现在许多其他商品上,组成时尚的品牌,有镭黄油、镭雪茄、镭啤酒、镭射巧克力和镭牙膏、镭栓剂和镭避孕胶。

公众对镭的奇异特性早已司空见惯,几乎所有制造商都以它为卖点进行宣传。"极光镭肥"的销售承诺是"加热土壤"。镭被放入鸡饲料中,期望鸡蛋可以自我孵化。婴儿用的"镭羊毛",据说"经过某种物理化学方法处理,被赋予了一种神奇力量:放射性活性","每个人都知道,镭在传递使细胞兴奋的有机刺激时的惊人影响……羊毛经过这种处理,结合了纺织品的标准优势和不可否认的保健价值。要编织婴儿的衣服,孩子们的毛料衣服,你的内衣和你的套头衫,请用莱恩'镭羊毛'。"

居里夫妇的名字经常被用在这些五花八门的产品的宣传中,这些产品大部分是非法的。例如,"居里生发液"宣传说可以促进头发生长并恢复发色。而居里夫妇自己的镭研究所,把许可授予了那些真正含有镭放射源的产品。这是出于对科学的正直——一个有着"巴黎居里实验室"的标记,会谨慎地保证产品中镭的含量,例如"1克的奶油中含5毫微克的镭元素"。镭研究所的标记也印在了一种安装在浴盆一侧的镀铬的辐射器上。这些名为"发散器"或是"喷泉"的装置通过橡皮管与一个镭辐射源连接起来,由镭衰变产生的氡气经过它们进入洗澡水。辐射器还被用来在饮料中加入放射性的气泡。这些辐射器现在极具收藏价值。

在男孩看的带插图的冒险小说中,镭这种"长生不老药"也担当了重要角色,这种元素成为男孩们探索的中心。他们把镭定位为外来物质——一种从遥远的地方蛮横地掠夺来的物质。在这类书籍中,有一本叫作《镭的冲刺》的书,封面非常精彩。它展示的是这样一幅画面:部落的骑士在沙漠中奔驰,然而没能追上乘坐双翼飞机离开的冒险者们,这纯粹是幻想。对于大多数实际应用而言,制备好的镭的唯二来源,是位于欧洲最优雅迷人的两个城市的两个研究机构:巴黎的居里实验室及它的竞争对手——维也纳的镭研究所。

到了20世纪30年代,人们已经非常清楚地知道,镭会严重危害健康。新泽西那些给夜光表指针上色的"镭女孩"的案件,就是明显的例子。1925 年,其中一位女孩以健康受到损害为由起诉了她的雇主——美国镭公司。她和她的同事们习惯用嘴唇将她们所用的刷子舔尖。最后,至少有 15 名工人死于严重的贫血和下颌组织的衰退。玛丽·居里意识到几名法国工程师的死亡都是由于他们参与了医疗用镭辐射源的准备工作。尽管在这个阶段,她自己的研究所还没有人死亡,因为她采取了更好的安全预防措施,是当时能做的最彻底的措施。但很快,居里夫人的一些同事也患上了辐射病。

尽管人们越来越意识到危险的存在,但镭的知名度却一直有增无减。法国药店出售"鬼光"牌的古龙水、香粉、香皂和口红,商家声称这些产品是"根据阿尔弗雷德·居里博士的配方"制作的,不过,这位博士要么是个骗子,要么是制造商虚构的人物,因为居里家族中没人叫这个名字。由当选了 1948 年法国小姐和 1949 年欧洲小姐的杰奎琳·唐尼代言的"鬼光"牌化妆品在它们的广告中自称是"科学美容产品",但也许从来没有添加过钍和镭,因为在居里研究所对其进行的测试中没有检出任何钍和镭的成分。显然,许多其他产品根本不含镭。然而,镭剃刀仍以镭为卖点,并承诺他们有"科学优势"。一个名为"原子香水"的品牌的包装是一个印了"58 号原子"的瓶子,字的周围有一个发光的光环,不过,原子序数为 58 的元素是无害的铈。20 世纪 60 年代,公众对核武器和核能的反对越来越强烈,最终,这几个品牌都消失了。目前,镭只能在放射性治疗中使用。

居里夫人发现钋和镭的房间,现在已经不存在了。她后来回忆说:"那是一间隔板小屋,地面铺了沥青,屋顶是玻璃的,下雨的时候还会漏水。"科学并不会使取得突破的地方变得神圣,只有突破本身,有时还包括取得突破的人,才会被人们景仰。居里夫妇展现了科学家对他们的成就所采取的极端态度。玛丽很欣赏皮埃尔的态度,那就是:只要有新发现,无论是谁发现的都没有关系。但是不要分享,要保护好自己的科学成就。如果居里夫人发现钋和镭的房间还在的话,会提醒人们,想要获得新发现,并不需要舒适的环境,真正需要的是合适的时机及合适的设备,在镭的发现中,必不可少的是沥青铀矿和皮埃尔发明的石英晶体压电静电计。居里夫人描述了当时的情景,她和皮埃尔"生活在唯一的专注之中,如同身在梦境"。

1914年,在皮埃尔去世8年之后,玛丽·居里终于搬到了更适合的地方——一组由新的建筑组成的镭研究所的新址,与巴斯德研究所只隔着一个小花园。打开玛丽的实验室的法式窗户,就能看到两栋建筑之间的小花园,这象征着化学、生物与自然之间的密切联系。玛丽一直在这个办公室里工作,直到1934年去世。她去世之后,接替她在这里办公的是安德烈·路易·德比耶纳。安德烈在沥青铀矿中发现了另一种元素——锕。再后来,玛丽的女儿伊伦和她的丈夫弗雷德里克·约里奥·居里接管了研究所。1958年,由于辐射过于饱和,人们无法在里面工作,这座建筑被关闭了。

直到1995年,这座建筑才作为居里博物馆重新开放。我会见了博物馆的协调员——玛丽特·阿姆拉尼,她的工作热情非常高。她先给我展示了含镭产品的实例,然后带我进入了玛丽·居里完成大部分工作的房间。她向我保证,这个房间已经被宣告是安全的,但柜子里凌乱的状态和架子上留下的古董化学药剂瓶仍让我感到惊奇。我研究了其中一个沥青铀矿样本,那是一块略带粉红色光芒的暗灰色岩石,我想知道它还在向外散发着什么东西。墙上挂着一页玛丽·居里的笔记,笔记旁边是它的X光片,黑色的照片告诉我们,这页笔记受到了重度辐射污染。她的实验服是一件印着白色波点的黑外套,显示出了一丝巴黎的别致。在一个角落里,有一个红木盒子,里面曾经装了1克镭。这是一位美国女性筹集了10万美元买来送给居里夫人的礼物。盒子里面是一个由铅制成的坚实圆柱体,它的大小与一个斯提尔顿奶酪相当,圆柱体的中间有一个很深的小孔,用于存放辐射源。我试着去提起它,然而失败了。玛丽特告诉我:"它有43千克重,现在,人们会用更多的铅来阻隔辐射源对人体的影响。"

玛丽·居里最伟大的遗产之一,就是她创造的同伴效应。玛丽特说:"她非常欢迎女性来到这里的实验室,如果有人愿意投身科学事业,她会鼓励她们。"她的女儿伊伦是她最著名的门徒。和她的母亲一样,伊伦也和她的丈夫共同获得了1935年的诺贝尔奖化学奖。她是继她母亲之后,第二位与自己的丈夫共同获得诺贝尔奖的女性。另一位受其影响的女性是玛格丽特·佩里,她在1939年发现了新元素钫。就像从餐厅的洗碗工变成了主厨一样,佩里从试管清洗工开始做起,先是成为玛丽的私人实验助理,然后通过自己的努力成了优秀的科学家。她在第二次世界大战前夕发现了钫,所以并没有像居里夫妇那样引发轰动。佩里最初给这个在元素周期表中位于镭前面的元素取名为"锡"(curium),元素符号是 Cm(因为它有可能形成反应活性极高的正离子或阳离子①)。但此时已经是由官方来考虑新元素的名称了。1947 年,作为"曼哈顿计划"的结果,人们发现了一系列其他的放射性元素。在这些新发现的元素中,有一种被命名为锔,用 Cm 作为它的化学符号看起来更合适。佩利接受了她对元素名称的第二选择,将她发现的新元素命名为钫(francium),以示对祖国法国的敬意。1962 年,她成为第一位当选为法国科学院院士的女性,该学院曾因沙文主义将玛丽和伊纶拒之门外。也许她最后给她所发现的元素确定的名字是明智的。

我乘坐"欧洲之星"从巴黎返程时,顺道前往我父母的家,这是我在伦敦的一个驿站。当我打算擦掉在巴黎公园散步时附着在我黑皮鞋上的粉尘时,我惊讶地发现,在米东尼皮鞋上光剂瓶子的旁边,有一个长方形的纸盒,盒子上用黑色皮革染料印着它的品牌,即 20 世纪 60 年代那种粗体的"镭"。

"镭"皮鞋上光剂

① 该元素在元素周期表中位于碱金属一列,化学性质极其活泼,反应活性很高,所以用阳离子来命名,应该是考虑了这一点。——译者注

二

反乌托邦的
夜气辉

Part.07

二

从 19 世纪中期开始,煤气灯成了城市街道和城镇房屋的主要照明手段。它在燃烧得最旺盛的时候会伴随着白光发出嘶嘶声,并且,这响声在灯灭了之后仍会持续很长一段时间。到了世纪之交,当它被白炽灯取代之后,仅仅是煤气灯的图像就足以产生强烈的怀旧感。写于 1915 年的著名的德国战时歌曲《莉莉·玛莲》中,只是简单地写了莉莉站在灯柱下。然而,到了第二次世界大战期间,当这首歌重新流行起来之后,英译本把她重新包装成"灯下的百合花";对于一个逝去的纯真时代而言,这种诱惑就像蛇蝎美人一样难以抗拒。

"人工照明的奇迹"顺理成章地成了对城市世界的描述。而且,它的光并不仅仅是光。根据种类的不同,它们发出的光、照亮的程度及留下的影子都有所区别。在不同的灯光下写作,作家们的情绪多少会受到影响。恶行可能是由它发出的光引起的,煤气灯本身是一个无辜的奇迹,这是可以理解的,因为它是首个公共照明工具。甚至在充满阴影的小说里,比如在约瑟夫·康拉德的《秘密特工》中,就用了煤气灯来照亮阴影,突破困境。事实上,康拉德特意指出,它的光是完全中性的。某一处,他写到了非传统类型的女主角温妮·维罗克的脸颊泛着橘色的光。这个橘色不是光照的效果,而是她因为害羞而变红的脸色透过那像患了胆汁病的黄色皮肤而显出来的。在煤气灯的白光下,被照亮的物体显现出了它们真正的颜色。

作家们以不同的方式迎接钠路灯这个现代创新。像煤气灯一样,钠灯也将被发出耀眼白光的白炽灯全面替代。白炽灯发出的白光是电流通过金属丝所产生的,是一种由多种颜色的光混合而成的复合光。而钠灯发出的是波长为 589 纳米的单色光。当钠离子发出的光照射到一个彩色物体上时,我们能看到的颜色只有它反射的那一部分波长为 589 纳米的光,而没有其他颜色。这种单色清洗(仅显示出的单色)是骗人的,并不能反映物体的真实颜色,它将所有的东西都浸在烟雾般的眩光中,这样就不可能精确地感知颜色。

第一批钠灯安装在与照明设备制造商相邻的街道上,如柏林的欧司朗和荷兰的马斯特里赫特附近的飞利浦。位于克罗伊登的飞利浦工厂附近的帕里路于 1932 年被选为英国的测试地点。在第二次世界大战后,钠路灯变得越来越常见,它们的黄色光引起了作家们的注意,他们希望借此传达一种邪恶的城市氛围。在让·保罗·萨特的小说《恶心》中,他的第二自我——年轻的作家罗昆廷,因自身毫无意义的存在而饱受折磨,即标题所说的“恶心”的感觉;他穿过街道,走到对面的人行道上,被“一盏像灯塔一样孤独的煤气灯”所吸引,惊讶地发现“恶心一直停留在那里,就在黄色的灯中”。诗人约翰·贝杰曼,虽然喜欢被钠灯照亮的新都市,却将其本身讥讽为新混凝土制成的“高空绞刑架”吐出的“黄色呕吐物”。一代人之后,约翰·马克斯韦尔·库切在他的以种族隔离时代的南非为背景的小说《铁器时代》中让这个观念更加稳固。小说中的故事讲述者卡伦太太,一位因罹患癌症而濒死的退休教授,正在和她的女仆一起驱车进入一个小镇,他们将在那里发现被警察杀害的女仆儿子的尸体。在街灯的病态橙色灯光下,汽车行驶在崎岖不平的道路上,车轮溅起水花……这灯光是对她的癌症和正在摧毁国家的癌症的隐喻。安东尼·伯吉斯和 J·G.巴拉德也让他们的反乌托邦的幻想沐浴在钠灯下。威尔·塞尔夫在《戴夫之书》中写的和他同名的伦敦出租车司机,盯着那些"在钠灯下闷闷不乐"的潜在的客人。到了这个时候,钠灯代表邪恶和不祥已经是陈词滥调了。

约瑟夫·奥尼尔在他2008年的小说《地之国》中,试图改变人们对钠灯的既有印象。男主角正在接受他的妻子决定离开他的现实。他从纽约切尔西酒店的公寓阳台眺望,苦涩地将潜在的日出标志扭曲成《诸神的黄昏》中的日落:

> 一连串的交叉街道发出了光,仿佛每个物体都有一个黎明。尾灯,废弃办公大楼的熊熊大火,亮灯的临街店面,街灯的橙色柔光……所有这些光的废弃物都被提炼出一种光芒四射的氛围,在市中心的低矮的银堆里休息,并把这个疯狂的想法引入我的脑海:最后的黄昏来到了纽约。

由科幻小说作家金·斯坦利·罗宾逊在里根时代写的《三个加利福尼亚人的三部曲》(又名《海岸三部曲》或者《橙县三部曲》)呈现了金州(加利福尼亚州的别称)未来可能的场景。在该系列的第二部小说《黄金海岸》中,描述的可能是这些未来中最有可能发生的,既不是后核时代,也不是生态乌托邦。在这本书里,罗宾逊在洛杉矶的灯光及其与元素的渊源方面讨论得更深入:

> 伟大的光之网格。
>
> 钨,氖,钠,汞,卤素,氙。
>
> 地面上,橙色钠路灯的方格。
>
> 各种各样的东西都在燃烧。
>
> 水银灯:高速公路、公寓、停车场上的蓝色水晶。
>
> 无法直视的氙灯,照耀着商场、体育场、迪士尼乐园。
>
> 来自机场的巨大卤素灯光束,闪耀在夜空。
>
> 一辆救护车的灯,下面闪着红色。
>
> 周而复始,红绿黄,红绿黄。
>
> 车头灯和尾灯,红细胞和白细胞,穿过白血病躯体的光线。

· ·

在你脑中的刹车灯。

十亿盏灯。每小时多少千瓦？

网格叠着网格，从高山到海洋。十亿盏灯。

啊，是的：橙县。

　　在每个大洲，钠都是城市夜晚的颜色，是我们了解这个元素的主要方式，它那可怕、讨人嫌的光线是都市生活不可避免的特点。即使是钠灯制造商和负责安装它们的机构也承认，钠灯并不是美学的胜利，但它们还是受到了青睐，因为它们比其他替代品更节能。我们试图改变以其他化学烟雾为基础的更白的灯，但都被连续不断的石油危机所挫败，因此，在钠的奇异眩光下，我们开始了夜生活。

　　让人不适的并不是波长为589纳米的光的颜色。在另一种情况下，当海盐把浮木的火焰点燃时，所发出的黄光却能让人振奋。让人不适的是它无处不在的烟雾。我承认，我对整个城市的人工照明感到厌恶。我对其仅有的美好记忆来自于某盏单一的钠灯——在我小时候，从街道的另一边照进我的卧室的那盏钠灯。我还能回想起它是如何闪烁着新鲜的粉红色（由于氖的作用，钠在较低的电压下会被激活），在潮湿的秋夜，我第一次震惊于它的点亮过程，灯光从红色渐渐变成橙色，直到完全被点亮，发出耀眼的光芒，这意味着我不需要在室内开夜灯

照亮城市街道的钠灯

了。那时我还没有读过任何反乌托邦小说。

令化学家发现钠的并不是它的独特的光线，后来发现的各种元素也是如此。1801 年，汉弗莱·戴维从布里斯托尔搬到伦敦新成立的皇家学院，担任实验室主任。他随身带着他的电堆，这是他最近开始实验的原电池，他预感到电堆所产生的电可能是发现"真正的元素"的关键。

在皇家学院，他建造了功率更大的电堆，将几十个方形的铜和锌板交错在一起，就像雀巢薄荷巧克力的圣诞节礼包一样。1806 年 11 月，他在皇家学会的一场颁奖演讲中总结了自己用这个新装置完成的首次实验。这是一项如此有前景的工作，戴维很快因此获得了他的国际声誉，包括拿破仑的授奖，为他后来的法国之行提供了理由。通过用这个方法对纯水和各种溶液的电解进行研究，戴维将注意力转向了熔融盐。第二年的 10 月，他将电池的铂丝电极浸入熔融的碳酸钾中，原料迅速分解，并产生一种反应活性很高的新金属。根据他的实验助理、表弟埃德蒙的形容，戴维"欣喜若狂"，在房间的尽头跳起舞来。几天后，戴维又用腐蚀性碱（即氢氧化钠）代替碳酸钾，重复了实验，同样的事情也发生了——另一种新金属被发现了。

到了 11 月，他回到英国皇家学会，发表了同样的获奖演讲，这个演

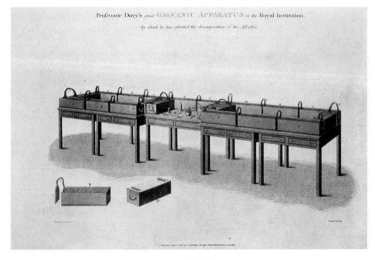

大功率电堆

• •

讲将超越他前一年的成就。戴维描述了"一束最强烈的光线和一簇火焰是如何在负线①上显示的"。从碳酸钾中获得的金属是液态的,看起来像水银,而从苏打中获得的金属则是固态的,颜色是银色的。两者都是有危险性的活性金属:球状物(金属小球)经常在形成的瞬间燃烧,有时会发生剧烈的爆炸并形成更小的球状体。小的球状体以猛烈的燃烧状态在空气中高速飞行,产生持续喷射火焰的美丽现象。戴维宣布他已经将新元素命名为钾和钠。但它们非常轻,会是金属吗? 如果不是因为它们与水接触会爆炸,会很容易浮在水面上。戴维发现它们甚至可以浮在石脑油(naphtha)上,而石脑油的密度比水小得多。他的结论是:它们异常轻盈,但这不应被认为是否认它们其他性质的原因,例如高电导率,这说明它们是毋庸置疑的金属。通过使用他独特而强大的电解装置,戴维刚刚发现了科学界已知的两种最活泼的金属。

化学家们强烈怀疑,其他矿物会被证明含有更多的爆炸反应的新金属,而这些新金属仅仅是在等待一个强大的力量来将它们释放出来。其中一种矿物质是石灰,它在拉瓦锡的"简单物质"列表中被认为是元素;另一种是苦土(主要成分是氧化镁),被爱丁堡的约瑟夫·布莱克证明是与石灰类似的化学物质,因此它很可能是一种与金属紧密相关的化合物。锶和钡这两种元素是由布莱克的学生查尔斯·霍普发现的,他注意到了两种元素的彩色火焰(分别是红色和绿色),从而发现了它们的存在。戴维开始用电解法依次处理这些所谓的碱土,这一次他使用液态汞电极来捕获金属,使它们在燃烧殆尽之前能与汞形成合金。通过 1808 年的实验,戴维成功地从碱土中分离出了钙、镁、锶和钡。

精通化学并不是戴维唯一的才能。他也是个有前途的浪漫主义诗人。后来的桂冠诗人罗伯特·索锡(Robert Southey)不仅在他编辑的年度选集中收录了戴维的一些诗句,还称赞他为"年轻的化学家,年轻的一切"。戴维认为他的科学与艺术之间没有矛盾,都可以把对自然的研究与对美丽和崇高的热爱联系起来。他当时写的一首诗的第一节,似乎是与易燃金属极其戏剧化地从不纯的矿物中释放出来的图像融合在一起了:

---

① 即光谱上的黑线。——译者注

在地上，点燃的灵魂倾泻而出，

大自然赋予生命的火焰；

清澈的露珠变成玫瑰花朵。

无知无觉的尘埃醒来，漂浮着，活生生的。

　　和戴维发现钠和钾的方式不一样，我们发现化学性质活泼的元素族，即碱金属族中的另外两个成员，是通过它们形成的盐的标志性的光来发现的。1859年，罗伯特·本生和古斯塔夫·基尔霍夫在海德堡制作了一个分光镜。这是一种复杂的棱镜，科学家能用它将火焰(也许是采用本生著名的燃烧器之一——本生灯)中所产生的颜色分离成像条形码这样的特征线，以此来识别元素。本生和基尔霍夫使用他们的新工具对矿泉水的溶解成分进行了系统的调查，来确定是否有未被发现的元素潜伏在里面。通过化学方法去除矿泉水中的主要成分，如苏打、石灰及少量的锶和镁，剩下的是一种更稀有的盐溶液。然后他们蒸发了稀有盐溶液中所有的水。将溶液的固体残渣放入火焰中，本生和基尔霍夫观察到了一种新的、蓝色的光，这只可能来自于一个未被发现的元素。他们把它命名为铯，这个名字的来源是"青灰"，这个词在拉丁文中用来形容天空的颜色。几个月后，他们在一个来自萨克森州的矿物样本上采取了类似的步骤，并看到了另一种新元素——铷的暗红色线条。

　　第五种碱金属——锂，是在几年前用更传统的方法发现的(之所以叫锂，并不是因为它在火焰中发出的光的颜色，而是因为它是在矿石中被发现的)，锂(lithium)来源于石(lithos)，这个词在希腊语中是石头的意思。现在，多亏了光谱学，我们能确定，这些金属几乎无处不在。一天早上，本生的新发现让他的同事吃了一惊，他大声地宣告："你知道我是在哪里找到锂的吗？烟草灰里！"此前，这个元素被认为是非常罕见的。

　　这些相对罕见的元素，如铯、铷和锂，都被钠的无处不在所掩盖。迄今为止，钠是地球上的盐中含量最丰富的碱金属，其明黄色的光很容易将火焰中的其他颜色盖住。当天文学家们抱怨光污染的时候，路灯的形象经常会出现在他们的脑海中。埃德温·哈勃为了避免被"奥兰治县(橙县)"的眩光影响，来到了帕萨迪纳北部的一个山顶观测站。在那里，他记录下了星系的运动，并根据记录发现了宇宙的膨胀。然而，给他造成困扰的并不是钠，而是钾。有时候，我们可以在火药爆炸或点燃火柴时看到钾燃烧的紫红色火焰。一天晚上，哈勃在用世界上最强大的望远镜对星系进行检查时，兴奋地发现了钾的谱线。但这个认知很快就被证明肯定是错的。最终，哈勃意识到，设备所检测到的钾的谱线来自于他用来点燃烟斗的火柴所发出的光。

和颜料供应商或卖熟食的商家不一样，烟花制造商没有申报其产品的化学成分的义务。对于那些有基本知识的人来说，烟花的名字可能就暗示着某种成分。在我买的 11 月 5 日烟火节的廉价烟花盒子上，用蹩脚的英语承诺，该产品会"银光闪闪"、如"绿色钻石喷泉"和"金块"。这样的话，烟花里就可能含有镁、铜和钠。但只有烟花在夜空中绽放出元素的标志性颜色时，它里面所含的成分才能得到确认。

例如，不同的黄色和橙色是由钠盐、木炭粉和铁屑按不同比例调配成的。要调出绿色，传统的做法是加入铜盐，如碱式碳酸铜。早在烟火师们知道其他能满足他们要求的元素之前，他们就想通过巧妙的方法来重现整个光谱的颜色。中国人采用了一种方法来获得近似的效果，具体的做法是：用有色的纸带作为滤光片，火药爆炸的光芒通过这些滤光片后就会变成该颜色的光。早在 18 世纪中期，烟花的宣传语就是展现彩虹所有的颜色。但事实上，烟花中实际所展现出来的颜色远远没有它们宣传的那么鲜艳。烟花的主要色调是金和银，这些颜色是由铁粉和黑色硫化锑矿石混合而成的，它们分别发出橙色和白色的光。

1749 年，在《艾克斯-拉·夏佩尔条约》签订之后，乔治二世在伦敦的格林公园观看了一场当时最精美的演出。亨德尔写了"战争乐器的伟大序曲"，即我们现在所知道的《皇家烟火》。然而，霍勒斯·沃波尔对演出感到很失望，因为演出本身是"乏善可陈的，病态的，燃放的烟火毫无颜色和形状的改变……而且，烟火发出的光来得如此之慢，以致没有人有耐心等待最后的结束"。即使条约的签订已经让他心满意足了，在所有明亮的焰火中，除了白色和黄色之外，他唯一能看到的颜色是铜的绿色。

英国版画作品《皇家烟火》

查尔斯·狄更斯在 1836 年的作品《博兹札记》中写到了在一场演出中以"**红，蓝，斑驳的光**"为乐，而威廉·萨克雷在 1848 年写的《潘丹尼斯的历史》里写到，女孩范妮·波顿为"**天蓝色、翡翠色和朱红色**"的焰火表演激动不已。这两种描述都隐含着一种远远超出当时可实现的色彩强度，更能见证焰火观众们的一厢情愿。即使当锶和钡盐可用时，由于存在杂质，它们所能展现的红色和绿色仍然很微弱。

早期的烟火展现的是抽象的事物，但在维多利亚女王统治时期，用烟花表现具体的图形成了一种时尚并得以发展起来，随着克里米亚战争和印度民族起义的爆发，强硬的外交政策重新出现，这种新的烟花形式变得特别受欢迎。随着战事的进行，当捷报变少之后，烟花表演的趋势又重新回到了对纯粹的烟火艺术的追求上。然而，煤气灯的新奇性引领了另一种时尚——在庆典的时候用特别的灯饰来装饰主要建筑，在这之后，公众对烟花的热情几乎完全熄灭了。

到了现在，烟火表演在电视上转播，荧幕上的铕和锌对夜空中的钠和钡进行拙劣的模仿，同时，人们对于烟火制造者的艺术水准和品位，也有新的担忧。在剑桥郡的丛林深处，我发现了一个没有标记的门，这扇门的里面，是尊敬的罗恩·兰卡斯特牧师的"堡垒"。兰卡斯特是英国现存的最后一个大型烟花制造商金博顿烟火公司的常务董事。兰卡斯特在英国烟火工业的历史中心哈德斯菲尔德长大。第二次世界大战期间，他开始在那里制作自己的烟花（在那段时间里，你很容易就能买到硝石，并拿来与自己手中的火药进行混合）。后来他成了一名牧师，并在金博顿学校任职，在那里他同时教授神学和化学这两种不同寻常的组合学科。暑假给烟花表演提供了充足的机会。1964 年，他建立了一个实验室来进行他的烟火实验，并最终成立了这家公司。

我发现，作为一个致力于为人们的生活带来欢乐和拯救的人，牧师的情绪很低落。他担心该行业无法存活更长时间。他如连珠炮一般说出了一连串的困难：健康与安全宣传，超市的买一赠一，来自中国的进口，官僚主义。一名抗议者写信给兰卡斯特：他的烟花让空气中充满了镉和水银，难道他不感到羞耻吗？他回信说：看看火葬场，还有汞合金和数量激增的心脏起搏器。我看得出他正面临很多问题。在一连串"愚蠢"的事故和激烈的消费者运动之后，烟花零售商受到了严格的限制：最吵闹的爆竹被取缔，然后是飞行轨迹不规则的烟花，其他的烟花也被压制或被控制。然而，推动了新的立法的是反社会的行为，而不是鞭炮本身的内在危险。最重要的是，兰卡斯特对所有这一切的副作用感到遗憾，这是一种趋势，从后花园的烟花转向大型市政活动，导致了"那些讨厌烟花的人对大型表演的控制"。

即使有 11 月 5 日的烟火节也无济于事。"这是糟糕的一天。"兰卡斯特相信，"如果在这个阴沉的月份里，我们没有坚持一年一度的烟花燃放的话，英国人对烟花可能就没那么反感了。但'敦刻尔克精神'意味着，我们每年都要顽强地坚持下去，哪怕没有真正地享受这一奇观。我们的冷漠态度扼杀了它。去西班牙，看看在每个社区里，烟花是如何成为每个节日的一部分的。"我给一些美国、以色列、俄罗斯、意大利、西班牙的朋友发了邮件，询问节日燃放烟花的事情。收到的回复告诉我，他们确实会在很多的节日庆祝场合燃放烟花爆竹。

幸运的是，兰卡斯特牧师的热情并不在经营生意上，而是在研究烟火方面。我把话题转向了烟花的颜色问题。兰卡斯特取得的第一个突破是在他得到一家飞机厂的机加工车间提供的钛转接器的时候。尽管它们很难处理——它们非常坚硬，这使它们对摩擦很敏感，容易触发意外起火。他找到了一种方法，将它们安全地加入烟花中，钛在烟花燃烧时产生美丽的银色火花。一个世纪以前，铝和镁被引入到烟花中以达到类似的效果，但钛更明亮，而且也不怕潮湿。在 20 世纪 60 年代，它的白色火花成了一种时尚。

兰卡斯特的目标之一是制造出新的炽热明亮的颜色，即那些由著名的化学盐形成的颜色的中间色。其中一个目标是淡绿色（钡和铜燃烧时发出的颜色，更接近于海洋绿色）。由于处理的是耀眼的光，烟火制造的工艺甚至比艺术家混合颜料更精细，烟火制造工艺包含了化学元素、弹道学、光学和感知学等方面的知识。在制作石灰绿时，简单地将铜或钡的绿色和钠的黄色混合在一起并不是好办法，因为每种颜色都需要不同的火焰温度。添加镁（镁和铝的合金）能让兰卡斯特在更高的温度下更好地控制这个合成颜色，但这需要添加更多的化学物质来增加它们的强度。

创造一个好看的橙色光同样也不仅仅是将锶的红色和钠的黄色混

合起来。兰卡斯特发现,因为某些与人类的视觉感知有关的原因,想要达到预期的效果,还需要一点绿色。他的灵感是在当地的电影院里被激发的,当他看着沃利策管风琴的灯光由红变到绿的时候,他想要的颜色立刻出现在他眼前。

事实证明,蓝色尤其难以捉摸。在拿破仑统治下的法国,克劳德是第一个系统地利用金属盐产生彩色火焰的人。这些火焰被用于军事信号和公众表演。19世纪上半叶,他的《烟火的元素》一书出版过许多版本,书中为许多色彩组合提供了配方,但色彩组合中从来没有出现过蓝色。没有一种常见的金属或盐能产生明亮的蓝色的光,想得到蓝色的光,所需的能量比产生许多常见色彩的光所需的电子跃迁的能量要高。为了制作出蓝色的火焰,19世纪,几乎所有的物质都被尝试过,从象牙到铋再到锌,但得到的最好的颜色是一种冷白色,这种颜色只有在一些黄色的光线下才会变成蓝色。萨克雷的"天蓝"是纯粹的夸张。直到后来,我们才知道,通过化学方法可以将正常燃烧时产生绿色火焰的铜盐进行处理,使其燃烧时产生蓝色火焰。在现代法规出台之前,为了得到蓝色的火焰,制造商有时会使用有毒和不稳定的乙酰亚砷酸铜,颜料艺术家称其为巴黎绿。近来,人们发现,铜燃烧时如果有氯气的存在,其毒性将会降低,这可以作为一种权宜之计。此外,为了有更好的观感,烟花制造者也经常将蓝色与一些有对比的光一起发出来欺骗眼睛,产生更深层次的幻觉。

我明白,要创造完美的烟花表演,心理学和化学一样重要。今天的有组织的演出吸引了大批观众,消耗了大量的"军火"。这种精湛的记忆是令人钦佩的,每一朵烟花都由电子装置点燃,精准地踩着伴奏音乐的节拍绽放,如果亨德尔能来到现场观看,也一定会对此惊叹不已。但是兰卡斯特牧师对这一发展感到遗憾:"问题是,这一切发生得太快了,它只是为了配合音乐而连续绽放。"他提出了一个更微妙的观点:"你看到什么和你认为你看到了什么,很大程度上取决于你的视角和所处环境。当天气或观看人群十分确定时,大规模协调的公共演出仍然会令人失望。所有让人眼花缭乱的不断绽放的烟花都不足以补偿让人们只能在远离现场的警戒线观看表演所带来的损失。而一场小规模的自发表演,兰卡斯特回忆道,"在夏日的狂欢结束后,他和朋友们站在奥尔德堡的海滩上喝着酒,不时地对着海面点燃几枚烟花",这样的场景更容易被人们记住。

而且,正如我发现的那样,每年到了 11 月 5 日那天,只要天气温和又干爽,即使是一场普通的烟花也足以让人惊叹。烟花的红色和绿色都非常明亮。偶尔出现的白色闪光会造成视网膜灼伤,在这种情况下,由烟花中的铁粉产生的橙色火花只会呈现出褐色,并且几乎不发光。通过一些化学上或感官上的花招,可以让烟花产生出相当深的靛蓝色,这更多的是留白而不是真的点燃了什么,即,让被烟花照亮的夜空瞬间变暗。我 9 岁的儿子将一个简单的转轮烟火(即凯瑟琳车轮式烟火)称为日食。当它明亮的圆盘开始加速时,火被离心力推到圆盘的边缘,形成耀眼的日冕,当它再次成为发光的圆盘之前,慢慢减速,最终熄灭。牧师是正确的。在这泥泞的田埂上有更多的魔法,随着每一枚烟花升空,仿佛可以感受到扬起的沙尘,并在雾蒙蒙的空气中品味着硫黄的味道。

白马酒店的
鸡尾酒
Part.08

在阿加莎·克里斯蒂的《白马酒店》(*The Pale Horse*)一书中,一串谋杀案被发现是由铊元素中毒引起的。人类已知的毒物可以任意选择,可为什么克里斯蒂会选择这样一种还处在研究中的物质呢?她是怎么知道这种物质的呢?

1862 年,在南肯辛顿举行的国际展览会上,铊的第一次公开亮相引起了争议,并成为激烈的科学争论的焦点。受到本生和基尔霍夫发现铯的启发,英国皇家化学院的一位名叫威廉·克鲁克斯的年轻化学家获得了一个属于他自己的分光镜——也是这个国家为数不多的分光镜中的一个。1861 年,他开始着手将其用于实验。在研究哈兹山的一种特殊矿物的过程中,他希望从矿物中找到碲,却在光谱的绿色区域观察到了一条不熟悉的谱线。他在给他的合作伙伴的信中这样写道:"你有没有见过一条单独的明亮的绿线,它的谱线与另一侧的锂的红色谱线以钠的黄色谱线为中心对称?如果以前没见过的话,那我就发现了一种新元素。"他的确发现了一种新元素,并将这种新元素命名为铊,源自希腊文中的"新芽",因为它是在春天被发现的(如果铊不是那么稀少且有剧毒,它可能会用在罗恩·兰卡斯特的石灰绿上)。克鲁克斯开始搜集足量的元素,以备在即将到来的展览会上进行展示,希望能借此成为英国皇家学会的会员。

与此同时,法国里尔大学科学教授克劳德·奥古斯特·拉米也分离出了铊,他是从制取硫酸的铅室内表面遗留的残渣中提取出了铊(当时采用铅室法制取硫酸)。1862年6月,他带了一锭14克的新金属铊来到了伦敦,在展览会上进行了展示,并断言克鲁克斯的黑色粉末样品不过是一种不纯的硫化物。当法国人克劳德被授予一枚博览会奖章后,克鲁克斯被惹恼了。他将他的朋友们召集到科学出版社,大声宣布他是继汉弗莱·戴维之后英国第一个发现新元素的人。克鲁克斯得到了展览组织者的赔偿,并在第二年获得了他梦寐以求的皇家学会的学术奖金。

在阿加莎·克里斯蒂的惊悚小说里,我们最先意识到的是可疑的行为围绕着一个老旅馆展开。那个旅馆就是白马酒店,它被三个显然准备好去策划谋杀案的"女巫"所占据。警方找到了一份暗杀名单。名单上那些被发现已经死亡的人都是因病而亡的,并且疾病的症状千差万别,导致人们最初以为他们是死于不相关的自然原因。然而,故事的主人公马克·伊斯特布鲁克在得知其中一个受害者有头发脱落的情况后,对受害者的死因产生了怀疑。"铊曾一度被用于脱毛,尤其是用于患头癣的儿童,后来发现它的危险性很高,"马克解释道,"我相信现在它主要用于制作老鼠药。"他告诉我们,所谓"女巫集会"其实是一种烟幕弹,女巫们没有执行杀戮,谋杀是由"证人"犯下的,他先联系女巫拿到毒药,通过将受害者的住所中的物品替换为被铊污染的物品来进行谋杀。

克里斯蒂显然选择了铊来延长故事中的这个谜团。书中的人物和读者都被这本长达300页的书中受害者症状的多样性所迷惑。克里斯蒂是怎么知道这些症状的?她借马克这个角色之口告诉了我们。书中有人随口问马克:"'铊'这个念头是怎么跑进你脑袋里的?"他回答说:"我在美国读了一篇关于铊中毒的文章。许多工人相继死去。他们的

‥

死亡被归结于各种各样的原因。在他们当中,如果我记得没错的话,是……"他接着列举了 12 个被诊断出的死亡原因和 5 种症状(大概就是这样,我们知道克里斯蒂已经提前做了功课)。

《白马酒店》向公众普及了铊的知识,以至于到了 2006 年,前俄罗斯特工亚历山大·利特维年科在伦敦被暗杀后,铊从一开始就被认为是暗杀行动中所用的毒药(然而实际的死亡原因竟然是更为奇特的放射性钋,尽管 1957 年克格勃确实使用铊毒害了另一位异议人士尼古拉·霍赫洛夫)。

换个角度考虑,克里斯蒂的惊悚小说增进了人们对于铊的危害的认识,这可能有助于挫败现实生活中的杀手。人们通常认为的谋杀小说鼓励模仿杀人,但这种说法被推翻了,一本名为《阿加莎·克里斯蒂的同伴》的书提供了三个实例证明了:"因为碰巧读过《白马酒店》,这些人灵机一动,识别出铊中毒的症状,使中毒者的生命得到了挽救。"其中一个例子是,一位拉丁美洲妇女写信给作者,说她在一个男人身上发现了铊中毒的症状,原因是他的妻子正在慢慢毒害他。一两年后,一个 19 个月大的卡塔尔女孩被带到伦敦的哈默史密斯医院,她看起来得了一种神秘的疾病,濒临死亡。医生们难以判断她的病因,但一位读过《白马酒店》的护士建议按铊中毒来治疗。后来有证据证明,这个婴儿摄入了父母用作杀虫剂的铊。

第三个,也是最令人震惊的实例是 1971 年发生在哈德福德郡博温登的哈德兰摄影仪器制造公司的案例。大约有 70 人因感染了"博温登病毒"而患病,其中有两人死亡。工人们怀疑是环境污染,但在对工厂的检查中什么都没有发现。在一次会议上,该公司的医生排除了重金属污染的可能性,但一位名叫格雷厄姆·杨的工人打断了他的话:"你认为这些症状与铊中毒不一致吗?"与此同时,伦敦警察厅的法医专家们想起了《白马酒店》中所描述的铊中毒症状。警察在搜查杨的公寓时发现了大量的铊,他因此被判了谋杀罪。审判结束后,有消息称,他那时刚从布罗德莫收容所专门收容罪犯的精神病院出院。九年前,他曾因试图毒害他的大部分家人及一只猫而被监禁。

这些凶手有没有可能读过《白马酒店》?《阿加莎·克里斯蒂的同伴》的作者并没有就此发表评论,但克里斯蒂本人对此的态度非常明确,她希望他们没有读过这本书。与此同时,仍然有很多人对铊的影响一无所知。不然的话,还有什么别的理由能解释香水制造商雅克·埃瓦德推出一款名为"铊"的男士香水的决定?难道是想暗示这款产品将引起脱发和阳痿吗?

对元素的探寻一直是一项前沿性的事业。它发生在公认的科学领域和受尊敬的探索前沿。部分新的元素被发现是炼金术对黄金和贤者之石的寻求过程中的副产品。很早以前，人们就已经发现了一些关于纯粹的新物质存在的确凿证据，比如火焰的颜色，或者在标准的化学分析之后留下的一些无法解释的残留物。比你想象的更经常发生的情况是，这些发现在不久之后被证明只是一些异想天开而已——基于短暂而奇特的观测现象和准发现者们徒劳的野心。你可以编写一个类似的元素周期表，它有 100 个元素，并且都是以你希望的名字所命名，尽管你从未见过它们。但是一个元素的故事表明，对那些发现自己被困在这些杂乱无章的发现中的研究者们而言，宽恕可能比谴责更重要。

由于分光镜已经揭示了盐和烟灰的火焰中的新元素，我们完全可以预料，不久之后，人们就会用这个化学研究的新工具来研究太阳。1868 年，法国天文学家皮埃尔·让森前往孟加拉湾观察日全食，这为科学界提供了

太阳之光
Part.09

第一次探索太阳大气层的机会。他在马德拉斯登陆，受到了该省省长的欢迎，并邀请他设立他的观察站，地点任其挑选。他选择了贡土尔的棉花镇，一个坐落于海洋和山脉之间，不太可能出现云雾天气的小城，它刚好在日食路径的中间。日食的前几天一直在下雨，让森开始担心自己拖着装备穿过了半个地球，却可能什么都得不到。然而，据让森的说法，在 8 月 18 日日食的那天，太阳升起，尽管仍有一层薄雾，但阳光很快就穿过了薄雾，当我们用望远镜看到日食开始的那一刻，它光芒四射。然后，当黑暗包围了等候的观察者，让森记录道："两个光谱，由五六个非常明亮的线条组成，分别是红色、黄色、绿色、蓝色和紫色，在日全食发生的时候，太阳的日冕层外有两个'壮观的突起'。"肉眼看到的是，这个光不像阳光那样洁白，而是像"炉火的火焰"。然而，分光镜看到的是由黑色区域分隔的离散谱线，将它们与实验室确认的已知元素的谱线进行比较是一件简单的事情。日食光线的光谱中，红色和蓝色的线与正常的太阳光谱中能见到的光一致，它是由受热的氢原子发出的，但光谱中的黄线却没有找到对应的元素。尽管它与钠发出的光颜色相近，但其特性与钠并不完全一致。让森总结道，这条线一定是由于某种未知元素的存在。也许是担心这是个愚蠢的结论，让森并没有足够的胆量给这个未知元素命名。几个月后，英国天文学家诺曼·洛克尔在观察剑桥秋天的天空中的太阳时，也看到了同样的现象，并将他的发现与氢气（太阳上的主要气体）放电管中的现象进行对比，独立得出了同样的结论。洛克尔认为这个元素在地球上没有被发现，可能只存在于太阳中，于是将它命名为氦，源于希腊语 helios，意思是太阳。

由于没有确凿的证据来支持他们大胆的主张，多年以来，让森和洛克尔都备受嘲笑。在这段时间里，那些无礼的科学家们会指着那些未知的混合物说"那是氦"来互相嘲讽。许多光谱学家也怀疑氦是否真的存在，其中甚至包括爱德华·弗兰克兰，这位在洛克尔的实验中曾提供过帮助的化学家。爱德华仍然认为，用某种未被发现的氢的能级跃迁模式用来解释光谱中的黄线，可能性更高一些。1895 年，威廉·拉姆塞给他送来了一根装满从铀矿物的放射性衰变中收集来的氦气的放电管，此时，洛克尔的结论才最终被证明是正确的。洛克尔非常高兴地说："当电流通过时，可以看见细长的管子里灿烂的黄色光芒。"

· ·

与此同时,在拉姆塞前来营救这两个人之前,其他天文学家已经开始报告进一步发现天体元素的情况,这超出了任何验证性的实验室测试的范围。1869年,有人宣称发现了"氪",直到1939年才被证明,所谓的"氪"实际上是铁。随后,"氘"被发现,然而它实际上只是一种氧的高能形式。当门捷列夫编制了元素周期表后,表中的空缺被逐渐填满,这些疯狂的猜想才终于消失了。在天文学的历史记载中,仍有许多未被确认的谱线。这些谱线是由新元素所产生的可能性微乎其微,更有可能是某种已知物质的未知电子激发形式所产生的。

然而,少数不知名的科研人员们却热衷于利用那些经常附着在新发现的元素或元素上的神秘气氛,就像他们对待氦气那样,不安地徘徊于新发现的门槛处,无法深入。毕竟,对于外行观察家来说,光谱仪的间接证据并不比一个阴谋家的狂言更可信。在这个科学时代,人们被要求相信无形的X射线可以穿透固体物质和放射性物质,相信放射性可以神奇地使一个元素转化为另一个元素,似乎任何新奇的事物都是可能存在的。如果通过观察天空来发现元素超出了人类感知的范围,那么,通过更合适的超感官手段在离家更近的地方寻找它们,是不是也挺合理呢?

神秘学则展现了这种"科学资产负债表"的另一面——一个元素的发现不是由受过科学教育的学者来宣布,而是由自称的神秘主义者来宣布,就像洛克尔宣布发现了氦一样,依靠神秘的手段产生视觉证据,并且只有少数观察家能亲眼看到。

"神秘学"是安妮·贝赞特和查尔斯·里德比特的"发现"。贝赞特是神智学者宗教运动领域的一位重要人物,一位"透视眼",一位女权主义活动家和维多利亚时代的激进派政治领导人。她与前英国国教(圣公会)的传教士里德比特一起写了很多书,其中一本是《神秘的化学》,这本书将她后来的兴趣和作为伦敦大学的第一批女大学生中的一员,在学习化学的过程中所学到的东西融合在了一起。该书于1909年首次出版,后来陆续发行了几个版本,对许多元素的单一原子的外观进行了详尽而精确的描述,这些原子首先被里德比特发现,然后在他的指导下,贝赞特用透视的"第三只眼"来观察。里德比特的一位年轻朋友,僧伽罗人库鲁普穆拉之·基纳拉扎达萨,带着他的白色小猫一起参加了化学活动,并用图例说明了里德比特和贝赞特观察到的这些原子。他本人并没有看到原子,而是根据里德比特和贝赞特的描述,制作了精美的图画。它们看起来很像德国生物学家恩斯特·赫克尔不久前发表的著作《自然创造史》中所说的水绵状和海藻状的海洋生物。

在1895年,里德比特和贝赞特启动了他们古怪的原子计划。贝赞特记得她学生时代所受的教育,首先表达了观察的重要性,并以中立的方式来表达他们声称的所看到的东西。他们开始尝试观察"黄金分子",但发现它"太复杂了,无法描述"。里德比特在观察氢的时候运气好一些,他宣布,氢分子由可数的小原子有序排列而成。这种最简单的元素"被认为是由6个小'原子'(small bodies)组成的,它们被包含在一个类似鸡蛋的形状中。它在自己的轴上以极快的速度旋转,同时也在振动,内部的小原子也在进行类似的旋转"。据发现,它的重量为18个安奴(anu)。安奴是一种由神秘学家设计的测量单位,它在印度传统宗教之一的耆那教玄学中是"不可分割的物质单位"的意思。里德比特和贝赞特观察到的元素比氢要复杂得多,但没有黄金那么让人望而生畏,他们也对那些元素进行了"称重"。根据"称重"的结果,氮和氧分别重261安奴和290安奴。这些用传统方法确定的数字和这两个元素的相对原子量几乎一致,这一点非常了不起。

《神秘的化学》中的原子图

《自然创造史》中的海洋生物

··

　　这一年,同样应该被记住的是,当拉姆塞确认了难以捉摸的太阳气体在地球上存在时,他们还观测到一个原子"如此轻,其结构如此简单,我们认为它可能是氦"。然而,由于无法获得经过证实的氦样本,他们承认自己无法证实这个结论。1907 年,里德比特和贝赞特最终获得了一些氦气,并用神秘的"第三只眼"对其进行了研究。他们惊讶地发现:"事实证明,这与我们之前观察到的物体有很大的不同,所以我们称其为无法识别的物体'奥秘',直到正统科学发现它并以适当的方式将其标记为止。"

　　当然,正统科学并没有找到它。这种"奥秘"走了和氦、氖一样的路。然而,贝赞特和里德比特不能简单地被认为是怪人。他们与科学家合作,也如同科学家一样,非常彻底地观察和测量,并记录下结果。而且,也不是没有领先的科学家涉足另类宗教。铊的发现者——威廉·克鲁克斯就是神智学会(Theosophical Society)的一员。他偶尔会为神秘化学家提供样本和建议。

　　然而,贝赞特和里德比特的研究确实无法通过实证科学的第一个考验,因为没有人能够复制他们的实验结果。最近,耶鲁大学的化学家迈克尔·麦克布莱德再次查看了他们的数据并进行了统计分析。迈克尔发现,他们的有关元素相对原子质量的数字和被科学所接受的数据之间惊人的一致,并不只是接近,而是太接近真实了:任何真正的实验过程都会产生更大范围的不太一致的数据。但麦克布莱德排除了里德比特和贝赞特的欺诈嫌疑。他认为,集体错觉导致他们将他们的"观察"数值与已有的数值联系起来。

　　他们显然没有看到他们声称的单个原子,但是,与当时在化学和物理学上发生的其他事情相比,你可能会认为,实际上,他们的结果看起来显得更科学(在 1895 年发现的 X 射线,终于让科学家们能够"看到"原子)。

　　贝赞特和里德比特的声明的可信度被其描述的细节、他们对科学的虔诚及吸引人的插图进一步加强("我们的研究结果应该由同样具有物理视觉延伸能力的人来测试,这是非常值得做的")。这些插图确实看起来像奇怪的海洋生物,但也很不可思议,它们非常像原子和分子周围的电子轨道图,后来被用来帮助理解化学键的性质。虽然那不是其讲述者的意图,但"奥秘"的故事几乎可以被认为是对科学表述修辞的讽刺,因为这个用技术术语、冗长的注释和复杂的可视化来描述的东西,事实上肉眼是不可见的。

有些时候,贝赞特和里德比特在想象基于某些亚原子形状递推的元素的系统时,得出的结果非常疯狂。以他们描述的锰为例:"锰没有给我们提供什么新的东西,由'锂刺'和'氮气球'组成。"然而,伟大的克鲁克斯在他那小心谨慎的赞扬中建议道:"他们的工作对科学家们来说是有用的,至少有可能会在尚未完成的元素周期表中发现这些元素。"结果他们的设想在原子物理学中最接近现实。

贝赞特和里德比特相信,即使是最简单的氢原子,也是由许多亚原子粒子构成的,而且原子和它们的组成粒子都在不断地旋转和振动。在未来的几十年里,所有的这些现象都被物理学加以研究。事实上,电子的自旋就是通过研究氢光谱的细节来揭示的。

洛克尔终于得到了不可捉摸的氦。他对拉姆塞的礼物并不满意,于是他开始寻找自己的氦样本,并于 1899 年写信向其他人索要一些有希望获得氦的材料。哈罗盖特的泉浴负责人送来了一些从他的温泉中提取的盐。现在我们已经知道,这些地方的水不仅有硫化氢和二氧化碳,还有少量的惰性气体。洛克尔小心翼翼地收集着从盐中释放出来的气体,最后,他终于将 30 多年前探测到的元素握于掌中。

＝

第三章　技艺

＝

到锡利群岛去①
Part.01

＝

腓尼基人不远万里远航去寻找锡。他们可能首先从希腊的克里特岛和土耳其的源头获得了这种金属，然后向西而去，从意大利的埃特鲁里亚和西班牙南部的塔什什，再往东，一直到遥远的马来半岛，直到今天那里仍有大量的锡被冶炼。但他们最著名的锡来源是锡利群岛（Cassiterides）。

从公元前 1500 年左右开始，腓尼基人在现在的叙利亚和黎巴嫩的土地上生存发展，持续了 1000 多年的时间，他们促进了贸易和技术的发展，但留下的记录却很少。希腊作家希罗多德一手书写了锡利群岛的神话，在岛上，金属锡永远与它的矿石名称相连，即锡石。尽管他本人对这些岛屿的存在持怀疑态度，但他还是在公元前 430 年左右将这些岛屿写进了历史中：

　　欧洲向西的极端地带，对此我不能

① 英格兰的锡利群岛（the Cassiterides）是锡利群岛（islands of Scilly）的拉丁语地名。
——译者注

••

肯定，因为我不知道是否有这么一条河流，野蛮人给它取名叫埃尔多纳斯，这条河汇流入北海，据传说，河里盛产琥珀；我也不知道是否有些岛屿叫"锡利群岛"，也就是我们所使用的锡的产地。首先，埃尔多纳斯显然不是一个蛮夷的词，而是一个希腊人的名字，是由某个诗人或某些诗人创造出来的。其次，尽管我费尽心力，也没能找到一位任何一位目击者，以验证在欧洲的另一边确实存在一片海洋。然而，锡和琥珀确实是从地球的两端到达我们手中的。

然而，在欧洲较远的一边有海洋，而且一定存在着锡利群岛，因为锡确实是从西方被带到地中海的，贸易是由迦太基的腓尼基港口国经营的。但在西方哪儿呢？这个秘密可能是故弄玄虚。老普利尼在他的《博物史》一书中写道：这种金属来自"卢西塔尼亚"和"加利西亚"，也来自大西洋那些"用柳树皮治疗皮肤病"的岛屿上。在希罗多德的著作完成了400年之后，希腊地理学家斯特拉波暗示说，关于那些宝贵资源的所在地，腓尼基人可能欺骗了他们的敌人，之所以这样说是因为，他们说宝贵资源位于伊比利亚海岸以北的阿尔塔布里安港口，可这些岛屿根本就不存在。后来，学者解释说，这些古语指的是西班牙的西北极端，或是布列塔尼半岛，或是卢瓦尔河口的岛屿和比斯开湾的夏朗德。但是这些地方都不产锡。到目前为止，这一切都是不可靠的，一篇现代冶金文章一针见血地指出："有多少当代历史学家能告诉我们，我们是从哪里得到锡的呢？"

有一个大西洋海角富含锡，但康沃尔却不是岛。或许，对于船只的第三手报告，我们的理解太过表面化。对于地中海的文士们而言，确认记录中提及的任何广阔的陆地形状都是一种多余的想象（这些记录来自于直布罗陀海峡之外的无边无际的海洋中的旅程）。而且，更有可能的是，腓尼基船仅仅是把自己所发现的大陆数量翻了一倍，说出来谁又会相信呢？

至少自公元前2000年前，英格兰的康沃尔郡就已经在开采锡了，人们从河床直接开采或是用火烧岩石将之熔化以提炼出锡，因此，在腓尼基商人听说它的时候，这种方法已运用了很久。在古代，锡利群岛就是以"锡之岛"而闻名于世，据古希腊地理学家斯特拉波记载，它包括数十个岛,但很难判定它们是某大陆的一部分还是真正的岛屿。合乎逻辑的假设是,它们可能是锡利群岛,但问题是,岛上几乎没有锡。我在伦敦的自然历史博物馆询问理查德·赫林顿,他赞成这样的观点,即锡确实是来自康沃尔的,而锡利群岛则是一个方便的交易中心。普林尼所说的"用柳树皮来治疗皮肤病"的技术,可能会满足腓尼基商人的需求,这些人向北航行,经过菲尼斯特雷角,他们可能会认为锡利群岛位于西班牙海岸附近。这种情形至少使历史学家的描述与矿物学的事实相吻合了。腓尼基人从未见过英国大陆。

还有另一个角度来解释有关神秘的锡利群岛——它们的命名。标准的观点是,这些岛屿上发现了有价值的矿石,因而被命名,但是,有些人想知道,情况是不是正好相反,矿石得名于既有岛屿的名称,就像拉丁语的铜可能源自塞浦路斯,是地中海世界中铜这个元素的主要来源地。这似乎不太可能——梵语中的"锡"这个词,源于基于亚洲金属来源的印度语词汇。但这个古老的词根至少强调了,康沃尔的确是最古老的锡的来源之一。

我有一张现代地图,这是一张不列颠群岛的"成矿"地图,它告诉我们国家的宝藏在哪里。虽然它并没有把康沃尔当成锡利群岛,但确实显示出它是一个锡的产地。这片土地上用柔和的色彩来代表主要的地质时期,上面分散着一些色彩斑斓的小菱形,就像一堆彩色糖果,分布得并不均匀。它断然将这个国家一分为二:南部和东部的温和中生代及北部和西部的凯尔特地区,在那里,地质从石炭纪倒退到寒武纪和其他时期。这些彩色形状聚集在后面的区域,表示在这个区域存在着许多元素,比如阿格尔郡的锶、威尔士的金等。这些形状的设计是为了让人们知道每个矿床的丰富程度,甚至可以显示出岩层的运动。康沃尔的脊骨上装饰着橙色的矩形,象征着锡、钨、铜、钼和砷的存在。最大的矩形位于科尼什半岛的尽头(尽管没有一个在锡利群岛上)。我决定亲自去锡利群岛一趟。

很明显,当我进入康沃尔的时候,我来到了一个更有趣的地质学区域。到处都是采石和采矿的证据,山坡上是制造瓷器留下的白色残片、尖尖的矿渣堆,偶尔还有矿渣堆或烟囱。最古老、最美丽的锡矿位于这块土地尽头半岛的北海岸上。该地区现在被联合国教科文组织列为世界文化遗产,将其与复活节岛和金字塔相提并论,令人难以置信。奇怪的是,这些被毁坏的石砌建筑无愧于这个荣誉,它们圆锥形的石砌烟囱以及房屋陡峭的垂直竖井,创造了独特而朴素的几何学。

在崎岖不平的土地上,遍布着许多建筑,建筑的外表并不重要。在地下,我进入了一个错综复杂的坑道,这是吉沃矿的一个大型坑道,布满复杂的隧道和竖井,一个名副其实的地下城市建造在锡矿脉上,有时甚至绵延到海底。参观吉沃坑让我对锡矿坑有了充分的了解。在地面上竖起棚子,在那里矿石被破碎、被分级,有巨大的倾斜的空间,摇摇晃晃的菱形的桌子。在那里,重矿石被从轻矿石中筛出来,在意大利雕刻家和建筑师乔凡尼·巴蒂斯塔·皮拉内西式的恐怖的煅烧窑里,砷在燃烧。最后,我们被带到了康沃尔矿山的墨西哥通风井,这是矿区最古老的部分之一,坚硬的花岗岩墙仍然在渗出蓝色的铜。当我们回到地面重见天日的时候,我被震惊了,地面与地下地狱般的景象极不协调。

康沃尔矿井的锥形石砌烟囱

吉沃矿的隔壁是黎凡特矿山,它使我想起了我此行的目的。这里是锡利群岛吗?黎凡特,这个地中海东部海岸的传统名称,显然是一个线索。它让我怀疑其中有一定程度的浪漫主义的合理化。如果一个通风井可以被命名为墨西哥,希望它产生相当于那个国家全部白银的财富,那么其他竖井的名字可能就没有这么多意义。但我确信这个名字可以追溯到1000多年前,从商业联系到地中海贸易公司。我知道,除了锡利群岛之外,圣迈克尔山岛(又名伊克提斯),在受庇护南部海湾的陆地的尽头和利泽德,也可能是英国锡出口的一个装载点。

康沃尔的锡非常纯净,几个世纪以来一直保持着它在欧洲的声誉。大部分的矿区都是在20世纪中叶关闭的——现在它们看起来状况良好,原因并不是它们被修复了,只是因为它们还没有破败到坍塌的地步。一些矿山,比如吉沃矿,开采工作一直持续到1990年左右,当时国际锡业联盟已经崩溃,锡的价格跌至每磅3美元以下,使进一步的开采变得无利可图。最近,锡的价格回升了,这也燃起了采矿复苏的希望。吉沃矿的分析专家兼导游大卫·赖特告诉我:"康沃尔人想要看到它重振雄风。""这儿经历了很多艰难困苦,但这是康沃尔历史的一部分。"

普里莫·莱维称锡是"友好"的金属。他列出了其友好的品质中最好的一项,就是让我们获得了青铜,"卓越的材料,经久不衰,声誉卓著"。

古代铜的原材料是铜矿石,当时的金属工人们都不知道,铜矿石里面含有足够的锡来制造合金。在许多地方,青铜和铜总被认为是不同的金属。人们对锡元素没有需求,也没有动力去尝试将青铜的成分进行分解,因为它已经是一种高级的金属材料,用途广泛。在一些地方,人们从矿石中提取出纯净的锡,而锡用于制作武器和器皿则过于柔软,只能用于制作装饰物。锡和铜从不同的锡矿石中获得时,很自然地,没过多久,人们就将两种金属熔合在一起了。青铜可以用这种方式制成,而不是依靠那些碰巧含有铜和锡的矿石,一旦人们知道这点,就开始去寻找锡这种神奇的金属,它能使铜变得更有用、更美观。

但是锡的用途不仅仅是成为青铜的重要组成成分,这种金属有它自己的优点。与铅不同,它是闪亮而光洁的。它足够结实,可以制作有用的物品;它又足够柔软,这些物品可以通过简单的锤击而形成,不需要任何复杂的手工技能。最重要的是,它很容易熔炼和铸造,熔点为232摄氏度,远低于铜和银。

当我还是个小男孩时,我曾反复地将锡熔化,再将它塑成不同的形状,从中获得上述知识。我去参加一个研讨会,该会议旨在重新认识设计师和学者,他们花费时间创建计算机图形,用真实材料测试学生的学习情况。参会时,我想起了年少时的这段经历。指导我们铸造锡的导师是伦敦大学金史密斯学院的马丁·科瑞恩。虽然他的胡子是姜黄色的,但他的眼睛里闪烁着光芒,适合扮成百货商店的圣诞老人。他幸灾乐祸地把手伸进口袋,把他收藏的金属——一些很小的、闪闪发光的锡分给我们,还给了我们每人一块墨鱼骨。科瑞恩解释说,墨鱼骨至少从罗马时代起,就被用来做锡饰品的模具。我们怀疑地看着他,但一旦我们开始动手的时候,我们就知道为什么了。多孔的墨鱼骨很容易雕刻,也能承受熔化的锡的温度。我们小心地将锡熔化,把它倒入我们在骨头上刻出的凹槽里。冷却几分钟后,小饰品就制成了。它们的重量和银色光泽令人爱不释手。这种熔融金属严丝合缝地沿着我刻过的痕迹流淌,甚至还会贴合墨鱼骨细蜂窝纹理,添加了一层自然的装饰。做出如此坚固而美丽的东西让我们心满意足地笑了。

因为锡很容易被重塑,所以它在文学作品中有特殊的价值——它可以不断被重塑。安徒生童话《坚定的锡兵》以悲剧结束,这个士兵和他心爱的纸芭蕾舞演员一起被一场大火所吞没。扒开灰烬,一名女服务员发现,这名士兵已经熔化成一颗心脏的形状。锡是易损坏的,也是坚不可摧的,锡兵是凡人,他受到命运的残酷对待,但他的爱与世长存。这个故事里的男孩莫名其妙地就把他扔进了火里。故事之始,就有一个暗示,命运会在这个故事中扮演一个角色:因为这个锡兵本身就不同于盒子里的其他 23 名士兵,他是在锡原料快要用完的时候被制造出来的,所以只有一条腿是锡做的。这个故事里极为重要的线索,就在于金属的处理方式:士兵的生命始于被铸造,逝于被重铸。

工艺简单使锡成为平凡的金属。青铜被铸造成武器而保存下来,黄金和白银用于教堂和法庭。铁器需要铁匠的打造,但任何人都可以用锡做一件有用的东西。对农民来说,锡就是一切,可以做成装饰品和用具,并被制成盘子、壶、坦克、乐器、珠宝和玩具。

锡也是制造假肢的理想工具,它容易被塑形和击打,塑成身体的复杂形状。"锡耳"这个词的意思是"畸形的耳朵",它的来历可以追溯到人们很容易就会在天花或一些可怕的事故中致残的年代,而铜鼻(copper noses)一词人们也不陌生。《绿野仙踪》里的铁皮人是一个砍柴人，他的斧头被施了魔法，把他的四肢一个接一个地砍断，最后砍下了他的头。每一次，他的肢体都被替换成锡，尽管他长期容易生锈的关节表明，冶金并不是该书的作者——美国儿童文学作家弗兰克·鲍姆——的强项。

中世纪的工匠们工作时使用的锡，是他们从矿石中冶炼的，但没有进一步精炼。尽管科尼什锡因其纯洁性而闻名，但即使是这样的锡也经常被铅、铜、锑和砷污染，这影响了它的性能——通常会使锡变得更好，但有时会变得更糟。后来人们又在锡中加入了少量的铋，将这种软金属转化为更硬、更有光泽、敲击声更为清脆的合金。事实上，铋被认为是铅和锡的混合物，直到 18 世纪的化学研究表明它是一个不同的元素（今天，我们大多数人只有在胃不舒服的时候才会接触到铋：它是肠胃药佩托比斯摩的有效成分）。

锡的合金化是锡匠的秘密。今天英格兰锡器公司的制品，可能会让人联想起那些守旧的酒吧里味道令人生疑的洗礼杯，或者是那些常客们用的雕花大啤酒杯。从历史上看，它主要是锡与铅的合金，当人们知道铅有毒后，它就失宠了。今天的锡制品完全由锡制成，含一些锑、铋和铜。英格兰锡器公司是伦敦最古老的公会之一，起源于 14 世纪，它正致力于让锡这种金属重现光彩，设计师们举办一年一度的比赛，他们用项链、冷酒器和灯具来有效地应对历史的束缚。

尽管英格兰锡器公司努力让锡成为一种吸引人的材料，但锡已经成为廉价金属的代名词。小额硬币通常是镀铜的，却被说成是锡做的。① 福特公司的 T 型车是最基本的车型，用钢制造，却被命名为"锡丽齐"（Tin Lizzie）。在 19 世纪的镀锡技术的发展中，锡已经被延伸成一个更泛泛的隐喻，用于比喻那些肤浅的、可鄙的东西或不值钱的、暴发的事物。拉迪亚德·吉卜林发明了"小锡神"一词作为他 1886 年的诗集《部门小曲》中小暴君的绰号。"锡锅"（tin-pot）继续被用作形容词，几乎都用于外国独裁者身上，用来形容一个人依靠他办公室的华丽装饰来掩饰潜在腐败——英国领导人自然不会用这个词来形容

---

① 在英语中，锡（tin）还可以表示"无价值的"。——译者注

自己。①

这种比喻对锡而言是不公平的,因为锡制成的镀锡罐头能够防腐败,喂养了大英帝国。有一次,伦敦盖伊医院举办的学生演讲中提及,1826年的一次海军远征留下的一罐肉在20年后被打开,里面的东西看起来依然很好,闻起来很香,事实上,肉很快就被路过的医院工作人员吃掉了。

"补锅匠"(tinkers)这个词也招致了猜疑。这个标签通常被认为适用于锡匠,但实际上指的是任何一种走街串巷修理器具的人。所谓"补锅匠",通常是指那些不称职或手艺不精的人。然而,在罗斯·特里梅因(Rose Tremain)的小说《回家之路》(*The Road Home*)中,描述了列弗的经历,他从东欧移民来英国工作,这本书为这些走街串巷的人正了名。在她的叙述中,特里梅因巧妙地反对两种元素——钠和锡。列弗的巴士在夜间进入奥地利,在"钠天空"下停止加油,这一画面在书中反复出现。在波兰,他的祖母通过做锡首饰来养家。钠象征着现代、先进的技术和城市西部;工艺简单的锡制品则述说着东边的乡村的种种,列弗如此深情地回忆着那个世界,甚至让他的爱尔兰室友也考虑搬到那里去。锡就像故事里的列弗一样,既顺从又便宜,但本质上,是诚实和体面的。

据说,当一根棍子被弯曲或折断时,锡就会"哭"出来。而普里莫·莱维则认为锡是一个友好的因素,尽管他似乎并不相信这一点——"据我所知,眼见为虚,耳听也为虚。"

在这个场合,莱维的无知和好奇是一个谜。我当然听说过这种"哭泣"声,我再次听到它,是在马丁·科瑞恩材料大师班的时候,我折腾着自己的那块锡,当金属晶体被突然分开的时候,它发出了尖厉的爆裂声,就像恐怖电影中一扇门被打开时发出的那种声音。事实上,这种现象甚至不是唯一的,任何脆性金属在重压之下都会发出这种声音。

然而,锡的声音是特殊的,像是丁零零的声音。这不是偶然的。由于锡通常被制成家庭用具,它给平凡的生活带来了清脆的声响。钟声和锣响在教堂和州际仪式上回响,在人们的家中,谦逊的锡的声音与之

---

① 锡锅(tin-pot)在英语里是低劣的意思。——译者注

应合。这种金属的品质是用其发出的声音的纯粹度来测定的。拟声词是普遍存在的。锡这个英语单词来源于古德语的 zin——如今在德语中依然用这个词表示"锡"，在其他北欧语言中也有类似的名称。法语与拉丁语的"锡"发音几乎相同。"锌"这个词很值得注意，它也可能来源于德语的"锡"，这可能与某些年代化学上的不确定有关，那个时候，人们还不知道锌是一种与锡不同的元素。顺便说一下，莎士比亚的"沉闷的铅"，其实也同样是以拟声来命名，其实铅不会发出声音。

伦敦国王学院的材料科学家佐伊·拉夫林对不同材料发出的特征声音做了一项研究，他在玻璃、木头及各种金属中制造出相同的音叉时遇到了麻烦。然后，她注意到它们在被敲击时发出的声音，记录了音高和音色、响度和衰减的客观测量值，并要求一组音乐家进行更主观的评估。她发现钢叉在最高音高时发出最亮的声音。铜和黄铜的声音更低沉，但几乎同样明亮。最明亮的声调来自于镀金的钢叉，其原因有待探索。遗憾的是，一个主要是锡制的焊锡的叉子没能发出声音，并且很快就显示出金属疲劳的迹象，但它是否"哭"了则不得而知。

击打哪一种金属并不重要，许多与金属有关的拟声词都是通用的。而且，所谓"补锅匠"，并不完全是指锡匠，但从他们使用金属所发出的声音中，就可以分辨是锡还是别的什么金属。诺尔斯和日耳曼的神话在"锻造"和歌曲之间建立了牢固的联系，我们说"锤出一首曲子"，即奏出一首曲子，瓦格纳在《莱茵的黄金》中描述艾伯乐的地下锻炼炉时，就用上了这个词。

尽管拉夫林的音叉研究让人失望，但对锡的感观联想十分明确。有些在物理上与材料的性质有关，但另一些则更深入地触及听觉世界。风琴管传统上是由含铅的锡合金制成的，比例根据所需要的音调来变化，以形成最庄严的共振。而锡口哨和锡鼓却不必用锡制成，也能发出与锡类似的声音。纽约的锡锅巷得名于作曲家的钢琴所发出的噪音，作曲者奏出了流行的旋律。甚至"耳鸣"的感觉，也加入了这个叮当作响的大家庭行列。[①]

让我们用这个元素用来形容钟的声音吧。钟可以用任何金属制

---

① 耳鸣的英文是 tinnitus，其中包含 tin(锡)。——译者注

各种材质的音叉

成,我的朋友,伦敦大学学院化学系的安德里亚·塞拉甚至用水银做了一个钟,等待着在寒冷的日子里水银凝固时敲响它。[①] 但人们早就知道,当铜和锡元素的比例是3∶1或4∶1时,这种合金会产生最美的音色。这种特殊的青铜是易碎的,而且是出了名的难以铸造,许多古老的寓言故事中都讲述了知晓制造钟的秘密的人的命运。许多钟已经破碎了,其中包括"独立钟",它在1752年安全地穿过大西洋,在费城第一次被敲响的时候,就产生了锯齿状裂缝。大本钟也于1859年在新建的议会大厦安装后不久就裂开了。正如莱维所说的,华丽的青铜雕像也许是卓越的象征;而响铜,由于其中锡的比例较高,则勾勒出人类幸福的不完美。[②]

---

① 在我翻译这篇文章的时候得知,在一次停电中,这个水银钟香消玉殒,无法完成它的使命。——译者注

② 响铜,即指由铜、铅、锡按一定比例混合炼成的铜的化合物,敲击它可以发出悦耳的声响。——译者注

在 19 世纪 80 年代,奥古斯特·罗丹是最有名、最有争议的艺术家,他创造了最广为人知的作品《思想者》。它是《地狱之门》这个大型雕塑作品的主要部分,之后,这整个作品则预备作为巴黎装饰艺术博物馆的纪念门。这件巨大的作品近 7 米高,充满着人性情欲,艺术家却一直对它不满意。但它的一部分,包括思想者(最初的设想以但丁为原型)在内,最终却以更大的规模被独立创作了出来。

雕塑手扶下巴、胳膊肘搁在膝盖上的动作现在可能已经广为人知,但它仍然有难以超越的力量。

这个人物的身体向前倾斜得超乎想象,当你从博物馆门口的门楣下走过时,悬臂看上去会更有戏剧性,这对罗丹的成就至关重要。这尊静态的铜雕,即使是按罗丹的标准来看也很生动,雕塑家并没有直接塑造出他想要的动作,而是通过一种内在活动的投射来表达。它迫切地想让我们知道一些事情,事实上,是想让我们明白思想的力量。最近的 X 射线研究表明,这个雕塑之所以有如此

沉闷的灰色真理
Part.02

不凡的效果,是因为它的底座内部含有大量的铅。

无论是从物质上还是从精神上来说,铅都是重力的具象化,是与死亡密切相关的化学元素。当我们说到铅灰色的天空时,所指的不仅仅是颜色。在这样的画面中,似乎预示着比下雨更糟的事要来临了——世界末日,天翻地覆。传统上,铅石棺被用以保存教皇和国王的遗体,以确保灵魂不会逃脱。

苏格兰国王罗伯特·布鲁斯,即罗伯特一世的心脏保存在梅尔罗斯修道院的一个铅制棺材里,他的死敌,威斯敏斯特的英格兰国王爱德华一世那瘦长的身体一样也同样长眠于铅制棺材之中。号称"苏格兰之锤"的爱德华一世曾下达命令:只有在苏格兰最终灭亡时,棺材才能被换成黄金的,因此铅棺材被沿用至今。

铅不会被腐蚀,包裹在内的东西会完好无损,因为它会形成一个外膜来阻止进一步的化学变化。正是这层薄薄的、类似于艺术家用的铅白一样的物质,使欧洲的许多教堂的屋顶及主教的遗体都保存完好。这种化合物也会使金属在刚切开时就失去光泽,呈现出大象灰,从而难以反射阳光。这似乎也使铅更适用于死亡和葬礼。

铅与地心引力的关系及其最终崩溃的内涵——走进坟墓,是它与命运和坠落的各种关联中最极端的一种。当我们决定把事情交给命运的时候,我们就随它了,一切不由我们掌控,而是交给自然定律。德语名词"坠落"的第二种意思是"事件",即正在发生或即将发生的事情。如果坠落得如此沉重,那就更引人注目了。沉重的坠落是决定性的。由于这个原因,罗马人把铅制成了骰子。

在中欧的某些地区,铅矿石储量很丰富,人们已经通过将少量熔化后的铅倒入水中来预测未来。铅以不同的形状在水中自然凝固,从这些形状中,我们可以推断出未来的财富与命运。德国人在除夕会举行这个"熔铅占卜"的仪式。

如果凝固的铅像一朵花,那么你将在新的一年里享受新的友谊;猪的形状象征着繁荣;船代表远行;等等。在匈牙利,婚礼会在卢卡节(12月13日)举行,情侣们会用铅占卜他们另一半的品行,这一传统一直延续到现在。令人惊讶的是,你很容易就能买到含铅的儿童工具包,在家里熔化和浇铸。

　　当然,这是一个似乎不需要专家解释结果的过程。我决定利用从一个旧窗户中回收的铅来临时满足我家人占卜算命的要求。我把铅放在一个便携式本生灯的火焰中加热,被压碎的金属静静地坍塌,直到它在一层白色和黄色的氧化物下颤动,熔化成可以被浇筑的样子。我9岁的儿子在我们观察的时候问:"你真的会算命吗?"他想第一个尝试占卜。

　　我往一桶水里倒了满满一勺熔化的铅,然后把水中一个巨大的东西倒出来。它是梨形的,我们无法猜测它到底预示着什么。然后我儿子把它转过来,他说它看起来像一个气球,所以也许预示着他会坐飞机环游世界。接下来轮到我妻子尝试。随着多次的浇筑练习,铅形成了更精细的形状。她挑出一根细长的铅条,奇迹般地,它看上去确实像长在茎上的一朵花。来年的新友谊似乎得到了保障。终于轮到我了。我再次把铅倒出来,从水里捞出一些无法联想的块状物质。有一块碎片的一个细节给观者提供了更大范围的想象,令它看起来像一个人:在雕像上有一处长条形的铅块,斜穿过躯干中部。也许是一种乐器,是鲁特琴吗?

　　莎士比亚在《威尼斯商人》中对铅的预测潜力进行了研究。为了赢

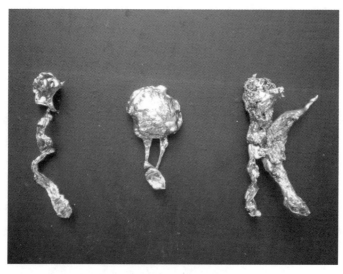

"熔铅占卜"出现的形状

得美丽的女继承人鲍西娅的芳心,她的求婚者必须在金、银和铅的匣子之间做出选择。每个匣子上都有铭文。在精密金属匣子上的铭文代表着某种承诺,即使它们的表达方式很隐晦,但依旧能通过某种物质形式传递出来。

金匣子上写着:"**谁选我,谁就能得到众人所渴求的东西。**"银匣子上写着:"**谁选择我,就会得到所有他应得的东西。**"铅匣子上的铭文只写了警告:"**谁选择我,就必须准备好牺牲他所有的一切。**"选择铅匣子,就等于选择了不可知的命运。

在剧中出现的前两个追求者,鲍西娅称其为"**深思熟虑的傻瓜**",是摩洛哥亲王和阿拉贡亲王。他们不愿意拿自己的性命作赌注;即使条款不清楚,他们也更喜欢明确的交易。虚荣的摩洛哥亲王选择了黄金匣子,精明的阿拉贡亲王选择了银匣子,可敬的求婚者巴塞尼奥给出了不一样的选择——在一个容易被表象欺骗的世界里,他拒绝了黄金和白银,最后选择了铅匣子,并最终获得了鲍西娅的画像,这是他赢得她的标志。

这三个追求者都被他们各自对金属的价值观所引导。在他们的讨论过程中,这些人依次将铅形容为"**沉闷的**""**卑贱的**"和"**寒酸的**",尽管鲍西娅一直谨慎地不赋予任何金属价值。摩洛哥亲王和阿拉贡亲王受到谜语的影响,变得更困惑,但据我们所知,巴塞尼奥根本没有读这些信息。他的选择是出于本能的。摩洛哥亲王和阿拉贡亲王都反感铅的平凡,但巴萨尼奥没有被吓倒。

命运可能难以预测,但生命中总有一件事值得全心付出。巴塞尼奥在胜利的同时也知道,最终他会失去一切。他的选择表明他接受了必死的命运——不管是他自己的还是鲍西娅的。铅匣子向所有来者阐明了一点,因为摩洛哥亲王在虔诚地宣布,鲍西娅的肖像是放在铅匣子里,哪怕是"**想起这样一个卑劣的思想,就是一种亵渎;就算这是个黑暗的坟,里面放的是她的寿衣,也都嫌罪过**"。巴塞尼奥认为,尽管他渴望鲍西娅的美丽,但铅匣子所寓意的平凡爱情却比甜言蜜语更让他感动。铅所昭示的灰暗事实是,美丽总有一天会褪色。时间腐蚀我们的身体,我们的皮肤慢慢被氧化,但灵魂却可以保持纯净。他选择的铅匣子拥抱了这一必然性,表明巴塞尼奥将成为一个至死不渝的丈夫。"**就这**

样,"弗洛伊德在一篇对神话的三种分析中写道,"人类要战胜死亡,首先要在精神上有认知。"

"你的选择不是出于偶然,"巴塞尼奥最终在铅匣子里发现了鲍西娅的画像,"机会公平,选择真实！既然这财富落在你身上,你就应当心满意足,不再骑驴找马。"他最后提醒自己这个决定的严重性。

人类的财富是用铅来表示的。该元素的传统功能呼应了它在神话中扮演的模棱两可的角色,由于健康的原因,其中许多用途现在已经被别的材料替代。但铅的两个最古老的用途还是昭示了人类非凡的创造力和破坏性:士兵的子弹和印刷的铅字。在古代,铅被当作弹弓的弹子,直到 14 世纪,火药被发明并盛行于欧洲,从一根管子里投射出一个球,加农炮就此成了战争武器。这个粗糙的装置逐渐被改造成各式各样的武器,需要同样多的铅弹和子弹。一开始比较困难,但如同命运的安排,在一个特别设计的塔台(即塔式制铅法)上,子弹很快被制造出来,与"熔铅占卜"不同的是,运气的因素在这里被小心地排除在外。熔化的铅从高处倒出来,形成许多铅粒,它们在落入水槽中之前会冷却下来。我走到伦敦西郊的克雷恩公园,那里仍然矗立着那样的一座塔台。这座圆锥形的塔建于 1823 年,是为豪恩斯洛火药厂而建。如今,它已被修复,并以生动的方式出现,位于林地边缘,长着长尾巴的小鹦鹉在屋顶上叽叽喳喳地飞来飞去。一条浅浅的河流提供了必不可少的水源。站在砖砌的六个圆形走廊中,你很容易想象,热铅从中间掉下来,然后溅落到下面的水里的情景。很长一段时间,最高的制造塔都有 20 层以上高的高度,以确保每一滴铅击落到水面上时都接近球形,但即便如此,也需要进一步对子弹进行分类和评分。这里也运用了重力原理,因为铅弹是以跳跃的方式沿着斜面向下。那些容易滚动的铅弹能够跃过障碍,而形状过大或是畸形的缓慢落下的铅弹,则又被收集起来重新熔化。(当铅弹射出,就需要一些运气来避免受到伤害:数以十亿计的铅弹已经被制造出来,在愤怒中被发射出去,它们夺走了数百万人的生命。根据专家们的说法,这期间,命中率不断下降,原因很简单,因为在枪械设计方面的技术进步使扣动扳机变得太容易了。)

在几项卓越的发明中,铅字印刷令约翰内斯·古腾堡成为印刷之父。实际上古腾堡曾经接受过冶金训练,当时他还是一名熟练的炼金

制铅塔

士,大约 1440 年,当他住在斯特拉斯堡的时候,他开始把注意力转向印刷问题。他发现,当地使用的葡萄酒压榨机可能适合在纸上印刷文字,但为了使字体能够变化,方便印刷,他需要一种特殊材料。这种材料必须能够高度塑形,以适应每一个字母的复杂形状,同时也要能持久地承受印刷时的压力。完整的活字,每个小块上刻有一个字母,而且字母之间必须保持松散,这样,一旦打散,就可以重新排列出新的文本。古腾堡使用铅、锡及少量锑的合金来制作字母,差不多在同一时间,这种方法也被亚洲人独立研究出来。采取这种合金法,使金属在熔化时流动性更好,凝固时形成的字母更坚硬。这种铅合金比青铜更理想,青铜太硬,难以使用,传统的木头和黏土等材料,则不够持久耐用。这种"活字金属"在 20 世纪中叶之前一直是主流的印刷技术,其极大地促进了知识的传播,提高了文学的地位。

　　由于铅蕴含的矛盾又深刻的意义——财富和命运、创造与毁灭、幽默与严肃、爱与死亡，使许多当代艺术家都将它运用在作品中。也许，并不是很多人都喜欢这样一种不受欢迎的卑微的材料，但它也吸引了很著名的艺术家。例如，英国雕塑家安东尼·葛姆雷和德国艺术家安塞姆·基弗，在用铅来表现对立性。

　　基弗在材料的选择上保持着高度开放性，他选择了灰、粉笔、稻草和菲尼格钉等原始材料。铅，在炼金术和神秘主义中被认为是原始物质，对基弗来说，30多年来它一直很重要，因为它是最具可塑性的金属之一，但更重要的是它与多元文化的共鸣。基弗形容它是"承载思想的物质"。

　　1989年，随着民主德国和联邦德国逐步打破柏林墙，基弗正在致力于创作一架现代轰炸机的模型。基弗的飞机不是由最轻的实用金属——铝制成的，而是最重的铅。铅块被弯折，折叠塑形，最后用粗糙、拙劣的手法，模仿制造出明亮的铆钉，正是这些铆钉，支撑着将飞机安全地抬升至空中。我在丹麦的路易斯安娜博物馆看到了这个作品，它被放置在陆地与海洋、建筑和艺术之间的和谐之地，它在那里剧烈震动着，好像在乡村散步时看到的一只受伤的鸟一样。从某种意义上说，这是一个可笑的命题：一架永远不会飞的飞机。就像罗马人制造的铅斧一样，它作为一种战争武器毫无用处。而且，就像5000年前在希腊纳索斯岛发现的微型铅船一样，铅制飞机也到不了任何地方。它预示着一场充满幻想但极其沉重的飞行。就连它长长的翅膀和机身似乎也在衰退，细长的起落架几乎无法抵挡重力的拉扯。这件作品叫伊阿宋（Jason）。在希腊神话中，伊阿宋招募了阿尔戈英雄一起远航，寻找金羊毛，他们建造了一艘船——阿尔戈号（Argo），但完成后发现它太重了，不能下水航行。这时就需要奥菲斯的魔法介入，他在航海前就已经加入了他们的队伍。

　　基弗感兴趣的是，铅不仅在物理上是可变的，和我们一样，它的特性似乎也能被改变。许多金属都有一种叫作蠕变（creep）的现象，它们在施加的压力下逐渐变形。铅是如此致密和柔软，仅在重力作用下，它就会发生蠕变。基弗利用了这一特性，在这幅画底部，铅的涟漪像波浪般堆积在沙滩上。

基弗创作的现代轰炸机的模型"伊阿宋"

在古代已知的 7 种金属中,铅被认为是自然界中所有其他金属的"基础",其他金属都可以由它生成,它也是炼金术士制造黄金的起点。基弗认为,在熔融铅表面形成的白色和黄色表明它有可能更加接近黄金。因此,这个元素代表着希望,而基弗把它运用在作品里,意在表达出对人类的期冀,希望我们能变得更好。但对于 1945 年出生的艺术家来说,那年发生了广岛长崎的原子弹轰炸事件,因此,铅成了一个更黑暗的代名词。铅是许多放射性衰变链的最终产物,包括制造原子弹的关键成分——铀和钚。在古代的炼金术中,铅代表了人类进步的潜力;但在新时代,它却意味着暴力性的毁灭。

安东尼·葛姆雷关于铅的观点更广为人知,他在 1986 年的作品《心》中,创造了一个不规则的铅多面体。它暗指把器官保存在铅里的习俗。巧合的是,它还引用了德国艺术家的作品,在基弗的长期系列作品《忧郁症》中,同样的截角立方体再次出现,这一灵感来源于阿尔布雷特·丢勒雕刻的《忧郁症》。中世纪的炼金术士往往会把铅与土星联系起来,而土星则是罗马的忧郁之神。

葛姆雷的工作室相当庞大,像在战区的大使馆建筑一样被围墙和大门包围着。在工作室里,人形金属网用链子悬挂在高高的天花板上。光淹没了广阔的白色空间。我向他询问创作所用的材料。葛姆雷说:

"我喜欢黏土，因为它代表地球。我也喜欢最原始的铁，但我不喜欢青铜。"因为青铜合金是在雕塑家看到它之前就带有人为色彩，而产自地球的黏土和铁在任何一个系统中都是最基本的物质。铅同样也是基本的元素。"对我来说很重要的是，它在元素周期表上。我喜欢它是因为它实际上连接着炼金术和原子世界。"与基弗不同的是，葛姆雷是为了防止氧化而使用了铅，这让它闪耀着微弱的救赎之光。在一件名为《自然选择》(*Natureal Selection*, 1981)的作品中，熟悉的物体——香蕉、电灯泡、枪——都被包裹在这个阳极金属中。在其他作品中，人体和其他大体量的形式也有同样的风格，尤其是在"天使"系列作品中，每一个代表人体的雕塑都有着巨大的翅膀，这也是他于 1998 年以钢创作的《北方天使》的先驱。这些"身体"都是空心的——艺术家把空气作为他们的媒介之一，以便我们理解这一点——所以他们没有基弗的铅制作品中所含的沉重的焦虑感。对葛姆雷来说，人体的神秘莫测才是最重要的。密封了身体，唯有空气或是比空气更具灵性的东西，被封存在体内。

另一方面，基弗也十分赞赏铅的诚实。它呈现的是不加修饰的事实，所有的模棱两可的后果都是由这种真实造成的。"当然，这是一种象征性的材料，"他说，"但颜色也是非常重要的。你不能说它是光明的或黑暗的。它是我认同的一种颜色。我不相信绝对，真相总是处于灰色地带。"

伊阿宋这架飞机上有人类牙齿和蛇皮等可怕的东西，是基弗的几架飞机之一，他称之为"历史的天使"，指的是哲学家沃尔特·本杰明的思想。本杰明的"天使"是一个回顾历史的人，他看到的历史不是像我们所看到的那样，是一系列的事件，而是一堆不断累积的灾难，但他却无法回到历史中去阻止这些伤害，尽管他这样希望。因为不可抗拒的时光推动着他一路向前。基弗大约是在冷战即将结束的时候创作这件雕塑的，在一段时间内，我们乘坐这样的飞机是没有安全保证的。技术的进步凝聚起我们所有的创造力和破坏力，诞生了最高成就——大规模高科技武器，并把我们带向不可预测的未来。就像许多过去的铅制品一样，伊阿宋代表了一种期冀，它不仅表达了我们对生存的美好愿望，也表达了我们抵御黑暗与恐惧的决心。

· ·

在理查德·施特劳斯具有莫扎特风格的歌剧《玫瑰骑士》(1910)中,故事始于多情但本质上无辜的屋大维送给新来的商人的女儿苏菲一枝银色玫瑰。在这部歌剧中,玫瑰这件标志性的道具有复杂的象征意义,它寓意着苏菲和波里西男爵之间的婚姻关系。17岁的屋大维被他的旧情人玛莎林说服,做了男爵奥科斯的使者,成了玫瑰骑士。毫无疑问,苏菲对奥科斯感到厌恶,但却被英俊的屋大维迷住了。这部戏与大部分歌剧一样,过程中历经了无数混乱,结局是有情人终成眷属。

二

完美的反射
Part.03

二

《了不起的盖茨比》的作者弗·司各特·菲茨杰拉德笔下的美国在爵士时代纸醉金迷。银存在于月亮和星星的图像及它们的倒影中,以及一夜暴富的盖茨比所穿的奢华衣服上。盖茨比的导师科迪说,这既是金融财富的象征,也是矿物来源的标志,是"内华达银田的产物"。小说用银来比喻活泼的女主角黛西·布坎南,盖茨比在多年前就爱上了她,在她嫁给另一个男人之前,她是盖茨比认识的第一个"好女孩"。当他们再次见面时,虽然年轻的盖茨比尚未成为富翁,但在他眼里,黛西仍然像银一样闪闪发亮,他因为她的富有和堕落的纯真而对她无法自拔,发现她"**像银一样闪闪发光,她的生活既安全又高傲,远离穷苦人激烈的生存斗争**"。

在英国也是一样。在福赛特的传奇中,银暗喻着财富、阶级和女性。索姆斯·福赛特是约翰·高尔斯华绥轻小说系列第一部《有产业的人》的主角,他喜欢收藏和炫耀银匣子,并把它和妻子的地位相提并论。比方他谈论古雅的银制家具时会说:"**谁能拥有比这餐桌更美的东西? 哪个男人能得到比坐在一旁这位更漂亮的女人?**"

银与女性和月亮有着深厚的文化联系,就好比黄金代表了太阳和男性。这种信仰在现在可能已经不流行了,但从希腊到前哥伦布时代的美洲,它在古代文化中得到了广泛的认同。这些金属的白色光泽寓意着纯粹和贞洁,并逐渐衍生出美德、纯真、希望、耐心及时光飞逝等其他寓意。

对奥科斯男爵来说,银玫瑰代表的只是一种空洞的骑士精神(顺便提一句,这个习俗并不来源于现实,而只是剧作者雨果·冯·霍夫的创作)。在屋大维的手中,它成为一个强有力的符号,所蕴含的各种象征同时夹杂在一起。女性角色同时也受到屋大维这个角色的影响,因为他必须伪装成女仆,出现在戏曲的某一个桥段中,而这个桥段是由女演员完成的。

这些银色的物体继续贯穿着希腊神话中月神、纯洁之神和妇女之神阿忒弥斯携带的银弓。英国浪漫主义诗人威廉·布雷克曾经形容女人是"温柔的银",也是"炽烈的金"。但在被称为"美好时代"的20世纪早期,这种元素似乎更多地被用于家庭生活中。到目前为止,由于北美和南美的采矿规模不断扩张,普通家庭也买得起银餐具;即使买不起全套,至少也买得起一个盘子。据说,在古典主义时期,这些新矿就像地中海沉积物一样,当森林火灾爆发时,熔化的金属从土壤中流出。世界上唯一一个以化学元素命名的国家阿根廷(Argentina),仰仗着银矿开发,已然成为目前世界上第十大最富有的经济强国。

如今白银不再拥有一个世纪前的社会声望,它的价格暴跌。但令人惊讶的是,它的象征价值却丝毫没有减少。比如始于1996年的"银戒指运动"（又称"贞洁戒指运动"），旨在促进基督教青少年爱惜贞洁。认识到现状不如人意，背后的基督教青年协会做出了战略性的决定。这对招募信徒毫无疑问是有益的，却有损银戒指的象征意义。教会鼓励贞洁，也承认遗憾的存在，鼓励青少年们"拥抱第二次童贞"。

1996 年的"银戒指运动"宣传单

白银至今仍然是消费品品牌中的常客，它通常被赋予纯粹的感觉，甚至含有净化的意义。英国糖业公司生产一种名为"银匙"的砂糖，背叛了顾客们根深蒂固的阶级意识，也戏弄了精致生活的观念。采用银作为品牌的产品包括了淡啤酒、矿泉水和化妆品，尤其是针对年轻女性的产品。露华浓把少女香水品牌重新包装成"银色查理"，来庆祝露华浓成立二十五周年。

也许是因为银能带来丰富的联想，而且在很多方面都和年轻人的生活习惯紧密相连，根据巴塞罗那大学化学教授圣地亚哥·阿尔瓦雷斯的一项奇特研究，银是歌曲中被引用最多的化学元素。其中，在唐·麦克莱恩那首致敬凡·高的著名民谣《文森特》中，他甚至还效仿了《玫瑰骑士》的画面，手握一枝带有银刺的玫瑰，躺在纯白的雪地上。

在古代，银是最明亮、最白的元素。它的拉丁名称 argentum 来自梵语 arjuna，意即白色。这没有什么特别的意义，因为在那个年代，人们对金属知之甚少。金和铜都是彩色的，铅、锡和铁则更灰一些，而汞因为在常温下是液体，所以通常没人认为它是真正的金属，但它的颜色可与银媲美，所以又叫水银。更值得注意的一点是，银至今仍然是现代元素周期表中 80 多种金属元素中最明亮、最白的元素之一，这也是人们用它来代表不朽的原因。

光滑的银表面的光反射率几乎达到 100％。它是反射望远镜的首选涂层(相比之下，铝的光反射率只有 90％)。在紫色波段中，银的反射率降低到 95％，而减小的这一点反射率，使金属具有了特别的暖黄色色调。因此，银理应成为耀眼的白色金属，而这一品质本身也可能被认为具有象征意义。但还有一个更深层的原因，解释了为什么这个元素被保留了下来，甚至在马口铁时代、不锈钢和铬的时代中，它的强大意义也得以巩固：银比任何其他金属都更能象征纯洁和爱，不仅仅因为它的白色光泽，更是因为这种光泽可以把人们带离阴郁和灰暗。

黄金不会变色，这也是为何它总是与不朽联系在一起。金的炼金术符号是一个圆形，因此它不仅代表太阳，也代表完美。银的符号是一个半圆——代表月亮，象征着不完整或不完美。银的不完整仅仅是因为它不是黄金。炼金术士认为它只需要染上黄色即可，所以他们试图从铜、藏红花、蛋黄和尿液等黄色材料中提炼出黄色。银的不完美在于其必死的命运，纯银会随着时间的推移而被腐蚀，并以变成黑色而告终。

与许多金属不同，银不易氧化。但是，当抛过光的银表面暴露在空气中和硫相遇时，会形成银的硫化物。当蜡烛燃烧或生火时，这种反应就会发生。它不像铁和铜的氧化物那样呈现出棕色，而是深黑色的。一层厚厚的氧化层，使银色物体的表面呈现出黑色和哑光，变得暗淡无光，它曾经是闪亮的和白色的。

传统的银匠试图强调金属的品质，以增强它的纯洁和女性气质的特点，所以银器色彩明亮、表面光滑，形态流畅、手感舒适。而银低熔点和高延展性的特点使其易于铸造和冷却，给银匠的工作带来了便利。银器皿经常被用于盛放洗涤剂或饮品，并雕刻着海豚和美人鱼等装饰。在维多利亚和艾伯特博物馆里，一个特别奢华的 18 世纪英国茶壶则采用了亚里士多德的四大基本元素作为雕刻主题，利用它们属性上的对

• •

立感来完成创作,在这件作品中,银色的火焰熊熊燃烧着,银色的溪水却涓涓流淌着。

即使在更平等的时代,银仍然被当成制作奢侈品和装饰品的金属材料,引用历史上的一段话来形容就是,"最适合银的加工方式不是千篇一律的机械化生产,而是用温柔细腻的双手"。银器在当今已经减少了大规模生产,而大众对银手工艺品的兴趣却在复苏。所以今天,工匠们很可能还是会选择银作为原料,从而使传统得以留存。银是一种容易引发争议和嘲讽的材料,因为它长期以来都与上层阶级联系在一起。2008年,我在机缘巧合之下参观了伦敦当代艺术画廊举办的一个名为"茶之崛起"的展览,其中展出了五花八门的手工餐具,也撕破了优雅的英国茶党们引以为傲的礼节。瓷器被打碎并重新组合到一起,银匙被分解成考古碎片,杯碟则被组合成无用的线框轮廓。为了反映战后阶级斗争的呼声,一组作品的命名表达了肆无忌惮的讥讽,比如"博爱大众""王后"等。另一些作品则以美式俚语命名,非常粗俗,因为这时社会上更流行刺激性的酒而不是茶。一个摇摇晃晃的银壶被取名为"手推车"(Trollied),这是用来形容醉酒后丧失理智的俗语。这些作品的作者——大卫·克拉克,显然正与银所代表的那些虚伪的美德做斗争。"这是我的应对方式,"他告诉我,"有时,我对银总是与宗教联系在一起感到非常愤怒,所以我就用一种邪恶的方式来破坏这种纯洁。"《手推车》还是一次相对温和的尝试,在其他作品中,克拉克用盐水烘烤银,或者把银和铅混合在一起,让铅像癌细胞一样吞噬它。由此产生的结果是它在化学上非常活跃,会随环境而改变。夏天,盐会使焊料中的铜变绿,而在冬天则会变成灰色。"这让人左右为难。你要怎么做? 拯救银还是享受当下? 银器的制作是一项根深蒂固的传统。现在的时机已经成熟,对白银的未来而言,它有这个机会是很重要的。如果它故步自封,这个行业便会死亡。"

这一颠覆性的计划要求探索银的另一个黑色属性,克拉克及时地把注意力转移到银的"污点"上:"不是银的纯净的一面,而是肮脏的一面!"与此同时,艺术家科妮莉亚·帕克已经走到了极致,她把工作的焦点集中在"污点"上。在《被盗的雷声》系列中,她将各种银和其他金属物上的污垢层涂在手帕上。这看上去不是美丽的艺术,只是脏了的手

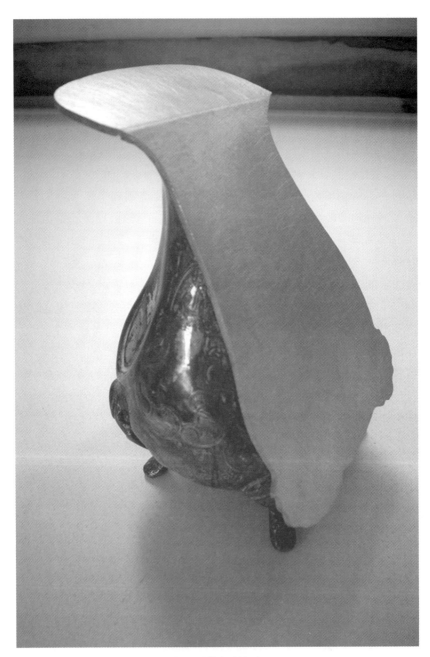

名为"手推车"的银壶

绢。但这些信息更为引人注意,因为这些残缺的物体属于名人——塞缪尔·柯尔特的汤碗、查尔斯·狄更斯的刀、霍雷肖·纳尔逊的烛台、盖伊·福克斯的灯笼。从某种复杂的角度来看,污点似乎代表了名人为人前的光辉形象而付出的代价。金属通过简单的化学变化产生黑色的污点,以及通过惯用的抛光使金属变得闪亮,已经写进了死亡和复活、腐败和救赎的叙述。这些手帕是帕克花时间恢复了一些声名狼藉的职业的标志;观众受其启发,而去思考某种行为的道德含义。这位艺术家告诉我:"对我来说,银比金迷人十倍,因为它有这样的对立性及渐变。""你必须不停擦拭才能保证它闪闪发亮,而你也因此在不停地失去某些东西。那些就是污点,是原罪。"

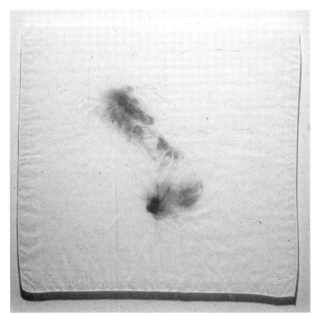

科妮莉亚·帕克《被盗的雷声》系列作品中的一件:擦拭过詹姆斯·鲍维的汤匙的脏手绢

银的名声被诋毁,不仅因为它容易变黑,而且还在于银作为一种货币,被千万人玩弄于掌中。正如莎士比亚所意识到的,这种金属的使用加深了它在文化中的矛盾心理。矛盾的是,银的丰富储藏量使它得以实现这个功能。黄金显然是财富的象征,但它的数量实在是太少了。随着硬币的普及,人们很快就明白了,永远不会有足够的黄金来满足人们对货币的需求。银的稀有程度保证了它有价值,但其储量又使其可以作为一种普通的实用材料来铸造钱币,因此,这种金属就变成了它现在为人们所熟悉的角色,即作为交易价值的象征符号。

帝王们可能渴望获得黄金,但帝国的兴衰却与他们获得白银的数量有关。具有讽刺意味的是,正是位于苏尼翁海角(Cape Sounion)的劳利翁(Laurion)银矿,使雅典的黄金时代得以延续。后来,煤矿奴隶起义和攻打波斯的战争相继发生,为了维持经济的发展,即使是在卫城的胜利雕像上,也不能使用白银。公元前 406 年,铜铸的钱币终于正式流通。

罗马人也使用白银作为钱币。他们从来没有真正地把采矿纳入他们的技术成就中,但他们深谙如何在他们所控制的地区(如伊比利亚半岛)开采已建立的矿山及如何利用新的发现,正如他们在中欧山区所做的那样。在帝国腐朽的最后几年里,大部分新挖掘的白银都用来交换东方的丝绸和香料了。

在 15 世纪晚期,白银的实际价格达到了历史最高点,这使寻找新的银矿储备变得迫在眉睫。西班牙在墨西哥和南美发现了金银,这成为新帝国扩张的资本。尽管人们牢记的是黄金,但西班牙进口的白银在货币价值上却是黄金的 6 倍。新世界的繁荣导致了白银在那段时间的过剩,而 19 世纪时在北美地区发现了更多的白银,使得这一状况得以延续,现在,白银的价值还不到它在 1477 年的高峰时期价值的 1%。

金和银在基督教的礼拜仪式中是可以互换的。金匠习惯使用这两种金属,银常被镀金或合金化,使其看起来像黄金,而黄金和白银被用来制作更多的装饰图案。这一切都有助于模糊这两种金属之间的区别。而在教堂里的黄色烛光中,金色和银色看起来同样辉煌,也同样珍贵。

更重要的是,在圣餐期间使用的物品,例如酒杯和餐盘,甚至主教权杖的装饰程度和设计风格,都能使宗教教派的特色一目了然。在中世纪时期,金匠们争先恐后地把他们繁复的技艺用在装饰上。但在宗教改革期间,这些花哨的东西是不被接受的"天主教产物",并被熔化塑造成更朴实的线条。银子比金子更体面,而且在没有装饰的情况下,金属本身的光芒就足以寓意神之光辉。作为礼拜仪式的一部分,会众开始分享圣餐,之前这是由牧师单独完成的。从纯反光的镀银餐具表面,礼拜者可能会看见自己因参加圣典而兴奋不已的脸,这是一种他们从未见过的景象。在镜子普及之前,他们会从各种贞洁的银器上看见自己的脸。以银杯饮酒,给圣餐带来的好处不仅只是精神上的:化学考古学家最近开始认识到少量银可能会与葡萄酒中的有机成分反应,具有消毒作用,就像今天银纳米粒子被用来清除冰箱里的细菌一样。

虽然罗马人早已发现如何将银沉积到玻璃上,从而形成反射表面,但这个秘密在中世纪才重新被发掘,而如何制作能看清人的形象的反射面还是一项技术活,直到 18 世纪,银一直是贵族才能用的奢侈品。莎士比亚笔下被废黜的国王理查德二世一直嚷着要一面镜子,好让他看到自己**"失去君主威严的面孔"**。他照了照,然后把镜子摔在地上:**"一道脆弱的光辉闪耀在这脸上,这脸也正像这光辉一样脆弱。"**当阿拉贡亲王打开银匣子时,他惊讶地发现,他所找到的不是波西亚的肖像,而是**"一个眯着眼睛的白痴画像"**,他从镜子里看到了自己。他是个白痴,因为他选错了,他只在银匣子里找到了一面银镜子。

银所具有的两种古老的特质——从白到黑及它磨光的表面完美反射光线的能力,让人们可以从中看到与自己一模一样的脸。就像镜像一样,这张照片是一种光学记录,用银制成。从一开始,摄影的开创者们就把感光的银盐作为创造黑白图像的手段。然而,奇怪的是,对银这个当代的重要角色,似乎没有出现过任何文章来阐述关于它所代表的重要象征意义,因为长期以来,人们对银的象征意义已经达成了一种共识。选择银去表现纯洁、美德和女性,这给照片增添了意义吗?如何把它的价值和镜头的真实性与丰富性体现出来?这些照片就如同君王的那面镜子,会向人们传递幻灭的信息吗?还是它有能力净化画像里的人?当然,从一开始,摄影就源于对各式各样动机的追求,或是作为一种记录现实的手段,或是作为展示理想的手段。然而,谈到白银,作为这两种人类图像制作技术之间的桥梁,连诸如苏珊·桑塔格和罗兰·巴特等摄影领域的伟大评论家都只字不提。他们可能在摄影过程中使用了化学。在这里,纯银出人意料地作为黑骑士出现,而不是白骑士。照相制版取决于银盐在光作用下的化学转化,这一次它是纯银,最初作为单个原子释放,然后凝聚成微小的团簇,呈现出黑色。

1614 年，一位来自维琴察的医生安吉洛·萨拉第一次记录了在阳光照射下，硝酸盐自然变暗的过程。一个世纪后，银盐被用来将羽毛和毛皮永久地染成黑色。1727 年，来自马格德堡的约翰·海因里希·舒尔茨将纸覆盖在被银污染的白垩和王水混合物的瓶子上，制出一张文字照片。尽管有了这个示范，画家也会利用相机暗箱准确地重现风景，甚至 1760 年查尔斯-弗朗索瓦·罗奇出版了描述了摄影细节的小说《吉凡提》，但似乎没有人想到要把这些光学和化学过程结合在一起，将他们或他们的同胞的形象记录下来，保存数百年。摄影技术本可以发明得更早。

虽然这项发明的荣誉应该归谁是有争议的，但实际上没有人能独占功劳。法国人约瑟夫·尼塞福尔·尼埃普斯是第一个使用光学仪器（相机和一种氯化银介质）来制作原始照片的人。路易斯·达盖尔继续了他的工作，使用带有碘蒸气的镀银片，制作了碘化银胶片，然后放在想记录下的场景中进行曝光。光线击中碘化银后，它被转换回银，形成负片。然后，直接将胶片沉积在银镜表面上，再通过反转冲洗法，负片就变成了正片。许多其他人也为摄影术做出了重要贡献。包括汉弗莱·戴维、威廉·福克斯·塔尔博特和约翰·赫歇尔。但无论在阳光普照的世界和暗房之间穿梭的艺术家们，还是观察银从白到黑、从黑到白的化学家们，都从未停下来考虑他们视线里的银这种金属的深层含义。

· ·

二

全球信息网
Part.04

二

克里斯托夫·雷恩在 1666 年伦敦大火事件后重建伦敦的设想是顺应时代的产物，这也是一项基于现代科学的合理宏伟的计划，可以扫除因火灾而造成严重破坏的中世纪街巷的种种糟粕。但这个城市规划最后只在很小一部分范围得以实现。雷恩设想的改造范围从卢德门到奥德门西面再到东塔，最后抵达四通八达的大广场，可惜这个计划未能实现——因为在君主立宪制恢复后不久，这种过于宏大的巴黎式设计太过于彰显封建君主制了。这个计划的核心——圣保罗大教堂，按照雷恩的设计被重建，现在这里已经作为建筑师们心中理想城市的象征，一个可以理所当然地宣称为现代罗马的地方。

为了想出一种方法来完成他设计的史上最大圆顶，雷恩研究了世界上许多伟大的圆顶建筑，从意大利、拜占庭和伊斯兰建筑，包括君士坦丁堡的圣索菲亚大教堂，希望从中汲取灵感。其中他认为最伟大的设计是罗马万神殿的混凝土拱顶，它外表覆盖的青铜在 1625 年被教皇八世挪用去建设更紧迫的建筑。伦敦的新教堂建设受到天气影响,雷恩最后决定用纯铜打造穹顶,它可以比其他金属打造得更薄,从而可以建成一个轻型屋顶,需要更少的支柱,允许最多的光线穿过庞大的内部。

对雷恩来说,铜既有视觉和象征上的优势,也有结构上的优点,随着时间的推移,这种金属会生出一层淡绿色的铜锈,它将使这个圆顶成为这座重建的城市中最显著的特征。在众多教堂的石塔和尖塔中,圣保罗大教堂无疑将成为一个新科学时代的里程碑。然而,建筑师对铜的偏爱在议会中遭到了反对,就像他之前夭折的城市计划一样。丹尼尔·笛福曾亲自从他的蒂尔伯里砖厂里为雷恩挑选建筑材料,在《从英国到威尔士的旅行》中,他描述了讨论是如何以真正的英式实用主义路线继续下去的:为了回应那些认为"铜盖和石头灯笼太重"的人,雷恩坚持认为,他的结构不仅可以支撑屋顶的重量,还能支撑起额外的7000吨的重量。至于他自己,笛福赞赏雷恩的屋顶为"厚颜无耻的欧洲大陆设计"。这个穹顶很可能最终成为真正的议论焦点。

雷恩还想以铜来装饰自己和科学家罗伯特·胡克在圣保罗大教堂附近为大火灾起火点而设计的纪念碑。显然是不经意的讽刺,建筑师提议在纪念碑顶部一个直径9英尺(约2.7米)的铜球作为装饰。因为这从远处看过去很美观,而且,人可以进入其中,偶尔还可以在上面放烟火。然而铜再次被认为太具革命性了。最后采用的是国王最喜欢的一个早前的设计,一个"镀金的金属球"。

火灾纪念碑的设计草图

∵∵

最终,圣保罗大教堂的圆顶是用灰色铅皮建造的。铅的重量要更重一些,这需要雷恩在设计上重新思考要如何连接金属板才能支撑起这个重量。据估计,铅顶的重量要比铜顶重 600 吨,这一事实给了反对雷恩设计铜顶的人们重重的一击。不过,雷恩在计算上也许对了,然而他却对这种情形下英国人的性格做出了致命的错误判断。300 年后,人们根本无法想象这个熟悉的地标如何用红色金属或绿色的新铜来封顶,随着城市大火而引起的酸雨不断地落在上面,这个顶也会渐渐失去颜色。对一个天色常年灰蒙蒙的国家来说,铅做的穹顶似乎是如此合情合理,以至于我们很少会去想之后可能会发生什么。

铜最终还是通过一条小小的路径进入了圣保罗教堂的圆顶。1769年,本杰明·富兰克林亲自造访了英国,并亲自监督在教堂顶上安装避雷针。富兰克林早年为了证明闪电是电气化的,进行了一项在雷暴中放飞风筝的实验并且因此一举成名。

他提倡在建筑和船只上都要安装这根细细长长的、铁制的避雷针。三年后,圣保罗大教堂被闪电击中,当避雷针挣扎着把电荷导入地面时,发出炽热的红光,大教堂再次受到火灾的袭击。在此之后,富兰克林的避雷针就被一种更昂贵的铜取代,它可以更有效地导电,并减少火灾的发生。

铜所具有的独特属性可以与各种材料组合,在漫长的历史进程中,它的这一特质被人类发现并加以利用。从 6000 多年前它开始被人类利用,就再也没有失去它的重要地位。其中最引人注目的当然是它的颜色。它是唯一的红色金属。这给了铜一个特殊的地位:它和黄金是所有金属中仅有的两种有色金属。在新大陆上,欧洲的探险家,如北方的乔瓦尼·卡博特和南方的科蒂发现了铜被用于珠宝和祈祷仪式中。佛罗伦萨的航海家乔瓦尼·达·维拉扎诺则认为,当地人对铜的评价要高于金。人们普遍认为,纯铜本身的红色与蓝绿色含铜盐类之间的颜色对比也很重要。这种对立性被认为象征着阿兹特克人和非洲马里的多贡族在文化上的多样性,他们认为在褐色金属被腐蚀后产生的绿锈象征着雨后复苏的植被。

铜的第一个用途是其延展性。它足够柔软,可以被制成有用的工艺品;又足够坚硬,使这些工艺品有使用价值。古埃及人用铜做剑、头盏甚至排水管。铜的储量丰富又极具延展性,因此作为钱币它比黄金和白银更实用,但有时也会被人们排斥,因为它的面值与实际价值之间存在明显的差距。亨利八世被称为"老红鼻子",因为他用大量铜去铸银币,而银币肖像上国王的鼻子部分,在银币磨损时就会变红。后来的创新使铜可以被机器轧成薄片,生产出如今大家很熟悉的屋顶材料,用于欧洲大教堂的穹顶及当时北美的新国会大厦。

接下来,铜的导热性和导电性也被大众所认可。19世纪初,美国爱国者保罗·里维尔制作了以铜为底的锅和平底锅,一举成名。与此同时,电力学家发现,除了银之外,铜的导电能力比其他任何材料都强。亚历山德罗·沃尔塔利用锌和银制造了他的第一个发电桩,但此后大多数电池都使用了铜。

铜的最后一个特性是延展性,这一特性使铜在人类改造世界的过程中发挥了巨大的作用。事实是,铜不仅可以被轧成薄片,而且还能被拉制成电线,这种线不仅能导电,还创造出了全球第一个信息传播网。

世界上的电缆依赖于一些在相对较短的时间内取得的关键突破——电池可以提供稳定的电流;电流计能检测到电信号,并通过针的偏转来显示电流强度;铜炼至高纯度就可以有效导电;古塔胶是从马来西亚的人心果树上获得的一种树脂类橡胶物质,具有绝佳的绝缘性能。

1790年,弗朗西斯科·萨尔瓦发明了第一条最初的电报线路,它能够把电火花从马德里传送到50公里外的阿兰胡埃斯。萨尔瓦建议把字母表中的每一个字母都单独连一根线,火花按顺序短暂地照亮字母,由此就能获取完整的信息(他甚至还考虑过把每根电线和一个人连在一起,好让他们在每次受到电击的时候都能大声喊出这封信)。在随后的几年里,很多人尝试了许多同样古怪的发明,因为在拿破仑战争期间,人们显然需要一种更有效的交流方式,而不是像摇旗帜、用灯光传递信号这类方法。但是,对电现象基本常识的缺乏使他们的努力都化为了泡影。直到1831年,迈克尔·法拉第第一次用铜线绕着铁圈进行电磁感应,才使我们能更好地理解各种电和传导物之间的关系。

1837年,查尔斯·惠斯通和威廉·福瑟吉尔·库克在伦敦的尤斯顿和白垩农场之间一条新铺设的铁路上修建了一条2公里长的线路,进而发明了一种更实用的电报。2年后,在帕丁顿和西德雷顿之

..

间的西部大铁路上也建立了类似的实验连接,并在 1843 年延伸到斯劳。

电报机很快就声名大噪,因为当时一个名叫约翰·泰恩的人,在镇上谋杀了一名女子后不久,就登上了一辆开往伦敦的火车企图逃跑。他没能阻止那些机敏的车站工作人员在他消失前打电报通知警方,所以当他在帕丁顿一下火车,警察就逮捕了他。

1838 年,美国发明家塞缪尔·莫尔斯在英国为自己的电报系统申请专利。英国物理学家查理斯·威特斯通利用自己的关系,以确保竞争对手的申请被拒绝,所以莫尔斯只好满足于在威斯敏斯特教堂占有一席之地,在那里,他见证了维多利亚女王的加冕典礼,并在之后回到美国,获得了以他的名字命名的电报编码专利。

从这些不起眼的小事开始,科技进步发展飞快,因为发明家们给自己设定了一个又一个的远大目标。最大的挑战与 50 年后的飞机试飞是一样的:首先在英吉利海峡尝试铺设海底电缆,然后是大西洋。海底电缆带来的挑战远比陆地电缆大得多,陆地电缆可以简单地埋在地下或用支架支撑,而海底电缆却必须卷绕在定制的特殊部件上,然后被特种船只送出海。1850 年,雅各布·布雷特和约翰·沃特金斯成功地在多佛和加来之间铺设了一根由马来西亚古塔胶做的绝缘铜缆,但在一天之后,连接就中断了。

据悉,渔夫捞起了一截电缆,看到了闪闪发光的金属,以为自己发现了黄金。第二年电缆就被换成了更耐用的样子:四条独立的绝缘电线,由麻绳、焦油层和铁丝加固。在接下来的 10 年中,英国和爱尔兰、丹麦和瑞典的电缆相继连接起来,意大利途径科西嘉岛和非洲的电缆相连。跨越新不伦瑞克、缅因州和北美其他地区,纽芬兰岛与新斯科舍也连接了起来。为了完成欧洲和美洲之间的电缆连接,目前剩下的全部工作就是跨越近 2000 英里(约合 3219 千米)的大西洋,从爱尔兰连接到纽芬兰岛。

这次更深更远的海底连接,在技术上提出了更高的要求。在电缆的中间点增加信号是不可能的,而它们还要与陆地上的电缆相连,所以铜缆必须是一个单一长度的整体。工程师们还必须把由于电线电阻和海水浸泡所造成的信号损失降到最低,因为海水本身就是一种高传导介质。苏格兰物理学家威廉·汤姆森,即后来的开尔文勋爵,当时被任命为大西洋电报公司的科学顾问,他很高兴能去解决这个问题,因为这使他能够在实际工作中实践他的电磁学新理论。他给他的朋友赫尔曼·冯·赫姆霍尔兹写了一封信,其中写道:

> 这是数学分析中最精彩的主题,不能去粗略估算;而每一个实际细节,如不完美的绝缘材料,收发仪器上的差异性,古塔胶本身和被麻绳、焦油包裹一层之后的绝缘能力……每个细节都是一个有趣的数学新课题。

汤姆逊主张使用一种粗铜线,通过它可以使用灵敏的探测器来运行小电流,但他被公司的其他人超越了,因为他们用更强的信号来通过窄电线的方案更便宜。

世界上一第一个成功的跨大西洋电缆在1857年夏天建成;与此同时,大英博物馆的阅览室里也建成了当时世上最大的铜制穹顶。8月,两艘庞大的军舰——英国的阿伽门农号和美国的尼亚加拉号护卫舰运载了1200根2英里(约合3千米)长的钢缆,事先接成8根各300英里(约483千米)长的电线,从爱尔兰西岸的瓦蓝提亚湾出发了。电缆的重量约为每海里(约合2千米)1吨,其中大部分重量是钢丝和绝缘表层;铜的重量只有每英里107磅(约合49千克),而铜缆芯的粗细则不会超过铅笔芯。

由于最后的计划是为航行准备的,汤姆逊进行了最后一次至关重要的研究,他发现铜的纯度会极大地影响它的导电性。实际上,他在登船前的最后一次行动是向英国皇家学会宣读一篇"关于各种商业铜的电导率"的论文,他在这份报告中发表了他重要的新发现,但并未引起注意。尽管在科学上还存在不少疑虑,汤姆森还是尽职尽责地在阿伽门农号船上担任大西洋电报公司的董事,而塞缪尔·莫尔斯则在尼亚加拉号上与晕船和腿部受伤做斗争。

出现任何情况,电缆都可能无法正常工作,从瓦蓝提亚湾仅铺设了400英里(约合644千米)的距离,电缆就断了,首次出师就这样无功而返。第二年夏天,又有两个人尝试用同样的船来完成这项工作,并使用

. .

了同样的电缆。第一次被非季节性的特大风暴袭击；第二次尝试在开始似乎是成功的，全城张灯结彩、一片欢腾，但好景不长，在不到一个月的时间里，信号便再次中断。随后的一项调查显示，为了提高信号强度，当时使用了比原定设计更高的电压，所以电缆绝缘被击穿，而这正是威廉·汤姆森所担心的。

英美两国的关系在美国内战期间恶化，以至于林肯总统放弃了原先的大西洋计划，更倾向于向沙皇亚历山大二世提出建议，从阿拉斯加连到西伯利亚，再经由俄罗斯抵达欧洲。然而，一根永恒跨越大西洋的电缆最终在 1866 年由布鲁内尔设计的蒸汽船"大东方号"运载铺设成功。《纽约时报》的一名记者把它比作一头"拉着蜘蛛网"的大象。此外，一年前被丢弃的电缆也再次被捞起，作为备用线路，双线电缆为痛苦的电信企业股东们提供了保障，这一次，终于不会再失联了。这些电缆的设计已经按汤姆森之前提出的方案进行了修改，7 根线使用了 3 倍的铜——总共 365 吨——每一根的纯度和传导性都要提前经过测试。

在电缆顺利运行后，其中一个工程师在瓦蓝提亚湾的那段电缆上做了一个简单的测试。他把这两行电缆连接在纽芬兰的一端，然后用一个锌片做了一个小的电解槽，在顶针上涂上一层酸。然后，锌被连接到电缆的一个铜末端，而另一个铜末端则浸在酸中。由这个临时电池所产生的单伏电压足以驱动电流在 3700 英里（约合 5955 千米）的海洋来回一趟。

在许多国家政府的支持下，横跨大西洋和其他地方的电缆也迅速建立起来，而英国在此时已经试图用电缆连接其所有领土。1901 年，在维多利亚女王长达 63 年的统治的末期，电缆船"不列颠"号把从澳大利亚到新西兰途径诺福克岛的跨太平洋电缆、斐济和遥远的范宁岛到温哥华的电缆，用粉红色的铜铺设完成，最终在地图上完成了粉色国家联盟。

今天的世界已经被铜缆包裹，要不是光纤、卫星和无线网络的出现，半数以上的铜矿依旧被用于电缆及各种通信和电子设备。在很大程度上，铜已经成了文明的象征，正如当年雷恩用它来制作圣保罗大教堂的穹顶时所坚信的，它终有一天会在文明的长河里占有一席之地。

二

话说锌元素
Part.05

二

这世上大概没几个人能像普鲁士建筑师卡尔·弗里德里希·申克尔一样，让自己设计的柏林城市建筑如此彻底地出现在纪念邮票上，当然他也擅长哥特复兴风格的设计，但多数还是以受希腊影响的新古典主义而闻名于世，他的作品充满了各种繁复精湛的细节。他用这种风格设计了柏林众多的文化建筑，从而造就了今天这座宏伟庄严的城市，例如柏林剧院、阿尔特斯博物馆、柏林音乐学院及为他的资助人——弗雷德里克国王威廉三世及其继承人在波茨坦附近设计的教堂、别墅和其他建筑。

这些建筑风格特征鲜明，令人印象深刻，因为它们在艺术上深受法国学院派影响，但主题又凸显了普鲁士最近赢得的普法战争。但表象有时带有欺骗性。申克尔最开始是设计剧院，他为歌剧《魔笛》设计了著名的半球形群星天穹背景，有时候他更关心的是达到自己要的效果而不是真实感。所以，那些点缀在他建筑上的飞檐和山墙，看上去像是由石头或青铜做的，实际上有时是用中空的锌做的。申克尔还设计了德国最高的军事奖章——铁十字勋章,但即使是这枚勋章,也有一部分是锌做的。

在铁、铅和锡被发现后的数千年,锌才被采纳为有用的金属元素。13世纪印度的一篇文章描述了这种金属是如何通过加热炉甘石(一种传统药剂,主要成分是氧化锌及一些有机物)提炼得到的,这使锌成为唯一一个拥有明确诞生日期的元素,而西方科学也就无法轻易窃取这个胜利果实了。与锌有关的消息经由中国传入欧洲,这是第一次在世界范围内如此大规模地开拓锌。著名的炼金术士帕拉塞尔苏斯在16世纪发布了有关新金属的预测,果然不久之后,锌制品的样品就上了西方的贸易船。直到18世纪,锌的矿床才被找到,锌才得以在欧洲冶炼。

锌在古代金属和现代金属之间陷入了一个尴尬的境地,它被科学的独创性和工业革命的威力所嘲弄。数千年来,锌的不明确地位是由于它常与黄铜混淆在一起(黄铜是一种铜和锌的合金,因为铜和锌的矿石常常一起被开采出来,所以黄铜早在锌之前就为世人所知),不被人所知。锌很快就找到了适合自己的应用领域,但尽管它出现的方式迂回曲折,却没有像铜之于克里斯多夫·雷恩那样,被冠上明显的文化符号。

对申克尔来说,这段空白期也成就了无限可能。这位建筑师成了19世纪30年代出现的锌制造厂们最大的客户,他在后来的一些建筑上用锌做雕像和装饰,并鼓励其他建筑师也这样做。这种"白色青铜"很快就成为各种雕塑上的流行元素,尤其是在因重量和成本的原因

锌材质的雕像

不能使用黄铜的地方,它们通常是从金属板上压制出来的,而不是直接铸造成型。锌制的装饰很快开始在公墓和花园的天使雕像上流行起来,这种趋势传到了美国,莫里茨·西利格在1848年德国闹了革命之后,就在布鲁克林建了一个锌铸造厂。就像申克尔在柏林一样,他很成功,是因为美国各地的市长们都想要用尽可能少的预算做成尽可能宏大的雕像,来装饰他们的城镇。当时伫立在美国各州的公园、广场上的正义和内战纪念碑,大多是从莫里茨的贸易目录中挑选出来的,可惜现在大部分都已经被拆除了。

那时锌已经在建筑领域很有市场,但可能地位并不重要。然而,一座非凡的柏林建筑可能会改变这种状况。1989年,丹尼尔·里伯斯金赢得了在德国首都柏林建造新犹太人博物馆(之前的旧博物馆在希特勒上台的前3个月,即1933年开业)的任务。这个年轻的美国风的设计,把勋伯格极具破碎感的音乐、瓦尔特·本雅明孤独尖锐的作品及其他犹太知识分子为丰富日耳曼文化而进行的创作组合在一起,从165个参赛作品中脱颖而出,最终用其卓越的才华和复杂程度打动了评委们,但人人都担心这建筑根本盖不起来。还好这个神作最后还是付诸实现了,在1999年竣工后,它受到世人的高度评价,甚至在内部还空无一物时,就已经向公众开放了。参观者们付费进入走过空洞悲凉、扭曲破碎的隧道和逼得人只想不断后退的空间,这些空间似乎可以操纵透视感甚至重力本身,金属营造的整体氛围会使人产生强烈的不安感。

建筑的整体外观也同样令人不安。整个平面造型呈现出锯齿状的折线,建筑所有墙面都被平行四边形的镀锌板覆盖。在这些立面上,有斜线状的开窗,每个斜面的角度看似随意,可能描绘的是解构的六芒星或某种漂泊与恍然若失之感。

里伯斯金解释说,他选择锌是为了响应申克尔的号召,也为了使外观看上去与毗邻的柏林博物馆和谐一致,那里的窗户也是用锌做成的框。但锌这种材料特别适合这里,是因为它有更深层次的象征意义。我发现,在很多对梦的解释中,锌往往与迁移有关。所以用这个博物馆来纪念不断移民的犹太民族是个很自然的选择。这一象征意义或许可以解释为锌被发现时糟糕的历史时机,因为它被发现得太迟,无法与炼

德国首都柏林的新犹太人博物馆

金术中的太阳系行星配对。铜、铁、锡和铅在炼金术里都和一个行星有关联(具体关联因各种传统而有所差异)。但锌却是独立的,锌也被认为是一个向着目标坚定前进的象征,用来形容建筑的话,利伯斯金形容它"一直都处于边缘"。

锌更通常与保存和葬礼联系在一起。伊夫林·沃的《独家新闻》中主角的原型——记者威廉·布特被派去采访非洲内战,他把自己的行李装在一个雪松木旅行箱中,箱子用锌做内衬以防止蚂蚁进入。锌比铅更安全,价格也更低,所以经常被用于棺材的制作。我的化学顾问安德里亚·萨拉的童年是在意大利度过的,一直有一段深刻的记忆伴随着他,即当地人在葬礼的准备阶段,密封锌制棺材时钉上最后一个螺纹前,使用喷灯时发出的巨大声响。德国艺术家约瑟夫·博伊斯在他的一些作品中使用锌箱作为油脂的容器。虽然油脂是他的作品受到绝大多数关注的关键,同时也被认为是博伊斯作品的标志性材料之一,但锌也很重要,因为它代表了油脂的对立面:就像毒药和药膏一样,作为一种最终会打破的封印。由此而论,里伯斯金的建筑变成了一个巨大的石棺,隐喻着保存在大屠杀中被杀害的600万犹太人尸体的容器,也是使他们记忆得以留存的一种方式。

锌也用于跨国界的尸体运输。这种金属提供了双向屏障。它可以防止外界污染进入而加速身体腐烂,但同时它也有助于隔绝潜在的传染性物质。贝托特·布莱希特在一首诗中这样写道:"**在一个锌棺中埋葬了煽动者。**"它也是一个防渗透层,隐藏着一个阴险的秘密。这首诗与《给集中营里的战士们》结合起来,由勋伯格的学生汉斯·艾斯勒创作成音乐作品,出现在他庞大的德国交响曲中。这首曲子原本是要在与1937年巴黎世博会有关的音乐节上表演的,但纳粹的压力迫使组织者提议将声乐部分改为萨克斯,这样布莱希特的话就不会被公之于众了。艾斯勒自然拒绝了这个建议,在演出中换成了一曲之前的作品。这首完整的德国交响乐在1959年才第一次被公之于世。布莱希特的诗这样写道:

　　　　在这个锌棺材中,
　　　　躺着一名死者,

··

或只是他的腿或头颅，

或更少部分，

或者，空无一物，

只因他是个，

煽动者。

巴黎与锌有着更愉悦的联系。我每一个所到之处，所见的屋顶都是折坡式的白色金属屋顶，像白色床单连成一片。另外，这种材料还能取代铅和石头，这样屋顶就不再只是建筑物顶部的黑色盖子，而是与蔚蓝的天空融为一体。

锌元素经常在夜晚的酒吧中出现。在英语中有一种提喻法中经常出现元素——比方说我们使用铁，我们用镍(币)和铜(币)消费，我们曾经用碳印刷重要文件。但是在 20 世纪早期的巴黎，酒吧大部分都是用锌制造的。雅克·普莱维尔用"锌工"(Zingueur)去形容一个醉鬼①，就像这座城市广为人知的锌屋顶一样，在一个锌酒吧里，他把它变成了一首诗，而伊夫·蒙当又把它变成了一首著名的圣歌《祭祀继续》。我发现在巴黎左岸，靠近双叟和花神咖啡馆的拐角处，还有一家残存的"锌酒吧"。欧内斯特·海明威和格特鲁德·斯坦因或许也曾光顾过这个酒吧。如今，这里由一家连锁餐厅品牌继续经营，它对自己的"锌血统"引以为傲，并常常以此作为卖点。餐厅座椅涂上了金属漆，餐厅招牌上的字是用金属板切割出来的，就连菜单都被设计成金属灰色。一些奢华的新艺术运动风格装饰仍然支撑着这栋建筑。但是纯锌的装饰条长度还不及一个酒吧男侍从的手臂长，暗灰色的金属被变形雕刻成繁复的葡萄和葡萄叶图案，目前装饰在领班的接待台上。餐厅的对面是一个闪闪发亮的新酒吧，但它闪耀的却是另一种陌生金属的光泽。

我对此很困惑，于是找到了这些酒吧唯一的修补匠蒂里·内克图。在拉德芳斯商业区周围的内克图工作室、郊区商业区，蒂里·内克图揭示了他所有的作品实际上都是用锡做的，这份工作他们家从祖上开始已延续了三代。他告诉我，工作室里从来不用锌。"锌不能装饰在台面

---

① 醉鬼(zingueurs)与锌(zinc)开头的三个字母是相同的。——译者注

上,因为它不是食品级材料,不能接触食物,而且它会氧化。对它做冷切割、雕刻或清洁起来也不容易。锡则刚好相反。"我能从中发掘出一些意义。每个人都应该记得在学校曾做过锌溶于酸的实验,锌与柠檬汁或可口可乐水火不相容。

但是如果那些装饰是由锡制成的,那么这些酒吧为什么还被叫作"锌酒吧"呢?内克图对这件事的想法似乎有些异想天开。他对这个名字来源的猜想是:在酒吧开工前,他们从那些经常去酒吧酗酒的醉鬼那里得到了启发。这听起来不太合理。当然,锌酒吧曾经是货真价实的,而锡是对这种传统的假冒。我有一个会讲法语的祖父,他的拉鲁斯法语词典似乎证实了我这种猜想。《牛津英语词典》于 1922 年出版,当时正值锌时代的鼎盛时期,该词典证实了这个词的通俗意义,即葡萄酒的销售柜台,它的起源并不复杂,但也没有任何说明表明这些酒吧不是由真正的锌制成的。

平庸之路
Part.06

　　20 世纪初,现代主义文学的浪潮开始兴起,随着《尤利西斯》和《荒原》的诞生,现代主义文学终于在 1922 年真正被引爆。那一年我在布鲁姆斯伯里的上流社会看的第一场音乐会是《门面》:音乐由 20 岁的作曲家威廉·沃尔顿作曲,伊迪丝·西特韦尔作词,她是一位诗人,也是一位英国怪咖,喜欢通过扩音器在幕后把她的台本念出来。私人独奏会的 20 多名听众都有着不同的困惑和兴奋。第二年的公开演奏会,她不出所料地遭到了大众的嘲笑。

　　正是在这段疯狂的实验期间,伊迪丝的弟弟奥斯伯特委托另一名成员莫里斯·兰伯特为他的姐姐做了一个头部的雕塑,它比实际头部略小,雕塑现在保存于西特韦尔在德比郡的祖宅雷尼绍庄园里,伦敦的国家肖像画廊也有她的画像展出。雕塑的头部原本是小小的椭圆形,由长长的、曲线柔和的脖子支撑着。精心修剪的短发与尖锐的鼻梁,也许和撒克逊式头盔的相似性并非偶然。但任何原始主义风格都被其材料所抵消:头像是用铝铸造的。

无论是当时的西特韦尔家庭的后人还是她的传记作者，都不知道当初是谁选择了铝作为雕塑材料。莫里斯的传记作者和他的作曲家兄弟康斯坦特·兰伯特都说不清。几年之后，兰伯特用青铜制作了威廉·沃尔顿的头像雕塑，由此我们可以推断出，相比兰伯特，用铝做材料更有可能是伊迪丝的想法。可以说，对材料的选择，无意间反映了对伊迪丝的艺术项目的大多数批评意见：既没有分量又不必要。

在英国，你必须是一个怪人，才能看到铝的优点。人们既想让

伊迪丝·西特韦尔的头部雕塑

金属更实用，又舍弃不了对新科技的好奇心。当英国人还处在冷兵器时代，法国和美国人已经把铝变成了象征着进步和现代化的东西：家居用品，比如像夏洛蒂·贝里安和查尔斯·伊莫斯的家具腿；譬如清风（Airstream）牌拖车和第一代雪铁龙2CV的轮子。铝切断了与过去的纽带，带来了自由和解放的新希望。灰狗巴士标志性的铝带装饰承载着一种自由宣言，它由法国移民美国纽约的工业设计师雷蒙德·罗维设计，设计风格浮夸而张扬。

在铝还远没有流行之前，它就享受了短暂的帝国恩赐。这种现在无处不在，对我们来说和钢一样重要，也比任何在远古就被发掘的金属更容易获取的物质，直到19世纪20年代才被单独分离出来，直到19世纪50年代，人们才发现了一种将它商业化的方法，就是把它从矿石、铝土矿（bauxite）中分离出来。铝土矿是以开采地普罗旺斯的莱博镇（Lex Boux）命名的，如今你仍能站在该镇的山坡上俯瞰白色的采石场。法国化学家亨利·圣·克莱尔·德威尔在巴黎开发铝的过程，需用钠金属加热铝，而钠单质很难获取，这使他制作的铝非常昂贵。尽管

现在看起来有点不可思议,但当时铝和黄金、白银一样,被认为是一种新的贵金属,它的高成本和异国情调弥补了它的低密度和漫反射光,它被获取和被炫耀的方式也同时影响了它的地位。

德维尔在关键时刻取得了突破。从"土中获取银"的新传闻让整个巴黎都兴奋起来。在 1855 年巴黎世界博览会上,德维尔首次展出了几块铝锭,它们受到了拿破仑三世的赞誉,在德维尔获得了经济嘉奖。当时,这种金属的价格是每千克 3000 法郎,是白银价格的 12 倍。这对于那时最伟大的工匠来说是一种激励,而不是威慑。著名的金匠克里斯托弗对这种新材料产生了兴趣,并制作了第一批纯手工打造的铝制餐具和珠宝。据说,拿破仑在举行宴会时,最受尊敬的客人都使用铝餐具,而平民则用金银餐具来招待。拿破仑的儿子和继承人、1856 年出生的王储尤金,被赐予了一个铝制的摇铃,这是一个明确的信号,表明这个国家应该接纳新事物。帝国卫队旗杆上的铜鹰装饰,应他们主人的要求,用铝重铸。尽管像克里斯托弗这样的手工艺人用这种金属做装饰主要是因为它在当时被公认为是贵金属,但拿破仑却认为铝的轻盈才是它最有价值的地方。我们会在此时看到一些物品在功能和外观上已经超越了这个时代,譬如奖牌和观剧用的望远镜。但在工业革命的巅峰时期,由于铁在无数伟大的工程中被广泛运用,铝的潜力就没有得到更深层的挖掘。

在《有闲阶级论》一书中,托斯丹·凡勃伦对比了一把银汤匙和一把铝制汤匙以证明他的观点:物品的商业价值往往是基于它所具有的美感,同时也与它昂贵的标价息息相关。凡勃伦效应指的是一种社会效应而非商品的实际功能;他想表达的是,当我们知道某些东西很贵的时候,我们就会觉得它们更有价值。19 世纪 90 年代,当凡勃伦创造出"炫耀性消费"的概念时,铝的价格很便宜,铝匙的售价大约是 10~20 美分,而银匙却要很多美元。我们虽然知道轻便的铝勺更容易使用,但还是会选择银匙,因为它更"符合我们的品位"。而铝匙的轻贱、机器制造和平凡无奇都使我们最终抛弃了它。

然而 1855 年,拿破仑三世的资助彻底扭转了局势。短时间内,在罗浮宫宫殿的大厅里,铝被巧妙地加工,并由于轻盈和苍白带来的神秘感而备受赞赏。然而,皇帝不希望这种情况愈演愈烈。他诞生了一个新想法,即利用这种新金属来制造盔甲和武器,1856 年,法国科学院设计了一个铝制头盔的原型。当时许多有识之士都觉得它坚固耐用,除此之外也蛮漂亮。但他们也不得不考虑它昂贵的成本。又过了将近一个世纪,拿破仑把铝作为一种实用金属的期冀才得以实现。

比尔·布莱森在《万物简史》一书中指出:美国国会在华盛顿纪念碑顶上铺了一层闪闪发亮的铝箔纸,"**以展示我们已经成为一个多么优雅、繁荣的国家**"。事实上,纪念碑表面确实是覆盖了一层铝,尽管这项工作没有布莱森暗示的那么具有象征意义,但还是起到了一些作用。美国国会在 1783 年开始了这一计划,起初只是批准造了一位将军骑马的雕像,这位将军曾带领他们走向独立。6 年后,乔治·华盛顿成为美国第一任总统,任期为 8 年。华盛顿在 1799 年去世时,以他的名字命名的城市正蓬勃发展。国会大厦的落成,是新古典主义建筑风格首次走向民主主义。此时人们需要更宏伟的雕塑以纪念国父。我们今天在国会大厦和林肯纪念堂轴线相交点上可以看到,1848 年,安放了华盛顿纪念碑第一块巨大的大理石奠基石;1885 年,完整的碑体落成。

当时,这个世界上最高的人造建筑,其最高的 22 厘米顶部,是由一个由铸铝的闪电形金字塔组成的,它的塔尖像铅笔一样锋利。人们考虑了各种金属,包括铜、青铜和黄铜,然后再镀上铂。美国陆军工兵部队的托马斯·凯西上校选择了铝,"因为铝有着鲜明的白色调,而且它表面被抛光后,在接触空气时不会失去光泽"。从铝制金字塔往下,铜避雷针如蛛网盘,一直延伸到地面。把铝放置在这样的一个灯塔般的位置上,并没有任何文化上的深层含义,但这个重要时刻仍然留存在大众记忆中,尤其是留在了美国铝工业发展的史册上,它们一直在利用着铝与华盛顿之间的联系。铝现在的价格是 1 美元 1 盎司,和白银差不多——幸运的是,这座纪念碑一完工,铝的价格就开始下跌。但在 1884 年 12 月,在这座小小的铝制金字塔在纽约被公之于世之前,它仍被视作一种贵金属:展览在著名的第五大道珠宝商蒂凡尼店中举行。圣诞节购物的人群都争相参观这座即将比任何人工制品放在更高处的铝制金字塔。

这些闪亮的装饰可能是从实用角度出发的,但无论是否是故意为之,它们同时也是中央政府的宣言。拿破仑三世的餐具和华盛顿的纪念碑都是国家对现代化发展方向的明确承诺。其他元素,比如本书之后会提到的氖和铬,则代表着一种对未来的期望,它们受到热情的欢迎,价格便宜,令人愉悦,于是迅速被广泛运用。铝是一个供消遣的玩物和领导人的计划,因此其地位不会长久。

根据铝材公司的历史,铝的应用是一个逐渐平庸化的过程。在过去的一个世纪里,铝经历了从珍贵到普通,再从普通到平庸的过程——如同铁和铜在千年来的发展历程。导致这些变化最关键的契机,就是某次,一个法国人和一个美国人把铝从贵金属宝座上拉了下来。在1886年,保罗·埃鲁和查尔斯·马丁·霍尔两人都是 20 多岁的时候,分别独立研究出利用电解法而不是与钠反应来提炼铝的过程,这种金属在今天仍旧是通过电解法提炼的。由于铝的价格远远低于银,发展到最后,甚至低于铜,像克里斯托弗这样的制造商就对它失去了兴趣,它开始作为新的工业用金属去履行全新的使命。这一复杂的提炼方法更凸显了铝的现代性:广泛使用电力引发了“第二次工业革命”,而铝被认为是 20 世纪技术的最佳体现。

美国和法国可能率先普及了铝的应用,但它们在这个词的拼写上有分歧。即使伟大如作家亨利·路易斯·门肯也很难解释这一点。他在《美国语言》一书中坦诚道:“在美语里,铝是如何失去第四个音节的我不清楚,但现在美国学术界都把它变成了‘aluminum’,而英国的学术界还坚持使用‘aluminium’。”有消息称,这可能是受到查尔斯·霍尔的影响。他为电解提炼过程所申请的专利里称为“aluminium”,而他推广“铝”时所用宣传材料上,用的却是“aluminum”,无论是故意为之还是印刷错误,现在都已经无从考证。美国在传播和使用时选择了其中较简短的词;而在法国、英国和欧洲其他国家,这个额外的音节却依然存在。

但有时我们也许可以换个思路,不去纠结这个单词为何会被缩减音节,而是在英国的老学究们中间探寻一下,是谁当初坚持要留下这个额外音节的。汉弗莱·戴维曾多次试图分离金属,他在分离出氧化铝(对最初想法的改进)之后,直接将其命名为 aluminum。但在之后的1812 年,一位匿名评论家针对戴维发表在《季刊评论》上的《化学的哲学基础》一文,反对这种不够古典的发音,建议忽略铂、钼和近期才被命名的钽,而是与其他许多以-ium结尾的元素保持一致。

霍尔·埃鲁特的实验提供了新的灵感。由于电力的迅猛发展,铝作为地壳中最丰富的金属元素,终于可以为人类服务了。铝被广泛应用于早期运输中,它自身的轻巧是一个很大的优势。法国汽车制造商雷诺和雪铁龙一直以其创新设计而闻名,在20世纪20年代,他们对铝做了全面的研究。起初,它们用铝来代替车轮和装饰,但并没有取代重型钢板,比如轮毂帽(法语里叫"装饰",意为"美化")。后来铝逐渐被更广泛地应用在工业机械和定制交通工具等领域,如铁路运输和送货车。1933年,在芝加哥世博会上展出的一辆铂尔曼铁路客车,其重量仅为传统钢客车的一半。1937年的巴黎世博会展出了一个铝的特色展区,铝被广泛应用在亚历山大三世桥、阿尔玛大桥和城市之光展区。

但只有当铝被压紧并弯曲成诱人的流线型时,才真正释放出它的浪漫。1931年,一架载有著名足球教练的木结构客机在飞往洛杉矶时坠毁,铝开始被更广泛地应用在客机外壳和骨架的制作上。像道格拉斯DC-3以及好莱坞明星的私人飞机这样的交通工具,激发了小汽车、公共汽车和移动房屋等地面交通工具的模仿灵感,那些闪闪发亮的、圆融的形状也为大萧条后的美好生活带来了一丝曙光。纽约无线电城音乐厅的装饰以弯曲的铝带为主。但气流拖车可以跑得最远,外壳上甚至仿造飞机面板覆盖着铆钉线。那时欧洲的飞机,引用某些评论,更像"少了个茅草屋顶"的吉卜赛大篷车。在《林白征空记》这部电影中,查尔斯·林白在1927年就是驾驶着这架美国制造的全铝外壳的机体,从纽约横跨太平洋飞抵巴黎,完成了这项创世之举。

铝迅速进入国内市场,受到工业设计师和家庭主妇们的热情欢迎,人们欣赏它的轻盈且无须擦拭。这种金属可以被加工运用在全新的领域,这也增加了它的现代主义魅力。最具代表性的处理方法是罗素·赖特的设计,他将熔化的金属注入旋转模具。玛丽·麦卡锡在她的小说《群体》中,称赞赖特的发明为"新奇的旋转的铝"。铝取代了以前锡制的厨具。因为它的保温性高于铜和铁,所以非常适合做成烧煮、上菜用的锅碗瓢盆,这对没有仆人的家庭来说是件好事。家里到处都是光滑的圆形,加上旋压工艺和后期抛光,为流线型的设计打开了一片新天地。

· ·

第二次世界大战后,新的需求与新的产能相匹配,铝开始被考虑用于建造整个住宅。在美国堪萨斯州的威奇托,高瞻远瞩的设计师诗人理查德·巴克明斯特·富勒为了庆贺他的成就,把整个飞机制造厂改造成了一栋铝制的圆顶房屋:

> 漫步在一个圆屋顶上,
> 那里曾带着格鲁吉亚和哥特式的风范,
> 现在,化合物保护着我们的金发女郎,
> 连水管看来都体面异常。

基于圆形的设计,富勒的房子看起来像拉塞尔·赖特 10 年前设计的居住式的船只。在法国,金属配件界的先锋设计师让·普鲁韦,用铝嵌板为战争中无家可归的人建造了紧急避难所,并为在法国西部的非洲末代殖民地居民设计了平装金属房屋。英国人也在 20 世纪 40 年代建造了成千上万的镀铝房屋,尽管与法国和美国的现代小屋相比,它们稍显无趣。

富勒的圆形房子从未流行过,但他使用的铝太便宜、太实用,很难被人忽视。这个大胆的战后实验遗留下数千英亩的铝墙板,它们在 20 世纪五六十年代,被挨家挨户地上门推销,作为最新的防晒防雨设施进入美国家庭,直到铝被下一个流行物质乙烯所取代。以此为主题,1987 年的电影《锡人》,虚构了两个 "房屋锡壳" 推销员的诈骗出轨行为。他们出售的金属曾经被皇帝当作嘉奖,现在则被贬为纯粹的锡,这是一个明确的信号,表明铝的 "平庸化" 的过程已经完成。

从犁头到刀剑,再回到犁头,这正是铝的独特之处,相较其他金属,铝有更高的剩余价值,因为铝矾土的电解萃取是非常耗能的。正如拿破仑三世所梦到的那样,他的铝制餐具可能会被转化为战斗装备,因此英国的比弗布鲁克勋爵在二战时,通过他的新闻帝国,呼吁英国人民交出他们的铝器皿,"将之变成喷火和飓风式战斗机"。战争结束后,优先权突然颠倒,1946 年的 "英国做得到" 展览目录解释了战争时期的生产方法是如何使一个国家的铝 "从喷火式战斗机回到平底锅" 的。

也许这确实发生了,尽管大多数人都没有意识到这一点。在多塞特的一个古董集市上，我在"镁铝之光"区，购置了一套 20 世纪 50 年代生产的佩科特牌茶具。它是全新的，还闪耀着一种不同寻常的淡紫色光泽。但是，"镁铝合金"是什么呢？除了字面上另一种明显多余的金属之外，还有什么其他意义？卖家对我说，这套茶具是由战时飞机的零件熔化制成的。我喜欢这种设计，它让铝从一个崇高的地位螺旋下行，走进家庭生活中。"镁铝合金"大概是铝和镁的复合材料。镁的密度大概是铝的三分之二，这两种合金在战争中结合在一起，制造出了一种比纯铝更轻、更坚固的合金，但相对成本也更高。

但我还是心存疑虑。首先，这些茶具组件看起来相当重，甚至是厚壁铸件。它还有一个标签是"老式工匠基恩·皮克设计制造"。我从未听说过这位设计师，也从未出现在常规的设计资料中。

这位基恩·皮克先生（也许是女士）很快就变成了迟钝的英国制造商们虚构的合作伙伴，伯雷奇与博伊德，大概是为了充分利用铝在法国创新者手中获得的声誉。

现在我完全怀疑了。我决定要做一个简单的测试来揭秘镁铝合金的神秘成分。我拿了唯一一个没有木柄的牛奶罐，先称重，然后把它浸入水中，来估计金属的体积。用它的密度除以另一个物质的密度，这是

佩科特牌镁铝合金茶具

··

一个判断它是由什么金属制成的重要的方法。它的密度在 3.9 左右，超过了镁的 1.7，甚至超过了铝的 2.7。我的这些"镁铝合金"显然不是什么花哨的航空合金。它肯定是铝混合了其他比较重的金属，例如铜。不过我喜欢这个故事，并安慰自己说，我的茶具里至少有几个金属原子可能在英国战役中，在天空中飞行过。

华盛顿特区的美国总统官邸建成的时候,被涂上了一层防潮湿的石灰和胶水混合物,所以人们称之为白宫。同样,陵墓也被刷上了石灰,以保护它们免受气候的破坏。"粉饰"的坟墓,这两个词拆开来看,还能表示各自的意思吗?在圣经的《马太福音》中出现的坟墓是一种虚伪的象征,表面上看起来很美,但里面却堆满了死人的骨头和一切污秽之物。

纯白在色彩中寓意着脱离颜色,可以逃离生活中的各色纷扰。石灰的白是像是一种严苛的简单,一种完美的纯洁,一种终极死亡。粉刷的过程是一层层添加石灰水的过程,但同时它也是一种递减,一条通往解放之路,拂去地球和尘世的污垢,扫清了所有的累赘,同时也减轻了负担。清洗和保存尸体的过程实际上就是不断把石灰扔进坟墓里和尸体上。我们的身体虽然腐烂了,骨头却留存下来,当石灰把一切颜色都褪净后,我们又重

=

小议藤壶①

Part.07

=

---

① 藤壶是附着在海边岩石上的一簇簇灰白色、有石灰质外壳的节肢动物。——译者注

新回归纯洁。

石灰的主要成分是氧化钙,仅仅通过加热白垩、石灰石或海贝壳便能释放出二氧化碳。石灰这种强碱性白色粉末会慢慢吸收空气中的水和二氧化碳,这些不可抗的过程是它被应用在许多领域的关键所在。由于这种吸湿性,石灰被用于丧葬,它能吸干身体的水分并减缓尸体的腐烂速度。石灰被水浸润或稀释后就会变成石灰水。石灰在砂浆里迅速变干,用二氧化碳代替失去的水,就可以使柔软的白色粉末变成耐久的石头。石灰的这种特性,在那时的生死之事上,起到了至关重要的作用。罗马的炼金术士和早期的化学家们,将石灰石在空气中焙烧,煅烧后,得到氧化钙,并用拉丁文将之命名为 calx。拉瓦锡把石灰列入他发表的化学元素表里,并称之为最简单朴实的物质,尽管他有预感,这种白色物质本身并不是一个单一的物质,而是隐藏在一种新金属中,但以当时的科学技术,还无法将之提取出来。1808 年,汉弗莱·戴维在发现钾和钠的过程中使用了电解液,并用同样的方法把金属钙从氧化钙中提取了出来。金属钙在百年内都没有进行大规模生产。

钙是石灰、石灰石、白垩和许多其他矿物,如方解石和石膏等的核心元素。钙可能不是组成这些白色化合物的唯一元素,但它却是我们在所有丰富而重要的天然物质中,最容易想到的一种色彩单一的元素。除了雪之外,白色物质通常都含有碳酸钙,比如白色大理石、石膏、粉笔;又譬如白色的象牙、骨头、牙齿及白色的珍珠。钙的白色是它的标志性特征:我不愿过度使用这个例子,但是白宫似乎是最好的证明。多佛白崖的形象太过鲜明有力,美国抒情词作者虽未亲眼见过它(他没有亲眼见过"蓝鸟越过多佛白崖"),却为英国歌手薇拉·林恩创作了战争歌曲《多佛白崖上的知更鸟》①。英格兰的白垩山上,保存着新石器时代雕刻的白马和人像,时至今日,偶尔还有人会在那里添加一些创作,保留了永恒的图形的力量。

今天,走在丘陵起伏的英格兰南部,人们仍然可以从当地的岩石中看出其共同特征。如果仅是简单地画在纸上,像塞那阿巴斯巨人像和

---

① 所谓"蓝鸟越过多佛白崖",即《多佛白崖上的知更鸟》这首歌的第一句歌词:There'll be bluebirds over the white cliffs of Dover(会有蓝鸟越过多佛白崖)。——译者译

阿芬顿的白马图那样，那就只是普通的涂鸦，不是庸俗的男性生殖器崇拜，而是毕加索风格。但用石灰刻上去，它们就成了英国的象征。在怀特岛，多样化的地质边缘像切片蛋糕一样。我走到岛的一端，那里矗立着被称作"三针石"的白垩岩，曾经是四块，现在只剩三块；还有一个至关重要的灯塔，它们并不像是艺术家按脑中雄伟的想象所作的画作。白垩崖在我左边，有100多米高，而在我右边的是阿勒姆湾，那些曾经为得到铅而开采出来的沙子，现在都静静地躺在三叠纪彩岩上。我意识到，这个南部海岸是英国唯一的边缘地带，它与其他国家近在咫尺。这些白色的悬崖就像是原始的城垛，放眼海面上的船只，我不可避免地生出一种错觉，仿佛自己是一名哨兵，仿佛眼前还有不断爆发的战火，每隔几千米，就有一个被摧毁的防御工事，用来抵御西班牙人、法国人及德国人。

1868年，托马斯·赫胥黎对英格兰东部诺里奇市的市民发表了名为"论一支粉笔"的演讲。他从手中的一支粉笔讲起，追溯至"那一片长长的白崖，那正是英格兰曾经的名字'阿尔比恩'（Albion）的由来"，他沿着这片白崖，去寻找达尔文的脚步。他辩证地宣称：

> 人们就算对其他历史一无所知，也应该了解每一个木匠裤子口袋里装着的那块粉笔的真实历史。很可能，一个人认为，他的知识已达到终极结果，关于这个奇妙的宇宙及人类与它的关系，他拥有了一个更真实、更美好的概念，实则，哪怕是一个对人类的记录进行深入阅读的最博学的学生，对自然也可能是一无所知的。

他描述了在白垩纪时期生活和死亡的无数碳酸钙藻的微观骨架，它们的沉积物最终形成了苍白的淤泥，并保护着英格兰的白垩岩厚层，这些碳酸钙藻比亚当的年纪更古老。赫胥黎的地质勘查结果显示，附近的克罗默和伊甸园都是黏土和白垩的混合型土壤，这无疑给他的听众带来了喜悦。然而，对某些人来说，这种喜悦是转瞬即逝的，他们认为用科学证据来推翻《圣经》的这种做法，只不过是赫胥黎对自己的研究课题惯用的炒作手段。

莎士比亚似乎已经意识到这个循环——同样的白色矿物不断地生

长和死亡。在《暴风雨》(*The Tempest*)中,弄臣特林鸠罗邀请凯列班"涂一些石灰在你的手指上",为他们突袭普洛斯彼罗的洞穴做准备。但凯列班说:"我什么都不要。我们将要错过时间,大家将要变成蠢鹅。"被扔到坟墓里的石灰,本身曾经是数以百万计的微小海洋生物,而我们的骨头很可能变成它们后代的食物,这么一想就觉得很奇怪。我们可能会感恩大自然给予我们水、氧和氮的循环,但我们却忽略了生命给予钙的无限循环,在我们的脚下不断发生着。

赫胥黎在他对那些对科学一无所知的受过教育的人的嘲笑中,忽视了一点:粉笔的特点,它洁白的颜色,正是阻碍那些"深度阅读人类记录的博学的学生"的原因。我们更倾向于认为人类文明的正式标志应该是"白纸黑字",黑色是炭或石墨的黑色,或者是在印刷油墨中使用的炭黑。但是我们往往首先忽略了这一点,白色经常被用于记录最简单、原始的符号:在地面上标示出紧急而审慎的白色图案,比如罗马竞技场的终点线;在贝尔托·布莱希特的戏剧《高加索灰阑记》中"用石灰画一个栏,将孩子放在其中"的情节,展现的则是所罗门王的公正。①当最终判决宣告结束时,石灰画出的白色的圈出现了。在意大利语中,calcio 既是钙,也是足球的意思,这两种意思都来源于拉丁语 calx,它的意思不仅是字面上的石灰,也隐喻着目标,也许是源于粉笔画出的交叉线。

以白色标示的人类意图并不总是可怕而有决定性的。赫尔曼·梅尔维尔在《白鲸》的某一篇章里,十分离题而又深入地探讨了"细腻的白色增加了美感,仿佛赋予了它自己某些特殊的美感,如大理石、山茶花和珍珠"。山茶花是个例外:它的白色不是因为矿物——真正的白马、白熊、白象、白化病及信天翁——都不是因为钙而呈现出白色,而是有机物在细胞中的排列方式使它反射了所有颜色。梅尔维尔作品中的著

---

① 《高加索灰阑记》讲的是格鲁吉亚总督在暴乱中被杀,总督夫人仓皇出逃时将亲生儿子小米歇尔遗弃;善良的女佣冒着生命危险,历经艰辛将他抚养成人;叛乱平息后,总督夫人为了继承遗产而向女佣索要孩子,法官阿兹达克用石灰在庭中画了一个圈,将孩子放入其中,声称谁能将孩子拉出来,谁即为生母。心贪性残的总督夫人不顾孩子死活,使劲往外拉扯孩子,而女佣则不忍心孩子被拉伤……故事的结局是,小孩没有被判给其生母,而是判给养母女佣。——译者注

名鲸鱼身上有两种不同性质的白色：它的皮肤是白色的，这是因为缺乏其他的色素；而它的牙齿呈现象牙白色，则是因为牙齿浸在钙盐中。

象牙的复合结构是一种坚硬的纤维状基质加上石头般坚硬的填充物，这使它成为一种极受艺术家欢迎的媒介。象牙自古以来就被用于雕刻。酷爱航海的腓尼基人经常用他们在地中海区域周围发现的生物的石灰质残骸做装饰，其中包括河马的牙齿。19 世纪捕鲸业的发展促进了雕刻技艺的进步，

"跳格子"游戏中用白粉笔画出的格子

这种浪漫的艺术，被公认为是水手们在海洋长期寻找海中怪兽这一过程的产物。最受欢迎的雕刻对象是抹香鲸的巨齿，所以它们是水手们的主要猎物，不过水手们也没有放过角鲸和海象突变的獠牙。他们雕刻了船只、地图和爱国主义主题的作品及裸体的美人鱼女性形象，牙齿细腻的质地很适合雕刻绳索或卷曲的头发，正如梅尔维尔所写的那样，雕塑的质量"尽显其设计的朦胧魅力"，就像杜勒的版画一样。

大理石一直被作为雕塑和建筑学中最高雅的材料，同时也被誉为不朽的艺术，是艺术家刻刀下的碳酸钙的最纯净、最白的形式。古希腊和古罗马的城市能够完美呈现出辉煌的气象，大部分原因是它们的附近就有大理石采石场。菲迪亚斯在雅典附近的山上使用潘泰列克大理石建造帕台农神庙，在这项石雕实验中，多立克柱的肌理感反映了结构工程师改变传统木质结构时的谨慎。帕洛斯大理石产自帕洛斯岛，颗粒较为粗糙，在远离阿提卡的诸多地方，比如德尔斐、科林斯和苏尼翁角都在使用它。

建造万神殿和图拉那的罗马纪念碑所用的大理石，都来自托斯卡纳海岸的卡拉拉大理石采石场。卡拉拉的圣安德里亚大教堂之所以引

卡拉拉的圣安德里亚大教堂

人注目,是因为它的整个结构都由大理石构成——这也许是唯一的选择,但却衍生出一个不良后果,就是大教堂内部氛围看起来像洞穴一样阴森。其他伟大的大教堂则更巧妙地使用了卡拉拉石,比如白色和深绿色大理石的横条纹环绕着 13 世纪锡耶纳大教堂的外部和内部,这是一个典型的例子。然而,我最喜欢的是坐落在奥维多山上的一个像珠宝盒般的意大利大教堂。从街道斜斜地看去,它被普通的房子紧紧包围着,西侧闪耀着柔和的白光,像是一种极乐的光辉。从另一个角度看,它的哥特式建筑就像大都市里一栋栋闪闪发光的摩天大楼,一座翡翠城,真正的耶路撒冷。中殿的窗户没有上釉,而是用同样的大理石做了薄板。它们没有阴影的光线更为舒缓。

米开朗琪罗选择了卡拉拉大理石来创作他的许多重要的作品,并经常到卡拉拉去为大卫和其他雕像挑选雪白的大理石。这些行程提供了一个暂时的避难所,让他得以逃避教皇在当时对他提出的不合理要求。待一切风平浪静时,米开朗琪罗在罗马工作,他最喜欢的切石匠托波利诺给他送来石料,他常在此时制作自己的雕刻作品,这是这位伟大艺术家不变的欢愉。

对米开朗琪罗而言,一个有重大意义的项目是教皇尤利乌斯二世(Pope Julius Ⅱ)的坟墓。该项目始于尤利乌斯去世的 1513 年,在随后的 5 个教皇的统治下持续进行着。这项工作最终也没有按计划完成,但其中几个雕像展示了艺术家最出色的技艺。乔尔乔·瓦萨里(Giorgio Vasari),米开朗琪罗的学徒、传记作家及他坟墓的雕塑家,发现摩西的身影是如此英武和真实,"观之,人们会哭喊着,给他的脸蒙上面纱,因为那张面容是如此耀眼夺目,如此完美,米开朗琪罗用大理石把上帝最先注入摩西身体的最神圣的形态表达得淋漓尽致"。

不出所料,文艺复兴时期最伟大的大理石创作完成品,是另一件阴森的作品:美第奇教堂和坟墓,它由米开朗琪罗雕出轮廓,并由瓦萨里完成。它是现代艺术"白色立方体"的原型,在中性的空间里,纯粹的光

教皇尤利乌斯二世的坟墓中摩西的雕塑

揭示了艺术家的想象力的真相。[1]

　　在米开朗琪罗之后,像乔凡尼·洛伦佐·贝尼尼和安东尼奥·卡诺瓦这样的雕塑家将卡拉拉大理石推向了新的反对极端的过度表达和新古典主义,他们赞赏大理石均匀的白度,保证了没有任何东西能分散观者眼中雕刻艺术的光辉。与传统有关的是他们选择的材料,现代大理石雕塑家不得不援引古典的精神。20世纪20年代,芭芭拉·赫普沃思(Barbara Hepworth)和她的同行们决心要复兴石雕艺术,并遵循"忠于材质"的格言,大理石提供了最纯粹的意图信号。"白色是灵性的颜色,"她的传记作者这样写道,"在芭芭拉的白色工作室里,有灰色的阴影,白色的油漆和白色的石头,收音机放着斯特拉文斯基和早期的音乐。"在她的整个职业生涯中,芭芭拉制作了平滑的抽象形式——单块、成对和三个一组,石头嵌套或堆叠,做成实心的或在雪花石膏、波特兰石和大理石上穿孔。白色大理石是最好的,似乎总是能反射出更明亮、更地中海风格的光芒。当她访问卡拉拉的时候,她发现了这些材料,并师从一名罗马石匠学习雕刻。但在1954年,她与艺术家本·尼科尔森的婚姻破裂,然后又在一次飞行事故中失去了她的大儿子。此后她去往希腊,重新投身于艺术,创作出了以神话人物米科诺斯和迈锡尼等古典遗址命名的一系列雕塑,以最完美而半透明的白色大理石雕刻而成。她选择了这种材料,以确保作品的焦点始终在形体上,同时也在景观中展现了雕像栩栩如生的风采,并在史前时期山丘上的白垩石雕像到菲迪亚斯和米开朗琪罗之间建立了一条新的纽带。

　　当然,生命和死亡的循环永远不会停止。我们从小就被教育说钙对身体有好处,因此奉劝大家多喝牛奶,多吃奶酪,以维持我们骨骼和牙齿的强韧(石灰和奶酪在很多方面可能都不一样,但它们同样都含有大量的钙)。我们服用钙补充剂——石灰被重新做成光滑、细长的药丸,像小型的赫普沃思雕塑作品或古老的石棺。

　　普林尼在他的《博物志》中讲述了钙补充剂的终极故事。当埃及艳

---

　　①　伦敦白立方画廊(White Cube Gallery)是英国知名的当代艺术机构,也是欧洲最具影响力的商业画廊之一,由艺术人杰伊·乔普林创办于1993年,位于伦敦西区最传统的艺术交易街上。画廊的目的在于热切关注艺术,自成立以来,已经展出众多世界级的艺术家的作品。——译者注

芭芭拉·赫普沃思的抽象雕塑作品

后克利奥帕特拉向马克·安东尼求爱的时候,她想要给这个迟钝的罗马人留下深刻印象,于是宣布她将举办有史以来最昂贵的宴会。这一天来了,家常饭菜呈上来了,虽然很丰盛,但却不像埃及艳后所承诺的那样奢靡。安东尼奥斯抗议,然后埃及艳后便传唤仆人上主菜。仆人在她面前摆了一杯醋。当安东尼变得更加困惑的时候,埃及艳后摘下了她从东方国王那里继承来的当时最大的珍珠耳环,并把它放在醋里,等待它溶解后喝了下去,实现了她的诺言。

很多文学学者对这个故事持有争议。《博物志》的最新版本与公认的观点一致,即醋中的醋酸不足以溶解珍珠,并暗示"埃及艳后无疑吞下了未溶解的珍珠,随后又将其排泄出,得到整颗珍珠"。然而,化学家们不同意这种说法,他们用人工养殖的珍珠做实验表明,它们会溶解在普通的葡萄酒醋里,变成一种可以饮用但令人作呕的鸡尾酒。

无论是哪种方式,这种混合物都不会造成持久的伤害。当然,据说,当埃及艳后得知马克·安东尼因权斗失败而自杀的时候,她用一条名为"阿斯普"的小毒蛇咬伤自己而自杀了。

她的坟墓在何处,以及她是否与她的罗马情人合葬,激起了考古学家们的好奇与猜测。如果坟墓被发现,其中的宝藏可能会超过图坦卡蒙和奈费尔提蒂。[①] 最近人们的关注焦点集中在亚历山大港南部的塔波西里斯神庙的石灰石废墟上。迄今为止,最主要的证据是在 2008 年出土的一尊女性半身像。不幸的是,雕像的鼻子被磨掉了,很难说这尊白色的雪花石膏像是否是埃及艳后。

---

① 图坦卡蒙是古埃及新王国时期第十八王朝的法老;奈费尔提蒂王后是古埃及新王国时期阿蒙霍特普四世国王的妻子,她以惊世骇俗的美貌而闻名于世。——译者注

=

航天焊工协会
Part.08

=

在萨福克郡乡村的工作室里,大卫·波斯顿大力与我握手,并把我迎进了室内。大卫是一个宝石匠人和金属制造工匠,我来拜访他的原因是,在他工作时所选用的材料中有钛元素。我发现这个凌乱的空间看起来比我原本期待的金属加工室更棒。它的主色调是灰色和棕色,看起来很脏。工作室中四处散落着锤子和其他手工工具,空气中弥漫着助焊剂的气味,就像走近温暖的面包店的香味那样欢迎着来客。

不同寻常的是,波斯顿的工作室有两层,楼上的主色调变成了白色,这是他的实验室。在实验室的中央,被特制塑料防尘罩所覆盖的东西,是他最大的设备——激光焊接机。许多工匠被钛在航空航天和其他高端的现代工业中的声名所吓倒,因此认定自己无法对钛进行加工。但对大卫这位工程师、发明家以及工匠来说,钛并不是那么令人谈之色变的材料。它确实很坚硬,而且它的熔点比铁还要高,但它优越的性能可以令艰苦的工作得到很好的补偿。它既轻盈又坚韧,还能呈现出美丽的光泽。

钛可以被切割和捶打，但无法进行锡焊。将钛件连接起来是一个专业的焊接问题，这就是大卫买激光焊接机的原因。为了买这台设备，他放弃了买新车。"这个更有趣。"他说着，请我在安静的机器旁坐下。我把双手穿过两个臂孔，伸入焊接仓。我拿起两片薄薄的钛板，一手一片，在眼睛对准双目取景器后，将它们放在一起，试图聚焦于它们在十字瞄准镜下的角度。我忐忑不安地轻轻踩下踏板

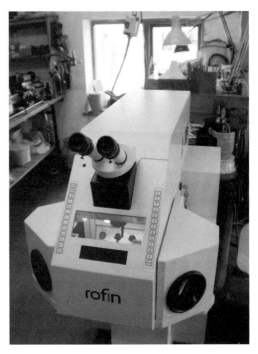

大卫·波斯顿的激光焊接机

来操作激光焊机。我感到一股氩气气流迅速从我指间穿过，这些气体是用来赶走钛片附近的氧气的，以防它们在激光焊机产生的高温下燃烧。然后，随着尖锐的咔嗒声，激光器发出规律的脉冲。随着每一次脉冲，我都能看到一束强烈的白色闪光从钛片中射出，如果不是我的眼睛被强光所欺骗，我还能看到白色闪光中带有绿色的光。我小心地移动钛片，努力保持它们在十字瞄准镜中的角度，创造出一个还算整齐的焊缝。温度至少要达到1660℃，钛才能被熔化，然而，激光的光束是如此紧密地聚焦在一起，可以在很小的区域达到高温，以至于我可以用我没有保护措施的手指在几毫米以外的地方握住钛片。

在谈到和我们有最密切关系的元素时，我们会自然而然地倾向于那些我们知道最久的元素。经过几个世纪的冶炼、浇注、锤击和敲打，历史久远的金属或多或少都与文化联系在了一起。黄金是一种通用的贵金属，象征着财富、君权和不朽；铁象征着男子汉气概、力量和战争；白银则是处女的贞洁和阴柔的象征；铅、锡、铜及古人所知的其他金属，

· ·

也有其特殊的意义。这些意义不是理想知识的产物,也不是因为人们与这些元素相识已久,而是几个世纪以来,人类为了达到自己的目的,将其与自己建立起来的亲密的物理联系。

这些被现代科学揭示的金属元素证明了这样一件事:我们与元素的密切关系是建立在对物质的利用上的,与认识它们的时间长短无关。对于锌和铝这些被认定为非常有用的元素,即使我们知道它们的时间相对较短,它们也已经有了属于它们自己的独特的文化意义。材料的象征意义是"从文化角度看来必然发生的",正如社会学家理查德·桑内特最近指出的那样:人们将诚实、谦虚、高尚等这些人类的品质赋予不同的元素。这样做的目的并不是为了解释这些品质,而是为了提高我们对材料本身的认知,并以此来思考它们的价值。将人类的品质提炼出来并赋予各种材料,如庄重的铅、诚实的锡、贞洁的银,总是可以追溯到它们固有的物理和化学性质。工匠们在根据自己的意愿来加工这些材料时,有足够的时间来思考这些性质。

那么钛有何种性质呢?尽管这种金属具有未来派的气息,但实际上,这种金属可以运用于生产工艺已经有 50 年了。这段时间是否巩固了它的象征意义呢?大卫告诉我:"钛提供了很多机会,但人们并没有很快地抓住这些机会。"钛的性能在重工业中广为人知。大卫描述了空中客车公司是如何进行空中客车飞机框架的焊接的:在一个充满了氩气的机库中,技术人员穿着全套呼吸器在工作。要获得与空客公司一样的设备,所需要的资金显然超出了任何艺术家的工作室所能承受的范围。但更重要的是,在这些商业环境中发展起来的专业知识并没有被传承下去,它们并没有在一般行业中得到应用。应用于航天领域的钛焊接技术就像在中世纪的行会中的技术一样秘密,这些行会曾经对金匠的手艺秘而不宣。

所以像大卫这样的人必须依靠想象、实际验证和犯错来找到正确的焊接方法。他勇敢地说:"这需要经过实验验证,这个过程很有趣。"除了激光焊接机,大卫还使用了更传统的五金工具。他有各种各样的铁砧,还有一种钢制手臂。那个手臂从一个工作台上升起,就像亚瑟王传说中的"湖上夫人"一样,大卫将它作为一个手的模型,以便将手镯加工成合适的形状。反复的加热和冷却使他加工完成的钛片上出现了一些斑点,那是一层薄薄的氧化膜,呈现出从石板上干涸的血色到海绿色等等斑驳的色彩。坚硬的手镯和项链的连接部位被巧妙地伪装起来,呈现出简单的完整形状,猛地一看像是考古发现。然而,它们很轻,一枚戒指几乎没有重量。只有把它放在桌子上时发出的咔嗒声,才提醒我们,它们是用一种坚硬的新金属制成的。

钛是一种发展中的元素。有关它的各种使用方法都不是那么为人所知。现在它已经成长为一种保守文化,人们对其的期望值有限。它也不是那种特别新奇、稀缺或者是深奥的东西,并非只有实验室和工程学研讨会的专家们才知道该怎么使用它。虽然它的矿石是在 1791 年被发现的,但直到 1910 年,纯的金属钛才被制成,它的商业价值更是到了 20 世纪 50 年代才被发掘。作为一种坚固、轻便且耐腐蚀的金属,它的潜力在第二次世界大战期间得到了展现。

当加拿大建筑师弗兰克·盖里开始研究毕尔巴鄂古根海姆博物馆的设计时,钛已经成为我们生活中的一部分。钛金属用于置换髋关节,作为自行车、飞机和汽车的零件,它的白色氧化物(二氧化钛)被广泛应用于家用白色涂料中。盖里以他惯常的方式研究了设计古根海姆博物馆的可行性,他用木头和折纸做成小模型,以获得他可能用在水边建筑中的雕曲面的快速效果图。得益于附近的巴斯克地区的铁矿石,毕尔巴鄂在 19 世纪通过造船和炼钢变得繁荣,因此,这座港口城市有一种这样的民间记忆:巨大的船只用它像墙壁一样的金属船身挡住了沿途的景色。盖里设想在古根海姆博物馆的外立面包上一层钛金属板,模仿船的样子,希望能让民众们重温当年的盛世。

盖里的助手们使用了设计软件来完成这个计划。他们所用的软件是为航空航天工业而开发的。计算机的威力使他们能够兼顾建筑外部像打发的奶油一样的外形和它的实用性,比如材料的成本和声音结构的需要。随着这项工作的进行,世界金属市场发生了前所未有的事情:钛的价格下降了。突然间,用这种奇异的新金属做建筑幕墙的花费可能比用不锈钢还要便宜。盖里的作品一向以他对不同寻常的材料的喜爱而闻名,他一直赞赏钛的“柔软的、黄油般的外观”。他抓住了这个机会,将原设计中的钢板换成了钛板。这座完工的博物馆于 1997 年开放,受到了热烈的欢迎。它的外墙上覆盖了 33000 块 0.5 毫米厚的钛板,这些足以包裹一艘大型战舰的表面的材料,每一块都是单独切割的,以符合建筑的弧形框架。与钢制表面简单的冷色调相比,钛金属的抛光表面有着黄褐色的光泽。钢板映照出的天空是蓝色和灰色的,给人寒冷的感觉;而钛似乎能展现太阳的温暖。毕尔巴鄂古根海姆博物馆被与法国著名的天主教沙特尔主教座堂(Chartres Cathedral)相提并论,与悉尼歌剧院和弗兰克·劳埃德·赖特的纽约古根海姆博物馆相比,它无疑是 20 世纪最明显的先驱。它已经接待了超过 1000 万人次的游客,不仅促进了人们所希望的区域经济的发展,也让世界各地的市长们都做出了类似的努力。这座建筑可谓是盖里的杰作。

对于博物馆的成功和城市的复兴来说,这个承包了每个人对这座建筑的第一印象的金属有多么重要呢?它的新颖性被每一位新闻记者尽职尽责地报道,同时也表现出了设计师和委托者们的大胆创新。这种材料具有未来主义色彩,因此,这座建筑成为对未来乐观主义的重要声明。而且,它所呈现出的形状同时也呼应了毕尔巴鄂的造船传统,因此表现出对过往充满敬意。材料、形式和地点的融合,证明了不妥协的现代建筑仍然可以有很好的适应性。

此外,还有一种不那么善意的解释。古根海姆博物馆被这座城市的几个生活街区间环绕,然而,它的外形和材料都呈现出了奢侈的异国情调,与周围的生活气息产生了强烈的对比,使它的存在显得更加怪异。这是一种空降的文化帝国主义,它的金属只不过是一种浮华的外观,掩盖不了其内部缺乏高超艺术性的实质,这只是外国人的用大量现金搭建的免费的防雨板。这座建筑的闪闪发光的钛板被拿来与盖里的作品中反复出现的基本图案——鱼鳞作比较。一位评论家对它评价是:"它们看起来更像是钱,那种压在建筑材料上的银色硬币。"

洛杉矶的华特·迪士尼音乐厅提供了一个可与之对比的样本。如果可能的话,这里本应成为盖里更重要的作品。该项目早于古根海姆财团的委托,盖里的设计在 1991 年就已经完成。但迪士尼的钱是捐赠的,由于资金筹集和建设的延迟,该项目直到 2003 年才完工。这也是盖里从他长期居住和工作的城市获得的第一个重要委托,它被认为是这位建筑师即将迈入 80 岁时职业生涯中的一个重要里程碑。盖里最初提议用石头建造音乐厅,但古根海姆的经历促使他将方案改成了用金属幕墙。然而,这里没有使用钛。华特·迪士尼音乐厅最终采用了不锈钢幕墙。项目完工后,人们发现不锈钢的幕墙表面过于光亮,为了保证附近的公寓的采光不受影响,必须用砂纸将其表面打磨粗糙。评论家认为这是一件优秀的作品。保罗·戈德伯格在《纽约客》杂志上写道:"迪士尼音乐厅的外观比古根海姆的外观更加精致,而且更加奢华,尽管它是由不锈钢制成的,这种材料比钛更便宜。"但对它的宣传还没有达到天花乱坠的程度,它在全球的影响力也没有超越毕尔巴鄂古根海姆博物馆。它的建成并没有带来加州版的"毕尔巴鄂效应"。无论是代表技术乐观的光芒,还是仅仅代表财富的金色调,钛有着一些钢铁所不具备的特性。

元素进行曲

Part.09

有没有哪种元素是我们现在认为非常珍贵或奇特，但总有一天会变得不再特别的？就像在 19 世纪大部分时间里，巴黎人对铝的态度一样。比如钛，它是否正在变得平庸？如果是这样的话，那么下一个这样的元素又会是什么？

现在谈及钛将在哪里找到它的位置似乎为时尚早。就目前而言，它留下了太多未能解答的问题。比如，钛的"性别"是什么？这个问题看起来很奇怪，但如果我们知道该用它来做什么，那么这个答案就很重要。在文化方面，长期以来，人们都认为金和铁是阳性的，而银是阴性的。钛品牌的运动装备很明显是针对男性的，但色彩丰富的阳极氧化涂层使这种金属在女性的珠宝中也很受欢迎。至少在这段历史中，钛可能是阳性的，也可能是阴性的。大卫·波斯顿说："它使人们摆脱了阴阳分类的烦恼。"

在爱丁堡艺术学院，安·玛丽·舍里托也在用钛制作首饰，利用它的轻盈和通过阳极氧化产生的丰富色彩开创了一个新的美学领域,将其与传统的较重的贵金属珠宝首饰区分开来。钛的密度低,可以用于制造比较大的耳环(在实用金属中,只有铝和镁比它轻)。并且,钛的加工硬化速度比其他金属快,这也使它非常坚固。为了让金属的错位弯曲不会轻易地变直,它成了一种必须使用的材料。舍里托被要求用钛制作男性用的结婚戒指以及女性用的耳环。然而,由于无法忽略的文化条件的制约,即越重的物品价值越大,人们对将这种轻盈的太空时代的金属用来制作的其他首饰没什么兴趣。

舍里托设计的钛珠宝

这个难题促使舍里托再次查看元素周期表。她说:"是时候使用铌了。"在元素周期表中,铌位于钛的下面一排,这意味着它的密度更大。舍里托也使用钽,它和真正的重量级金属——钨和金,位于元素周期表的同一行。

在矿物中,钽和铌经常一起出现,因此它们被发现的过程有一些混乱和挫折。这是这两种元素最终被命名为 Tantalus(坦塔罗斯)和 Niobe(尼俄伯)的原因之一。坦塔罗斯被宙斯惩罚,站在树下看着果实却总是无法触及,而他的女儿尼俄伯,是眼泪的女神。铌的密度是钛的 2 倍,是钽的一半。安·玛丽解释道:"在这方面,铌接近于白银,给人的感觉比钛更珍贵。"大量生产的钛金首饰使她的那些贵重的用纯钛手工制作的首饰滞销,这时,她开始完全采用铌来制作首饰,因为人们觉得它更有价值,所以可以卖出更高的价格。但是不同的材料也需要采用不同的加工方式。铌比钛的延展性更好,舍里托可以将其加工成带状物和薄片。她对铌的设计显得随性而自由,而钛则不可能这样。铌这个较重的金属在阳极氧化过程中也更可控。用钛来制作首饰,艺术家不能确定会产生什么样的颜色。虽然安·玛丽喜欢钛那种在精密控制下悄然而至的偶然性,尤其是她在塑造自己选定的材料的时候。但有了铌和钽,就可以通过调整阳极氧化的电压来产生期望的颜色,从而使首饰可以与顾客的衣着相匹配。

安·玛丽给我看了一些镶有铌和钽的钛片。和其他贵重金属一样,铌和钽相对较软,尽管与坚硬的钛融合在一起,我们仍然可以通过使用激光,将它们像橡皮泥一样制作成有装饰纹理的表面。阳极氧化电压在三种金属中产生了不同的颜色。在一个磨砂亚光、中间有一丝绿色的灰色胸针中,她将经过阳极氧化处理的小巧而明亮的菱形铌金属片镶嵌进了钛片中。她说,许多人认为这种颜色像珐琅一样,是通过某种方式添加的。他们没有意识到这些颜色是金属及其氧化薄膜的固有特征,就像蝴蝶翅膀的颜色,它是由物体表面反射的光的干涉效应产生的,而不是任何颜料或染料造成的。随着时间的推移,也许这些五彩缤纷的闪光会被视为这些元素的特征,就像铜绿之于铜和变暗之于银一样。

这是我们生活中元素的进行曲。对腓尼基人和罗马人来说,锡和铅是当时最珍贵的新材料,它们来自遥远的地方,获得它们的过程也伴随着困难和危险。起初,并没有任何关于它们的奥秘或神话,但却满载着大自然奇迹般的新意。现在,钛已经从矿山进入实验室,并从实验室来到作坊和工厂,正在进入我们的文化。对于铌和钽来说,这段旅程才刚刚开始。

＝

第四章　美丽

在清理一些旧的盒子时,我发现了我父亲的温莎 & 牛顿(Winsor & Newton)牌旧颜料,那是他在 20 世纪 40 年代的青少年时期使用过的。黑色的金属盒子一打开,一片狼藉。在狭窄的隔间里,小锡管像尸体一样扭曲着,常常与从颜料中分离出的亚麻籽油粘在一起,偶尔还与从破裂的管子里流出来的颜料结成块。我转动它们,阅读标签:铬黄,铬绿,锌白;铁硅酸盐制成的土绿,含铬的鲜绿色。而另一些则因年代过久而腐朽了,难以辨别颜色。如今,有些颜色几乎被禁止了,取而代之的是无害的人工合成色素,但在这一套颜料中,我发现了更多不寻常的颜料,如朱砂是一种有毒的汞的硫化物,以及富含砷的绿色。

然而,另一种元素为艺术家提供了更多更明亮的颜色。弗里德里希·斯特洛梅发现的镉释放出高调而绚烂的色彩,这一点,他从一开始就知道。

1817 年,斯特罗米耶时任德国哥廷根大学的化学和药学教授,并在汉诺威州担任药

色彩革命

Part.01

剂检测员的职位。他在一次检测中发现,一种药用氧化锌制品显然未达到预期的结果。当他将其加热的时候,斯特罗米耶发现它变成了黄色,然后变成了橘色。这通常表明其中含有铅——有必要询问是谁在造假。但进一步的检查表明其中并不含铅。斯特罗米耶继续调查提供药品的工厂,并带走了一个可疑材料的样本,去他自己的实验室做进一步检查。在这里,他通过一系列化学方法去除已知的锌,巧妙地证明了氧化锌异常的原因。当这一切完成后,他得到了一个豌豆大小的灰蓝色金属,看起来像锌,但更闪亮。这是这种新金属第一次为世人所见,依希腊语中的菱锌矿将其命名为镉,它也正是在这种矿石中被发现的。

父亲多年前使用过的温莎 & 牛顿牌颜料

斯特罗米耶制备出了硫化镉,并报告说它呈现出一种美丽的黄色,丰富、透明而持久;他将其推荐给艺术家们,特别强调了它能与蓝色充分融合的特点。镉的储藏量并不是很丰富,但在许多矿中都能发现少量的镉,其产量迅速增长,以满足制作黄铜的需求。硫化物很快变成了一种商业颜料。它的吸引力不仅仅在于供应的便利,更在于它所产生的颜色种类比任何其他单一元素都要多。由于含有不同种类和含量的杂质,镉的硫化物颜色包括从一种略带泥色的嫩绿,到黄色、橘色,到一种极度鲜艳的红色,甚至有各种更深的红色和深褐色——实际上,它的色彩多如彩虹,除了蓝色。

这些优良的色彩成为画家们不可或缺之物。也有一些画家对他们所谓的非自然属性吹毛求疵,威廉·霍尔曼·亨特抱怨说,镉黄色"说实话非常善变",但大多数人只看到它明亮、纯粹的颜色。印象派画家、后印象派画家和在此基础之上产生的野兽派画家都充分利用了镉——或者,更准确地说,镉使这些连续的艺术革命浪潮成为可能。当每一种新的色彩出现时,它们就变成了莫奈的黄色落日、凡·高在阿尔勒的家中的橘色,还有马蒂斯工作室的红色。人们浪漫地想象着凡·高穷困得买不起新的颜料,而另一些人则认为他的精神状态可能是由于他使用含镉颜料而引发的(尽管他也使用了其他更多的有毒颜料)。可以肯定的是,他和他的同伴们突然间获得了一些前所未有的色彩。

1989 年,美国罗得岛州的共和党参议员、之后的参议院环境委员会主席约翰·查菲,试图禁止在颜料中使用镉,其作为一系列措施的一部分,旨在减少从陆地废物中产生的毒素浸入地下水的风险。在美国,敏感的灵魂在环境的保护和艺术的自由之间徘徊。尽管颜料中各种金属元素的危险是众所周知的,但立法似乎对镉的反对是最强烈的。一位画家谈到"化学审查"时说,要放弃镉色,就像烹饪时不加大蒜一样。

抗议活动倾向于掩盖这样一个事实:在镉的使用上,艺术家使用的镉颜料只占很一小部分。像彩色塑料盆这样的东西,如果随意处理,会带来更大的风险,而这些对颜色要求不高的东西,相对更容易找到更安全的颜料。但许多画家认为,从美学角度看,没有什么可以替代镉。可悲的事实是,艺术家们的愿望不再像文艺复兴时期那样能够推动颜料工业的发展,现在看来,镉作为画家们最喜欢的颜料,其统治地位即将结束。

然而,漫长的抗议活动,让美国的艺术家们赢得了一个暂缓期,而其他在寻求对镉施加更大限制的国家也照搬此做法。如今,画家们可以自由地使用他们的镉黄、橘和红,与杰克逊·波洛克和凡·高一样。颜色——从法律意义上讲,它们存在的意义在于它们被称为颜色,而不是颜料——在美国,颜色的标签上已经注明了它们的化学成分。如今,在欧洲国家也有类似的标签——这改善了之前人们的错误观点:"健康标签"就是"不需要健康标签"。

艺术家之所以会被激怒是有原因的,这与镉色的审美价值毫无关系。因为,只有当一幅画被毁坏时,画布上的镉才会返回到环境中。现在,大规模地禁止在塑料、电池和其他普通物品中使用镉,而艺术家们呼吁,他们的画作应该被免除这种不光彩的命运。画布是非常昂贵的,艺术家倾向于在画布上重叠涂绘,而不是扔掉不好的作品,一旦一幅画离开了工作室,它往往就有了价值,这有助于确保它的存在。当时真正让美国艺术家情绪激昂的,不是镉颜料带来的环境危害,也不是他们可能会失去最喜欢的颜色,而是他们的工作可能不会永远被珍惜的伤感。

这似乎超越了悲伤——几乎是对我们感官愉悦能力的一种道德侮辱——这么多浓墨重彩的化学物质却是有毒的,不仅仅是镉盐,还有许多已知的色素,如黄色的铬酸铅和朱红色的硫化汞。童话里的毒药通常是装在彩色瓶子里的或者本身就是彩色的。克里斯汀·迪奥的反直觉营销香水"毒药"就利用了这样的童话情节,将香水装在一个苹果形的紫色玻璃瓶中。

这一关联的基础在于进化心理学和生物化学。人类和许多物种已经进化到容易被自然界中明亮的颜色所吸引,但同时也对其保持警惕。这些颜色宣示着成熟的水果和鲜肉,也警示着有毒的浆果和生物。它们的化学来源通常与含重金属的人造色素不同。例如,水果的颜色是由于黄色的叶黄素,橙色的胡萝卜素和紫色的花青素,这些都是不含金属元素的有机化合物。类似的色素也会暴露出童话般的危险,比如冬青树莓和红色斑点毒蝇伞菌(尽管它们所含的毒素不是来自颜料,而是不同种类的化合物)。

那么,艺术家的金属颜料怎么会有毒呢?这其中有各种各样的原因。一些盐类,比如铬酸盐,是强氧化剂,能将致癌的氧自由基释放到人体内。其他的则通过一些生物化学途径伤害人体,如对于铁和锌等至关重要的金属,镉可以通过与某些蛋白质结合的方式剥夺人体里的锌;同样,铬、钴和锰都可以替代掉血浆中的铁。这个生物化学的细节还没有完全被揭示,但是有一天人类可能会利用起这一机制。通过利用某些蛋白质,我们可以有选择地回收污染环境但有价值的重金属,不仅包括镉和铬等色素元素,还包括放射性铀和钍。

斯特罗米耶在公职上尽职尽责,他把那些试图从药剂师那儿购买被污染含铬的氧化锌制剂的买家们解救了出来。在其他方面,危险被揭示得太晚了。镉黄、橘和红可能是一回事,但"镉蓝"(cadmium blue)则是另一回事。这一术语是用来描述那些长期接触高浓度金属的人的寒热症状,可能是因为吞入可溶性的盐,也可能是吸入了镉蒸气。工业上用的重金属有着最大的风险。这是一个残酷的例子:在塞文桥的一个塔楼内,焊工拆除了一个临时的金属架,这些人使用氧乙炔炬来切割镀有镉的螺栓。第二天,他们出现呼吸困难的症状,并被送往医院,其中一名后来因吸入镉的金属蒸气而中毒身亡。在日本北部海岸的府中(Fuchu),数百人死于一种名为"痛痛病"的软骨病①,这是因为他们所食用的大米中镉含量高,而这些大米是在大型锌矿和银矿的下游生长的。相对于这些风险,镉对艺术家构成的风险并不大:颜料中所使用的色素可溶性不高,即使进入人体,吸收程度也不高。

艺术工作室并不是唯一一个将镉的颜色和毒性联系在一起从而引发争议的场所。多年来,我一直知道有传闻说,某个夜间,"不受欢迎的化学品"曾拜访过我所在的诺里奇(Norwich)市。

我们现在知道发生了什么。1963 年 3 月 28 日星期四,天气晴朗,那天晚上几乎没有云。德文郡的一架轻型飞机起飞了,从奥尔德堡沿着西北偏北方向,飞往诺福克郡。这架飞机装载了 150 磅特制的硫化锌镉颜料,当飞机在诺里奇上空穿越逆风时,在 500 英尺(约合 152.4米)的高度,硫化锌镉泄漏了。一阵轻微的西南风吹散了荧光橙色的粒子,变成了一团无形的烟雾。在地上,在市内和市周围 40 处地点,来自威尔特郡波顿镇防化实验站的神秘官员们各就各位(虽然他们的防护服上并没有这个组织的相应标志),备好了收集器,来计算降落的物质。从解密的政府文件来看,这次演习的目的似乎是要测试打生物战争的可能性。带荧光的镉颜料是一种方便的、无害的示踪剂,它被制成颗粒状,代表着可能的生物制剂。国防部在 20 世纪 50 年代中期进行了许多这样的实验——通常为了避免引起过度的注意,会在有防御设施的机构中进行。但有时官员们认为有必要选择一个更现实的目标。这就是诺里奇的案例,当时的目的是,观察这些粒子是否会在城市环境中降

---

① 痛痛病(Itai-Itai Disease),在日语中是"哎哟"之意。——译者注

落,而不是融入从密集的房屋中升起的暖空气中。在那个周四的晚上,只有浓度较低的色素落到了指定地点。在1964年寒冷的月份里,这种空中实验重复了四次。

直到30年后,有关测试的消息才被公布,这让人们担心真正的危险被掩盖了。2002年,一份公开发表的独立报告向公众表明,人暴露在镉颜料中所冒的风险等同于几个星期内在任何城市户外呼吸空气,或者说,比吸100支香烟的危害要小得多,"应该不会对英国人造成不利的健康影响"。几年后,诺里奇的一位外科医生再次唤醒公众的焦虑,他提出,他在该地区观察到的高于平均水平的食道癌发病率可能是由镉引起的。据《诺里奇晚报》报道,一名国防部发言人在声明中说,实验材料是"无害的刺激物"(这是一种富于想象力的矛盾修饰法——她大概应该说过"模拟"这个词。①)。癌症发病率随后被证明与人口年龄和总体健康状况的预期相符。最后,最大的实际风险可能是来自于他们工作环境中用的紫外线。

漫步在这座宁静城市的狭窄巷子里,商店都经营着与音乐和替代疗法有关的商品,很难看出为什么要把这座城市挑出来做这种令人讨厌的实验。事实上,卫生部首先选择了索尔兹伯里市进行实验,但那座城市太小且多山丘,无法制造出城市空气中所需的热效应。在诺里奇,我停在众多颜料供应商之一的店门外。在那里,管状颜料标签上的向日葵光芒耀眼,所有人都能买到硫化镉颜料,而且远远大于从任何飞机上掉落到毫无戒心的民众身上的剂量。

这些鲜明的含镉颜料迫使我思考,要描述颜色到底有多难。我们形容色彩的词汇非常有限。红色、橙色、黄色、绿色、蓝色、靛蓝色,普通的眼睛能辨别出几百万种色调,词汇是不够用的(科学家们使用了听起来很狡猾的说法,即"明显的差别",以此来衡量人类的巨大能力)。我们称彩虹为"七彩"的,这个数量比我们用以形容我们的懒惰的词汇数量还要少。

英国石油(BP)和可口可乐等全球品牌之所以坚持自己最初选择的颜色,而不是微妙的、介于某两种颜色之间的无法用词汇来形容的模

---

① 在英语中模拟(simulants)和刺激物(stimulants)同词根。——作者注

糊色,是因为这些颜色能帮助它们捍卫自己的"所有权"。除此之外,没有形容纯色的语言。我们所能做的就是采用"浅""深""暗""带点绿色"等修饰语,或者,在我们试图描述色彩时,去寻找周围相似的东西。这些东西可能来自大自然——比如樱草色或翠鸟蓝;有时它们直接来自元素本身,如铬黄或钴蓝。但正确的理解取决于共同的文化背景。"邮筒红"(即鲜红色)只是一种特别的红色,或者根本就是红色,前提是你居住的地方邮筒是红色的,而且每个人都熟悉它,才会明白这个词形容的是什么样的红色。大多数时候,这些术语都模糊得令人绝望——比如天空蓝,或者采用非常精确说法,一种画家用的颜料叫"木乃伊棕",当人们意识到它是由磨碎的埃及木乃伊粉制作而成的时候,它很快就不再流行了。

在去参观颜料制造商"温莎 & 牛顿"时(或者,如同在交易中那样,叫它"颜料商"),我发现自己越来越适应这些微妙的语义和视觉感知了。该公司的首席化学家彼得·沃尔德伦告诉我,卡其色(即土黄色)是如何在公司位于哈罗的工厂工人的对话中出现的,这些工作人员来自不同国家。英国的工作人员认为他们准确地知道这个词的意思,因为众所周知,卡其色是英国军服的颜色。我想我也一样,直到后来我在字典里查到它被描述为"一种带点淡黄色的棕色"——而我原以为它是更像泥灰绿的一种颜色。印度的工人们自以为很能理解这个词,因为卡其布是一个印度语词汇,意思是泥土色。法国和中国雇员则更加困惑,这是可以理解的。

当涉及新颜色的发明时,情况就更加复杂了,这是"温莎 & 牛顿"的重要业务之一。1832 年,威廉·温莎和亨利·牛顿发明了一种新型的湿水彩颜料,更便于艺术家们使用,于是他们做起了这项生意。从那以后,该公司为英国风景画家约翰·康斯特布尔和大多数英国艺术家提供颜料。如今,绘画颜料只是颜料市场的一小部分,其研发只能利用其他领域开发出的技术。彼得告诉我:"我们从各种各样的行业——工业、陶瓷、油墨、工业涂料、食品、建筑材料中借用技术。"目前颜料研发的主要工作是将已知的有毒色素,例如铅、砷以及镉和铬等,用艺术家们认为颜色类似但更安全的物质代替它们。"我们面临的挑战是生产出一系列现代色彩,能够重现过去人们所制造的一切颜色。"

·· ·

　　但是艺术家们也对全新的颜色感兴趣。在汽车上一直很流行的金属涂料就很有吸引力。艺术家们的另一个愿望,是得到一种明亮而不褪色的颜色,因为大部分艳丽的颜料本质上都不持久。对于"温莎 & 牛顿"公司而言,需要等待合适的时机出现。循序渐进是有好处的,至少颜料商能够避免付出昂贵的代价。彼得给我讲了一些有关汽车工业狂热地使用黄色的铋颜料的趣事。一开始,人们没有注意到,在光线曝晒下,这种黄颜色会褪色;当光线变暗时,颜色会恢复原来的亮度。当测试车停在树下时,问题才暴露出来,烤漆的颜色可谓是斑驳不堪。

1951 年,纽约现代艺术博物馆举办了一场名为"八款车"的展览。这八款作品中有五款是按照欧洲完美的车身造型谱系设计,反映了博物馆对欧洲艺术风格的长期推崇,这种风格支持了策展人的观点,即汽车是——或者应该是——"滚动的雕塑"。剩下的三辆车提供了一个具有代表性的场景,代表了美国风格:1941 年性感撩人的"林肯大陆"(Lincoln Continental)。这里所提及的大陆,不是美国,同样指的是欧洲,林肯公司总裁那时在欧洲度过了一个令人大开眼界的假期。一款 1937 年的 812 型轿车(Cord 812 Sedan),外壳由铬制成,线条不够精致。最后一辆车作为军用吉普的功能性替代品,适于那些对曲线和光泽不在意的人。

孤独的铬的美国
Part.02

展览的筹备工作是从 1950 年开始的,当时有一个关于汽车设计的会议,其中一位策展人——建筑师菲利普·约翰逊怀着罪恶感宣布(就像在一个匿名戒酒会的会议上一样),他拥有一辆崭新的别克。通用还控制着凯迪拉克和雪佛兰品牌,别克是通用汽车生产的车型中最招摇的:"(它)看起来像一架喷气式飞机,和它以同样的方式旅行。"当时有一则广告这样说。约翰逊的车性能良好,他承认,但他对这辆车的花哨外观感到尴尬,尤其是当他和那些亲欧洲的朋友们在一起时,他们开着像英国名爵这样的车。因此,为了不冒犯他人或他自己的感情,他已经打算拆除车上的装饰性铬。

一种金属怎么会引起这样的狂喜和厌恶呢? 虽然早在 1798 年尼古拉斯·路易斯·沃克兰就发现了铬,但直到 20 世纪 20 年代电镀广泛使用,铬才开始流行。在那之前,人们喜欢用镍来装饰车。镀了一层镍的物体表面散发着柔和的黄光,但抛光的铬会发出一种冷调的蓝白色和刺眼的光泽。1925 年,在极具影响力的巴黎世界博览会上,像灯具和家具这样的镀铬物体是一个显著的特色,此后,这种金属成为装饰艺术运动(Art Deco Movement)的视觉语言之一,闪现着那个短暂时代的完美光泽。《一把尘土》是伊夫林·沃在两次大战期间的杰出作品,小说中的比弗太太不断地想要重新装修别人的家,在装修中总是在广泛地运用铬元素。

这种迷人的新金属同时适用于豪华的内部装饰和实用的家居用品。它为伦敦的海滨皇宫酒店提供了盛大的装饰效果。而现代主义设计师们也充分利用了铬,反驳了人们对其的清教主义评价。在魏玛的包豪斯,艺术家拉斯洛·莫霍利纳吉给金属车间带来了革命,迫使工匠们在"从葡萄酒壶到照明装置"的制造中,放弃白银和黄金的工艺,转而采用钢、镍和镀铬的设计来进行大规模生产。路德维希·密斯·凡·德罗设计了 1929 年巴塞罗那世博会德国馆,它那瘦骨嶙峋的圆柱——最奢华、最感性的所有临时展览结构——都是镀铬的,一如他设计的大部分家具。

这些设计的不可企及的魅力,体现在它们的闪亮表面吊起了消费者的胃口。巴黎的装饰艺术穿过大西洋,毫不费力地融入了更具平等理念的美国人的机器工业时代,铬也被用来装饰豪华的家用电器和其他昂贵的物品(在风格上,像诺曼底登陆一样)。直到第二次世界大战之后,人们才有能力生产出经久耐用的金属板和吸引人的抛光技术,铬才开始大量运用于更多商品中。

铬很快成为与蓬勃发展的消费社会最紧密相连的金属元素。它散发着现代性、魅力、激情和速度。不同于当时的另一种时尚元素——铝,由于轻盈,铬几乎总是被做成板材,因此在开始时意味着肤浅。然而,有一段时间,它的明亮光芒足以消除人们的怀疑,并给予它们在大萧条和战争之后的生活中所渴望的东西———一种可以承受得起的小确幸。

在汽车工业中,铬的消费增长得最为明显。虽然这一趋势在 20 世纪五六十年代是全球性的,但最重要的是,美国的汽车成了时代的标志。有一位男子主要负责设计汽车散热器的格栅(活像一张露齿而笑的嘴巴),凸出的保险杠及越来越高的挡泥板,他就是哈里·厄尔,人称"底特律的达·芬奇"。在通用汽车公司领导新创建的艺术和色彩部门时,厄尔将好莱坞元素注入了汽车城,成为公认的汽车造型先锋,对通用汽车的别克、凯迪拉克、庞蒂亚克和雪佛兰的全线车型都产生了巨大影响。他与好莱坞著名导演塞西尔·B.戴米尔算是熟人,不久他就引入了"新车型年"的概念,这一概念确保了他的设计团队可以持续地工作,并以其不可抗拒的变革方式,导致每年秋天新车型的盛大揭幕。就像孔雀的进化一样,一段时间后,唯一的创新路径就是创造出越来越多的多余元素,这意味着越来越多地使用铬。清教徒般的博物馆策展者从未能遏制住这股风潮。

铬成为美国式富足的国际名片。在伦纳德·伯恩斯坦和史蒂芬·桑德海姆的《西区故事》的精彩表演中,波多黎各女孩唱道:

> 汽车在美国,
> 铬钢在美国,
> 钢丝轮辐的轮子在美国,
> 了不起的事发生在美国!

其中的一个名叫罗莎莉娅的女孩,她喜欢美国的东西,就像喜欢其他的东西一样,但却渴望回家,梦想着:

> 我要开一辆别克车穿过圣胡安。

在半个地球之外,在詹·格·巴拉德的小说《太阳帝国》中,汽车上的铬的闪光,标志着在战前的上海,美国的地位不断增长。一辆克莱斯勒豪华轿车的铬桅杆上挂上了国民党旗帜,这标志着中国与美国的结盟。在接近书的结尾,一个神秘的"欧亚"出现了,将吉姆——这部自传体小说的中心人物——从体育场解救了出来,那时,他与数百名战俘一起被押在体育场。书中写道:**他讲话时带着刚学会的浓重的美国口音,吉姆认为这是他在审问被俘的美国空勤人员时学到的。他戴了一块镀铬腕表**……美国式的模仿,就像战利品手表一样,是可以随意切换的。

随着时间的推移,铬的含义变得越来越多元,越来越模糊。但设计师们有意识地使用这种金属来传达一种速度感——即使有时候,有些产品根本与速度无关,比如手动削笔器。哈利·厄尔的设计师们在他们的别克车和凯迪拉克轿车上用华丽的整流罩和精心设计的水平波纹来捕捉光线,并把光投射进观察者的眼睛里。这种导弹形状的头饰和尖利的副翼也被镀了铬,这些线条显然不仅暗示着速度,而且暗示着一种有侵略性的阳刚之气。这些绝对是"成功人士"的汽车,就像20世纪50年代的别克广告一样(在铬合金中形成的男性特征与车身曲线所体现出的女性特质相对应,使这些设计成为深思熟虑之下雌雄同体的机器)。

闪闪发光的金属与速度之间的联系显然是永久性的。在奥维德的《变形记》一书中有个法厄同战车的故事,法厄同恳求借用他父亲的车,这辆车迅速地在火焰中坠毁,它的**"车轴和轭都是用金子做的,金色的边缘环绕着车轮,上面有银色的辐条"**。

令人难以接受的是,1937年的科德斯中的一款被命名为"机械增压辉腾"(Supercharged Phaeton)。

这一趋势在《撞车》中达到了一个爆炸性的高潮,在詹·格·巴拉德的这部令人不安的小说中,撞车被认为是能够产生性冲动的癖好,在这部小说中,人们想象并上演了车祸。铬作为一种兴奋剂贯穿始终,它首先提供了一种棱镜,通过它可以瞥见情色的场景——**"她的坚挺的乳房在高速行驶的汽车的铬和玻璃笼子里闪闪发光"**,然后是在越来越骇人的暴力场景中使用的武器,在那里,硬金属部件撞击并穿透血肉,产生强烈的感官刺激。金属刺眼的闪光是关键。巴拉德想象着从铬板上反射出来的如同"闪烁的长矛"一般的午后光线撕裂了皮肤,然后光线又移动,落到"年长的家庭主妇的乳房上"。"挡风玻璃组件的铬百叶窗"……"镀铬的门锁在汽车尾灯的反射下发出的光,撕破英俊少年的脸颊。"

在我们对危险技术的非理性的爱的批判中,铬仅仅是一个表面,它激发了我们的欲望。《撞车》于 1973 年出版,当时,第一次石油危机爆发,公众对在汽车上使用铬元素的热情已经冷却下来。但到目前为止,这种金属已经在巴黎、魏玛和底特律以外的地方广泛传播,成为消费主义的强大符号。

菲利普·约翰逊从他的别克车中拆除了铬合金,一两年后,一群艺术家和作家在伦敦梅菲尔的当代艺术学院相识,并下定决心,以一种毫不羞愧的目光看待让约翰逊感到羞愧的事。这个独立团体的创始人是理查德·汉密尔顿(Richard Hamilton)、爱德华多·派洛齐(Eduardo Paolozzi)和评论家雷尼·班纳姆(Reyner Banham)。他们对技术和日益增长的消费主义文化采取了更宽容的看法,并为那些被艺术机构选择性忽视的流行小说、电影、广告和按摩产品正名。他们寻找那些拥有所谓的有"象征性内容"的物品,而不是符合贵族品位的东西,这是创造出人们真正喜欢的东西的关键。在一次会议上,班纳姆明确称赞了底特律的风格。后来,他搬到了洛杉矶,在那里他终于不得不学习驾驶汽车,他把这种经历比作得先学会意大利文,才能阅读原汁原味的但丁作品。

波普艺术的创始人之一理查德·汉密尔顿定期将新画作展示给该组织的其他成员。这些类似拼贴的作品开始融合这些闪亮的消费品的形状。1957 年致敬"克莱斯勒公司"的车款成了美国汽车的代表,它那性感的粉色和镀铬的机械部分,突出了现代汽车广告中显而易见的象征意义。汉密尔顿在油画中模仿了铬的光泽,也由此将自己和艺术家们联系在一起,这些艺术家在他们的静物中放置了金属物体,以展示他们对光学和色彩的掌握。但对于汉密尔顿来说,这是一个悖论,因为现实主义越强烈,用于表示物体的深度和硬度的色调就要越谨慎。所以在作品中,更重要的是提醒观众注意镀铬的本质,他通过粘贴金属箔片来完成画龙点睛之笔。

这些画将女性身体的轮廓和烤面包机等家庭物品的曲线相类比，被认为是对富裕社会中的隐秘的女权主义的攻击。但汉密尔顿似乎给出了一个更加模棱两可的评论。铬，特别是用在汽车的外观上，代表着一种男子气概的吸引力，这种吸引力如今依然存在，尤其是在美国的卡车和摩托车上。然而，正如汉密尔顿的下一幅代表画作所指出的，铬也被女性所青睐。这件作品被称为"$ he$"，它以半抽象的形式展示了女性的身体：围裙、打开的粉红色的冰箱门及画作的前景之中，一种变异的镀铬设备，似乎是烤面包机，又像是真空吸尘器。汉密尔顿说："女性和家用电器的关系是我们文化中的一个基本主题，就像西方电影中的决斗一样，这是一种令人着迷的典型行为。"无论他们对这些画有什么看法，女性对铬的纯白光泽的欣赏并不落后，这代表了以前用于家庭用品的铜器和锡器等金属发生了巨大改变，以往所用的金属需要经常抛光。美国著名社会评论家艾米丽·波斯特写道："在我看来，没有什么金属能像铬一样完美地回应地家庭主妇的需求。"她发现，"它不仅对眼睛有吸引力，而且在实用性上也有吸引力。"

然而，很快，铬似乎从一种具有普遍魅力的材料转变为一种闪亮甚至是俗艳的东西。作家们最喜欢看那些闪闪发光的东西。一位文化评论家评论道："美国大众没有错，美国汽车就没有错。"他巧妙地反转了通用汽车公司总裁的说法："对国家有利的东西也对通用汽车有利，反之亦然。"弗拉基米尔·纳博科夫描述了洛丽塔母亲"**明亮得使人沮丧的厨房里，镀铬餐具闪闪发光，挂着家用品公司发放的月历，装饰着可爱的早餐之角**"——这是众多作家对这一情景的刻画之一，唐·德里罗在其宏大的小说《地上世界》（*Underworld*）中称之为"**孤独的铬的美国**"。

铬已经失去了对社会上有抱负的人的想象力的控制，而其声誉也一落千丈。抛光了的铬的拜物性质被开发出来，用于情色艺术中，赤裸的女性身体被展示为闪闪发光的机器。威廉·吉布森写于 1982 年的短篇小说便以"铬"作为其中一位妓女的名字，因为她那张漂亮的孩子气的脸光滑如钢。像杰夫·昆斯这样的后现代主义艺术家给了铬另一个推动力：使用抛光的含铬不锈钢制作出一些不值钱的小玩意，通常被发现悬挂在汽车后视镜上，取名为兔子、甜心、气球狗等，狠狠地嘲讽了那种超级恶俗的坏品位，这些玩意儿在拍卖会上卖出了数百万美元。与此同时，铬的表面已经变得比以往任何时候都更"假"了，甚至可以用它光滑的金属面把塑料包裹起来。

铬遭到淘汰的另一个真相是，由于人眼睛对抛光表面的不规则性非常敏感，所以很难实现对铬的视觉模拟——这成了计算机图形学的一个基准，被记录在诸如《终结者》和《终结者2》这样的邪典电影[①]中。然而，就连电脑绘图大师也已透过表面看清实质，在20世纪90年代之后，他们开始将"铬"作为贬义词，来形容过分追求效果的作品。

---

① 邪典电影，是指某种在小圈子内被支持者喜爱及推崇的电影，指拍摄手法独特、题材诡异、剑走偏锋、风格异常、带有强烈的个人观点、富有争议性，通常是低成本制作、不以市场为主导的影片。——译者注

二

阿贝苏格的蓝宝石
Part.03

二

在通往巴黎郊外的圣丹尼修道院教堂的路上，景色十分暗淡，而在荒凉的城市广场上第一次看到这座教堂的景象，也好不到哪里去。这座建筑矮矮的，不平衡，有点散乱。但当我进入了其内部，一旦我的眼睛适应了昏暗，就意识到我不会失望。我的第一印象是这里挑高挺拔，这是由于一排排的柱子干净利落地直至屋顶所造成的感觉。尽管灰色的石头毫无魅力，但由于有大量的彩色玻璃窗和细长的柱子，室内可以达到中世纪的采光标准，很明亮。在祭坛的方向，有一种深蓝色的光线十分抢眼，虽然改变了阳光的颜色，却使阳光更有存在感。彩色玻璃上的其他颜色投射在地板上，显得珠光宝气。另一方面，蓝色的光芒似乎并没有那么强烈，而是从某个地方渗出，慢慢地包围了我，像潜入了水底一般。

圣丹尼是哥特式大教堂的雏形，是著名的修道院院长苏格尔的杰作。我们往往认为哥特式建筑是沉重而阴森的，但事实并非如此。蓝玻璃是众多美丽、新颖的材料当中的一种,苏格尔主要将它用在教堂东面的窗户上,那里在早晨的阳光下,朝拜者期待的凝视得到了阳光的回应。苏格尔说,教堂"闪耀着一种奇妙的、不受干扰的光芒"。

有些窗户是在 19 世纪修复的,替换的窗格颜色更明亮,细节更加清晰。但真正的哥特时期的蓝色玻璃颜色依然那么鲜明。从耶稣诞生的窗户的颜色上可以清楚地了解到,中世纪的工匠们很清楚这种蓝色的特别之处:基督被裹在深蓝色的褪褓里,而圣母玛利亚也被裹在里面。

蓝色一直是自然界中最难提取的颜色之一,通常它看起来就像天空本身一样无形。但苏格尔能够利用新发现的优质蓝色资源,这是在当时还不知名的钴矿中获得的。由钴的化合物提炼的颜色,其色彩强度可以达到任何其他玻璃颜色的 5 倍,在 12 世纪,这些特殊矿物的实用性,引发了非凡的蓝色时尚热潮。在圣德尼、费罗斯特、勒芒和其他一些伟大的教堂的玻璃窗上,都镶嵌着"珍贵的蓝宝石"。受到玻璃工匠的启发,其他工匠也开始在搪瓷、绘画、服装和纹章等领域更频繁地使用蓝色。这种颜色在圣母玛利亚所穿服饰中变得常用,因为这种神圣的联系,法国皇室也开始采用这种颜色。当我离开圣德尼,回到巴黎时,我意识到,这种蓝色遍布整个城市——体现在传统的蓝白相间的珐琅街道标志牌和地铁的标志牌上。

到 12 世纪末,对蓝玻璃的需求量如此之大,以至于从铜和锰中提炼出的其他蓝色都必须用于满足教会的需求。虽然这些不太稳定的颜色在几个世纪以来一直在恶化,但圣丹尼的钴蓝色和其他任何地方的钴蓝色都仍保持着苏格尔时代的真实和鲜明,它那种"闪光的暗色调"被某些人认为是"神圣的存在"的完美体现。

通过分析其特有的杂质,原则上可以追溯任何矿物的源头,就像侦探分析鞋子上的土壤成分一样。然而,在实践中,将成品中发现的元素与特定矿石的组成相匹配的工作几乎还没有开始。然而,苏格尔的蓝色有可能是在波斯的矿井中提取的。交易者可能直接携带未经加工的砷钴矿石或是它的玻璃状衍生物大青(smalt)来到法国——但这只是推测,因为中世纪的玻璃往往是由回收的罗马玻璃和拜占庭马赛克瓷砖制成,其原材料也来自于波斯。

· ·

砷钴矿是一种闪亮的灰色矿物,它让人看不到隐藏在里面的浓烈色彩。通过在空气中烘烤,可以得到氧化钴,其色泽也很暗淡。只有当这种材料与石英或碳酸钾结合在一起时,才会形成亮蓝色的大青。大青本身就是一种玻璃状的材料,它能完美地混入玻璃和陶瓷中,但尽管颜色很浓,它并不适合作为涂料。如果表面太光滑,它就会散射所有光线,而不是只反射蓝光,这会使它显得苍白而透明。但是在太过粗糙的地方,它又会导致油漆表面色彩不均匀。尽管如此,16 世纪的艺术家们还是经常使用大青色作为基础色,或者在彩绘天空时将其稀疏地涂抹开。像提香这样的画家,在他们的画作中明显绘制了许多蓝色的衣服,而他们使用的就是大青,同时,他们仍然喜欢使用由青金石制成的深蓝色。

我从一个艺术用品供应商那里买了一小罐大青。它不像其他颜料那样是粉末状的,而是有细沙那样的颗粒感。在明亮的灯光下,我可以看到强烈的蓝色微妙地变换着:材料本身的颜色比我刚开始看到的要深,但是它的晶粒的闪光使它变得明亮。我将它和亚麻籽油混在一起,像文艺复兴时期的艺术家曾经做过的那样。混合物在我的铲子下沙沙作响,随着液体的渗入,颜料几乎变成了黑色。我把混合的颜料涂在画布上,颜色又恢复了,但不管我涂得多么轻多么薄,也画不出浅蓝色来,只会留下一些刮擦的痕迹和强烈的原始色彩的条纹。

16 世纪,一种欧洲的新原料来源使蓝色时尚更为流行,人们发现在萨克森和波西米亚之间的山脉中长期开采的银矿也富含砷。撒克逊矿工,传统上被认为是欧洲最好的矿工,却痛恨开采新矿物。矿石的另一种主要成分——砷——被炙烧掉,工人们暴露在这种有害的烟雾中。矿工们把他们的不幸归咎于一个名叫科波德(Kobold)的小地精。

当歌德的《浮士德》第一次召唤出魔鬼梅菲斯特(Mephistopheles)的时候,他依次求助于火、空气、水和土这"四元素",其中的土元素就是以科技德的形象出现:

首先,面对这地狱,

我必须重复四次咒语:

沙罗曼蛇(代表火)要燃烧,

> 隐身的西尔芙(代表空气)要出现，
> 温蒂妮(代表水)在波浪中起伏，
> 科波德(代表土)将被奴役。

挪威作曲家爱德华·格里格将他的一首咆哮的、咄咄逼人的钢琴小谐谑曲命名为"小巨魔"(smartold)，德国人把这部作品叫作"科波德"，但英文的译文用了"小精灵"这个词，未能捕捉到这个角色的卑鄙。

当然，当时蓝色颜料的化学组成并不为人所知，而且隐藏其中的元素也是未知的，但这并不能阻止它成为一种高度市场化的商品。1735年左右，钴元素终于被发现了，在此之前，它已经盛行了好几个世纪。这时，化学家和瑞典铸币厂的管理者乔治·布兰特推测，大青并不仅仅是已知金属和砷的化合物。他以梦魇般的科波德之名，将这种新的金属命名为钴(Cobalt)，向那些不幸的矿工致敬——或许他是借此扭转钴与异教徒之间的关系，把它与启蒙科学联系起来。

大青不仅与玻璃制造有关，而且与陶瓷材料及其工艺高度兼容。当陶器被烧制的时候，它是少数能够保留颜色的物质之一。的确，加热使蓝色更加鲜明。其他的颜色也可以在之后绘制上去，但蓝色能够在釉下被固定下来，这确保了它的统治地位。最早使用这种蓝色的欧洲商品，如意大利产花饰陶器及其仿制品和彩瓷，都依赖波斯的钴，威尼斯的玻璃制造商也是如此。虽然构成不同，中世纪的伊斯兰教和基督教装饰艺术中使用的蓝玻璃和陶器中所含有的钴，也是来源于波斯丰富的资源。波斯文明的瑰宝是波斯的阿拔斯一世在17世纪初在伊斯法罕建造的清真寺。它的大门上是一片金色的阿拉伯文字，写在蓝釉上。自9世纪以来，中国人一直在瓷器上创造着蓝色的图案，他们也依赖于波斯人提供的回青(Mohammedan blue)，这是沿着丝绸之路运过去的。这种艺术在明朝时达到了顶峰。这一时期的工匠们常常把他们的调色板限制在这种单一的颜色上，他们更喜欢把它与冰白色瓷器相搭配，而不是用更自然的色彩。

在我的脑海里，我看到了一幅灰蒙蒙的蓝色轨迹，向东西辐射，从波斯和萨克森的矿山到世界上那些伟大的艺术中心，就像航空公司航线图上纵横的线条一样。这些线条在不断地增加。归来的探险者们首先将中国明代瓷器引进了葡萄牙,然后又从荷兰东印度公司大量进口。欧洲的陶工们受明代瓷器的启发,试图使用当地的产自萨克森的大青仿效中国的艺术。荷兰的代尔夫特(Delft)成为这一潮流的中心,这个城市的名字已经成了蓝白陶器的代名词(代尔夫特精陶),这些陶器是当时在荷兰制造的。1708 年,出现了一种新的黏土和温度更高的窑炉,这两种因素最终使欧洲瓷器成为中国瓷器的竞争对手。在民主德国迈森生产的皇家撒克逊瓷器,运用了大青以及新的黏土,很快就出现了许多图案,但其中最经久不衰的是蓝洋葱,这是一种源于中国的花卉设计。其他瓷器厂迅速在欧洲各地涌现。尽管也会有其他颜色,但最初的蓝色设计,仍然是瓷器厂最受欢迎的品种。

在英国也是如此,对 18 世纪的皇家伍斯特和斯波德陶瓷工厂来说,基于中国灵感而产生的蓝色设计产品是早期的成功之作,它们找到了使餐具生产工业化的方法。其中一种垂柳图案(Willow Pattern)的产品,至今仍在销售。菲恩瓷器的英国制造商威廉·库克沃斯曾是普利茅斯的药剂师,为了开发他在康沃尔发现的陶土矿床,他创立了自己的品牌。他也是英国大青贸易的关键人物,库克沃斯的贸易和地理位置对他的成就至关重要。在繁忙的海军港口,他可以挑选来自英国海外殖民地和异国的稀有原料。他从弗吉尼亚买来陶土和化学药品,用来制作他后来供应给海军和其他出境运输的药品。他认识到萨克森有大青资源的优势,开始垄断进口到英国的材料。之后,库克沃斯把自己的瓷器生产转移到了布里斯托(Bristrol),他占据了优势地位,控制大青的进口,将塞文河带入陶器生产的中心,正是在这儿,1784 年,制造商斯波德开始使用钴釉来转印图像,创造出最具特色的英国蓝色餐具。

库克沃斯的大青很快也得到了布里斯托市玻璃行业的青睐。布里斯托是"三角贸易"的顶点之一,通过奴隶贸易将英国、非洲和加勒比海联系在一起。从英国加勒比海殖民地的种植园里运到布里斯托的糖,刺激了当地酿酒厂的建立,反过来又引发了对瓶子的需求。瓶子是后来由布里斯托出口到非洲和其他地方的许多成品之一,由此形成了臭名昭著的三角贸易。

虽然彩色玻璃和透明玻璃在化学成分和基本性能上相似,但彩色玻璃比透明玻璃有更低的消费税,而透明玻璃通常是用来装饰餐桌或用于窗户和枝形吊灯。为了避免更高的关税,玻璃瓶制造商会为玻璃着色。到 18 世纪下半叶,布里斯托以彩色玻璃闻名于世:除了由铁杂质形成的绿色和棕色之外,他们还运用库克沃斯的大青,发明了一种深蓝色的玻璃。大多数酒瓶都不值得再回头细看,但蓝玻璃是新颖而且美丽的,所以很快就找到了市场。这种玻璃被制成格鲁吉亚风格的酒瓶和器皿,吸引着来自城市的富有商人及巴斯等地的暴发户。然而,这种繁荣是短暂的。独立战争后美国殖民地的丧失导致了整个工业的崩溃,留下的仅仅是布里斯托尔蓝这个名称,即深蓝色。

1996 年,哈维氏(Harvey's),一家位于伦敦的雪利酒进口商(现在已被国际集团吞并),决定将最受欢迎的布里斯托奶油雪利酒放在蓝色的瓶子里,以纪念它的百年诞辰。这一营销理念取得了巨大的成功,直到现在,雪利酒依然被放在布里斯托蓝的瓶子里。

我从伦敦布卢姆斯伯里地区著名的"科内利森父子"老式艺术家物料店买到了大青。这家店看起来让人觉得莫奈和毕沙罗曾为绘制伦敦的城市风貌而在此购买物料,法国野兽派画家安德烈·德朗曾选择新的华丽的含镉颜料,为他的画作《伦敦池》增添迷幻的视觉效果。黑色的木制架子从普通的木质地板一直顶到天花板,颜料管放置在架子上,与视线齐平,但最引人注目的是架子上方一排排巨大的玻璃瓶,里面装有鲜艳的粉末状颜料,颜色极为纯净。钴蓝色比我的沙粒状大青更亮、更白,带有明显的红色。它的旁边是锰蓝,一种非常亮的带点绿色的蓝颜色,主要成分是锰酸钡,还有含铬黄铬绿、众多精彩纷呈的含镉和含钴的紫色,非常不可思议,很难想象这些糖果般的色彩源于哪种自然元素。

后来我到科尼利森(Cornelissen)的仓库去拜访颜料采购商。一种奇妙的缘分让他选择在这里工作,因为他的名字叫奥勒·科尼利森(Ole Corneliussen)。他坚称自己与 1855 年创立该公司的那个叫科尼利森的比利时人无关,而且他们的名字的拼写也不同。得知他的工作不涉及去遥远的土地上巡查矿藏,我略感失望。"我不知道你是否看过伊斯坦布尔的香料市场,"奥勒略有些遗憾地说。我点头,他继续说道,"这儿与那里不一样。"他们从制造商处获得样品并进行检查,在决定购买时,并不在意颜料被提取或精炼的地点。赭色可能来自于锡耶纳附近,铜色系也可能来自塞浦路斯,但物质品质远高于颜料的历史。

"科内利森父子"老式艺术家物料店的颜料

　　所有古代的颜料品种现在都可以买到,即使是雌黄和雄黄——古代颜料中黄色和红色,其主要成分是让人非常忌讳的硫化砷——专业人士还是能买到。通常情况下,这些颜料并不像它们乍一看上去的那样。即使是黑色和白色也不是纯粹的。普通的炭黑色,传统上是燃烧油灯制成的碳粉,在我看来,它不是真正的黑色,而是非常深的蓝灰色,以锰和铜氧化物为基础的尖晶石黑色显得更黑。奥勒为我展示了一些最后剩下的铅白,在新的欧洲健康和安全条例生效之前,他会将其出售,之后艺术家们将不得不使用钛白。他们对颜料的前景并不都很满意。他解释说,当你把钛磨碎时,钛会很黏,而铅白则因为含铅而富有弹性。铅白是由层状的铅和白垩粉制成的,所以呈片状,混合的颜料在画笔上感觉很厚重,因为它非常稠密,其处理和阴干的方式正是艺术家们所喜欢的。

　　奥勒·科尼利森自己不画画,所以他欣赏的只是颜料本身——"主要是为了颜色,但这并不总是很容易描述",而且偶尔也为了追求一些特殊癖好。他最喜欢的是我在店里看到的糖果般的钴紫色。它是明亮而浓郁的,"具有这种质感的颜色是非常少见的。这是一种深紫色,尽管它的色调是浅的——除非用'荧光'这个词,否则很难描述它"。

　　他向我告辞,因为他要去处理一份来自艺术家阿尼什·卡普尔的订单——一吨碳酸钙白垩粉。"天知道他要拿去创作什么。"

古斯塔夫·福楼拜在他的《庸见辞典》中写道,"**砷在任何地方都能找到(记得拉法基太太吗)**",有些人还经常口服它呢!

在科学问题上,作为外科医生的儿子,福楼拜一如既往地敏锐。砷是广泛而丰富的,因此它从来没有被单独开采过,而是从其他采矿活动的废料中获得,尽管它被认为是毒药,但它对人类生物学来说是至关重要的。它被吃进肚子中,特别是在吃贝类的时候;同时作为一种沿用至今的药物,它也有着悠久的历史。到19世纪,砷化合物被用作颜料和染料,用于许多医药制剂中,并被用于制作铅球、玻璃和烟花。

但砷最广为人知的,还是作为一种经典毒物,伴随着许多关于砷中毒的传闻,其中有虚构的,也有真实的。在遥远的南大西洋圣赫勒拿岛,拿破仑的死无疑是最有争议的。这个故事再次说明了,颜色和毒性是如何结合在一起的。1821年5月,这位被废黜的皇帝去世后,他的私人医生对他进行了尸检,参与尸检的还有一位与他随行的科西嘉人。他

遗产粉
Part.04

·· ··

们发现了胃溃疡症状,并将其死因定为胃癌。直到 1955 年,拿破仑的
贴身男仆的日记发表之后,人们才开始怀疑这一结论。拿破仑的狂热
追随者、加拿大人本·魏德认为,在 1821 年的最初几个月里,日记中对
拿破仑病情恶化的描述和中毒的症状非常相似。1961 年,瑞典毒理学
家斯特恩·福什胡夫德对拿破仑的头发样本进行了分析测试,发现其
中确实含有高浓度的砷——拿破仑的许多忠实仆人十分有先见之明,
留下了一撮拿破仑的头发。这两个人最终联手进一步加以测试,以验
证拿破仑是蓄意投毒的受害者的理论,通过一系列曲折的谋杀推理,他
们得出了一个肯定的结论。但问题是:这是谁干的?他们并没有深究
下去,魏德和福什胡夫德在一系列的书中详述了他们的理论。

这一理论的大肆宣传使《新科学家》(New Scientist)期刊的作者、
化学家大卫·琼斯,想弄清拿破仑被囚禁在圣赫勒拿岛时所住的朗伍
德别墅的墙纸,是不是比暗杀者更可能是有毒砷的来源。在当时的壁
纸中,绿色的色调通常是用砷的化合物制成的,在卡尔·舍勒发现亚砷
酸铜后,这种颜色被称为舍勒绿。在拿破仑被流放的年代,还有一种新
的明亮绿色的染料,它含有醋酸亚砷酸铜。它的出现是颜料商出于好
奇,将醋酸铜(也被称为铜绿)与舍勒绿的阴暗色调结合在一起得到的
幸运产物。

这种颜色如此醒目,以至于被冠以"翡翠绿"的名字来销售。由于
它有毒,现在它已被禁止出售了,但我在父亲的油漆中发现了一小管,
它的标签因为 60 年来亚麻籽油的浸润而变得半透明。令我吃惊的是,
那个滚花金属帽一拧就开,里面的油漆有些惨淡,有灰蓝色的底色,它
与自然界的任何阴影都不相同。这种刺眼的、病态的绿色让我怀疑,我
们所说的"有毒的阴影",是不是来自含砷的颜料。

琼斯知道,在合适的条件下,这种材料中的砷可以发生化学反应,
转化为气态的物质砷化氢。他偶然在广播节目中谈到了这一现象,以
及它如何解释了整个 19 世纪的许多神秘疾病和死亡,他推测,也许它
也加速了拿破仑在潮湿的监狱岛上的死亡。只要知道朗伍德别墅墙纸
的颜色,就能进一步确定事实。让琼斯大吃一惊的是,节目播出后他就
收到了一名女子的来信,她不仅知道墙纸的颜色,而且还在一本剪贴簿
里保存了一个样本,这本剪贴簿是她的家族祖先们的旅行记录本。其

圣赫勒拿岛的朗伍德别墅，拿破仑被囚禁处

中有一页贴着 1823 年访问圣赫勒拿岛的纪念品，有一张纸条写着："**这是一块拿破仑房间脱落的墙纸，拿破仑的灵魂已回到上帝的怀抱。**"琼斯于 1982 年在《自然》杂志上发表了一篇对这张"绿金相间，有着星星图案"的墙纸进行化学分析的结果，并指出砷的存在——这结果并不令人意外，因为当时这种颜色非常流行。与此同时，人们对福什胡夫德最初的分析产生了怀疑。人们使用更先进的设备对皇帝的头发进行了新测试，结果显示，其中除了砷之外，还有高浓度的锑和其他潜在的有害元素。锑可能来自于拿破仑服用的标准剂量的催吐剂，这种药很可能对他是弊大于利的。

近 200 年之后，想要确定死因是不可能的了，人们甚至未对样品头发进行 DNA 测试以确认其真伪。然而，最近拿破仑的传记承认他的症状与砷中毒是一致的，无论什么来源的砷都可能是导致这位前皇帝死亡的因素。人们一致认为，他的英国看守人可能试图掩盖真正的死亡原因，被掩盖的应该还有更多的真相，这只是其中之一——他们对该岛的管理不善使得痢疾肆虐，但是，没有必要执着于疯狂的暗杀理论。

2008 年人们在对证据进行重新检验时发现，在流放生涯之前，拿破仑的头发及他的妻子约瑟芬和其他家庭成员的头发中的砷含量，按照今天的标准来衡量都是超标的。没有证据表明他在被监禁后，头发中的砷浓度突然上升。然而,这一最新研究的研究者们可能只是简单地调查了毒理学文献,而不想深入分析拿破仑的头发。他们发现,按照今天的标准,那个时期的人类遗骸通常都会显现出砷的含量超标,这只反映出一个事实,那就是砷元素确实无处不在。

也许是砷导致了拿破仑的死亡,也许不是,但它确实是导致许多其他中毒事件的原因,无论是蓄意的还是意外。最受关注的是 20 世纪 50 年代美国驻意大利大使克莱尔·布思·卢斯,他同样经历了"朗伍德别墅墙纸"式的砷中毒,之后发现,她是因大使官邸华丽的天花板上落下的油漆碎片而中毒的。她因病退休了,好在后来又恢复了健康。卢斯是砷这个广泛存在的威胁的当代受害者。绿色涂料,绿色印刷品和绿色纸张,绿色墙纸,含绿色染料的家具和布料,尤其是在人工制造的绿色植物的叶子中,都含有砷的化合物,可能在潮湿的卧室和苗圃中造成了许多神秘的死亡。在维多利亚时期,人们越来越怀疑这些材料是罪魁祸首。《柳叶刀》和《英国医学杂志》敲响了警钟,并大力开展了禁用砷的运动。不过,尽管一些公司开始发布无砷的墙纸,大部分装饰

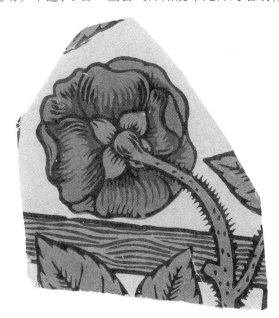

威廉·莫里斯所设计的含硫化汞的玫瑰图案

行业都在否认它们的产品在普通室温下会释放任何有害物质。直到1893 年,人们才发现,墙纸胶和绿色颜料发生反应,可以产生砷化氢气体。那一年,在一篇关于染色艺术的文章中,设计师威廉·莫里斯对合成染料进行了抨击,其中包括"砷绿"——**"在追逐利润的过程中为资本家服务"**,但却让国内的工艺**"严重受伤""几乎被摧毁"**。莫里斯为传统植物染料在墙纸和纺织品上的生存而疾呼。奇怪的是,最近,对莫里斯自己的壁纸设计的射线分析显示,他的绿色来自于亚砷酸铜,而图案中的一朵红玫瑰是硫化汞的朱红色——这是一件非常危险的艺术品!

有些人在利用砒霜时很清楚他们在做什么。1770 年,少年诗人托马斯·查特顿使用砒霜自杀,在那时,这样做是浪漫的表现。1840 年,在法国利穆赞大区的蒂勒,玛丽·拉法基被指控用砒霜毒死丈夫。这件事轰动一时,30 年后,福楼拜未经修饰地将它收入《庸见辞典》这本书中,他知道他的读者都会记得这一事件。当然,作者对这类"绝望主妇"的兴趣不止于此——他自己创作的《包法利夫人》中也使用了砒霜来谋杀。拉法基夫人的辩护律师请来的著名毒理学家马蒂厄·奥菲拉指出,她丈夫的尸体和食物残渣中含有砷,这一证词被证实之后,法拉基夫人被定罪。这是法医学被用来定罪的第一个案例。

在现实中、小说中,砷都成了侦探故事的主要要素,而砷通常是从药店获得的,在那里它被出售,从医用药品到老鼠药都含砷。在这些案例中使用的元素的形式很可能是被称为"白色砷"的糖果状的氧化物,这种无色物质对装饰艺术毫无用处。这种元素因其在家族谋杀案件中的使用而广为人知,不久便获得了"遗产粉"的绰号。说到翡翠绿,在布罗德摩尔戒备森严的精神病医院,一名患者在监狱的美术课上积累了足够多的砷元素后自杀身亡,之后,温莎 & 牛顿公司在 1970 年左右停止了制造这种颜色。

在寻找砷中毒死亡案例的时候,我惊讶地发现了康涅狄格州纽黑文市的玛丽·斯坦纳德的故事。1878 年,当 22 岁的她发现自己有可能怀孕了的时候,被情人赫伯特·海登所杀。他给她注射了大剂量的药物来流产,但实际上注射的是砷。然后他用棍棒把她打死,还割断了她的喉咙。然而,这个血淋淋的故事并不是让我陷入停顿的原因。不,令我呆住的是玛丽和斯坦纳德是我母亲用过的两个名字,她于 1930 年

· ·

出生在康涅狄格州。我自己家族的一个分支,就是这样被残忍地割断的吗?

在 20 世纪之前,公众对砷的接触基本上是不受限制的。如今,白色的砷被更严格地管制着,但在医学上仍被广泛使用:美国食品和药物管理局(FDA)最近批准它用于治疗白血病患者。自然界中的砷不太容易受到控制,因此,它的化合物悄无声息地造成了巨大的危害。全世界多达 1 亿人的饮用水可能受其污染。对孟加拉国的水、土壤和稻米的调查显示,这些元素的含量远远高于西方国家认为安全的水平。这一问题是近期才受到关注,水从深井运输到"管井",这些水源为数百万人提供了饮用水,但水里却含有从上游自然沉积物中冲刷出来的砷。一些科学家认为,癌症的流行是不可避免的。这不是福楼拜的想象,不幸的是,这是真实的,而且比他想象的要严重得多:的确有人在定期服用砷。

约翰·斯坦贝克在小说《罐头厂街》(*Cannery Row*)中描写道，在李庄（Lee Chong)的杂货店和数家商场之一的弗洛普豪斯宫之间有一个西方生物学实验室，在那儿，你可以买到"**海洋里可爱的动物，海绵，金枪鱼，海葵，星星和扶壁星，太阳星，双壳动物，藤壶，蠕虫和贝壳，神话般的、形状多样的小可爱，海洋中会动的花**"等。

标本收藏家们总是对海底生活的各种形式感到惊奇，因为它们常常是美丽而又神秘的，处于动物、植物和矿物世界的交叉点，而且只有在暴风雨的间歇才从海洋深处显现出来。斯坦贝克名单上最神秘的东西是被囊动物(tunicate)，一种包有鞘的动物，它们通常生活在海底，是成群结队的袋状的生物。我曾借用过伦敦自然历史博物馆的标本来做展示。它被保存在一个方形的厚玻璃水槽中，里面装满了保存液，就像西方生物的标本一样。生物，或众多生物或植株——科学家们仍不确定如何将这些东西分类——它们的形状与颜色都极为混沌，就像一些奇奇怪怪的

血液中的彩虹
Part.05

••

餐桌装饰物。每个"袋子"都有自己的透明被膜,像塑料雨衣,轻柔地将海水吸进再排出,以提取养分。这些生物体会成簇出现,但却以蓝色、绿色、紫色、粉色、黄色和白色来表达它们的个性。

被囊动物标本

1911 年,一位名叫马丁·亨泽的德国生理学家,好奇为什么它们会如此色彩斑斓,他从那不勒斯海湾捕捉了一些被囊动物,惊奇地发现它们的血液中含有大量的钒元素。在元素周期表中,钒在铬元素前一位,它与铬一样,能形成各种颜色的化合物。在这些生物体内,钒的浓度要比它们吮吸食物的海水中的钒浓度高 100 倍,而且根据广岛大学的科学家们的研究,被囊动物对任何一种金属的收集能力都是最高的。似乎有理由认为,它们是为了某目的而收集钒的,这种绿色细胞,被称为"钒细胞",元素在血液中收集并识别与其结合的各种蛋白质。尽管如此,科学家们仍不确定这一目的是什么。起初,人们认为钒类似于人类的血液中铁的功能,但是这个观点已经被否认。这种元素也可能在动物的免疫系统中起重要作用。

在第二次世界大战期间,这一反常的自然现象引起了军方的注意。含钒的钢铁比其他金属要坚硬得多,因此在士兵的头盔、装甲钢板及机械方面都需要使用它。美国陆军部联系了霍普金斯海洋站的唐纳德·阿伯特,军方想知道是否可以通过捕捞采集海鞘,甚至是养殖它们来获取钒这种稀有的金属(霍普金斯海洋站是位于蒙特利的斯坦福大学的研究基地,是斯坦贝克小说中西方生物学实验室的原型)。政府官员哄骗科学家们说,钒不是常规武器所需要的,而是用于绝密的原子弹项目。阿博特可能立即着手研究这个问题,但没有后续说明。多年以后,在被问及这一事件时,阿伯特的遗孀伊莎贝拉,也曾是该海洋站的一名科学家,在一篇晦涩难懂的技术公报《海鞘新闻》中确认了这件事:"**这事儿是唐纳德提出的,但他向他们展示了在被囊动物体内囤积了多少量的钒,这含量太小了,不值得花费精力提取出来,我记得,于是这事儿就这样不了了之了。**"但也许钒并不是真正的目标。在战争期间,"钒矿"是用来描述寻找原子弹所需的铀矿的代号。这两种元素一起出现在一些矿物中,事实上,在科罗拉多州西部的一个叫尤拉文的地方有记载,这里正是以采集钒的名义来进行采矿的地点之一。[①] 也许是战事部门想知道被囊动物是否也可能用来收集铀。

历史上钒两次被发现,两度被命名,以此向它丰富多彩的化学性质致敬。1801 年,即尼古拉·路易斯·沃克兰在巴黎发现铬之后三年,一个西班牙裔的矿物学家安德烈斯·曼努埃尔·德尔·里奥,在被送往墨西哥城的许多陌生的矿物质中发现了一个新元素。他很高兴地看到它含有各种颜色的盐类,将之命名为"泛铬"(panchromium)。几年后,探险家、博物学家亚历山大·冯·洪堡访问了墨西哥,将矿物样品带回巴黎测试。沃克兰的一位同事分析了这一物质,并宣称它只不过是含有铬。德尔·里奥接受了这一判断,多年以来他都没有意识到,法国的科学研究是有缺陷的,而他单独寄过去的能为他发现新元素提供更有力的支持的样本,在一场海难中丢失了。

直到 1831 年,瑞典的尼尔斯·塞夫斯特罗姆才在相隔半个地球的地方,在一种完全不同的矿物中发现了这种元素,并以我们今天所知的名字命名:钒。塞夫斯特罗姆是位于斯德哥尔摩西北 200 千米的法伦的矿长。他曾经担任过琼斯·雅各伯·贝采里乌斯的助理,后者是科学史上最伟大的人物之一,我们以后会看到,他在发现这些元素上居功至伟。贝采里乌斯根据凡娜迪丝(Vanadis)的名字,选择了以"钒"来命名这个元素,凡娜迪丝是女神芙蕾雅的另一个名字,出现在一些北欧史诗中,代表

---

① 名义上是采集钒,实则是采集制作原子弹所需的铀。——译者注

着爱、美丽和生育。除了经常进行一些赤裸裸的勾引之外，她似乎还喜欢穿着色彩鲜艳的衣服，佩戴着闪闪发光的珠宝。她的战利品是布里希嘉曼项链，镶嵌着闪闪发光的宝石，代表着最精致的黄金制作工艺。当她哭泣时，她的眼泪落在土地上就变成黄金，落入海中便成了琥珀。

钒矿作为铁矿的附带产品，有时很坚固，但有时又易碎，在一段时间里，它对于贝采里乌斯来说都是个困扰。1823 年，德国人弗里德里希·沃勒对其进行了研究，当时有许多化学家来到贝采里乌斯的实验室中，沃勒是其中最有名的。他后来成为第一个合成了生命体内物质的人（即尿素，一种蛋白质分解的简单的最终产物），从而证明化学反应在有机体和无机体中是普遍存在的。但这一次，没有任何启示。当瑟夫斯特罗姆取得突破时，贝采乌斯给沃勒写了一封信，创作了一个小童话故事《艾达》：

> 很久以前，在遥远的北方居住着女神凡娜迪丝，美丽而迷人。有一天，有人敲她的门。女神安静地坐着，心想："我要让他再敲一次。"但是第二次的敲门声并没有响起，那个敲门的人走开了。女神很好奇，想知道是谁对自己如此漠然，于是她跳上窗去看离去的客人。"哈哈，"她自言自语，"是那个小坏蛋沃勒，他真是活该，要是他再坚持一下，我就会让他进来。可他甚至都不抬头看一下窗子。"几天后，又有人敲门。塞夫斯特伦走了进来，这次相会之后，钒就诞生了。

元素的名字可以赋予人一种永远的生命。首先，对于不走运的德尔·里奥，如果将这种新元素以他的名字命名的话，今天，他会更出名。但即使是神灵也会因化学而获利。"**在这个命名中，贝采里乌斯赋予了斯堪的纳维亚神话人物新的生命。**"他的传记作者之一这样说，"**在雷神和凡娜迪丝及维京人的其他神灵早已被遗忘后，钍和钒却始终留在元素周期表上。**"

在斯德哥尔摩的贝采里乌斯博物馆的收藏中，有 36 个试管装满了瑞典人能够制造的各种各样的钒盐。这些颜色包括明亮的绿松石色、淡天蓝色、橙色、褐色、栗色、棕褐色及各种赭色、泥绿色和黑色——这些色调都可以在被囊动物体内找到。

=

破碎的绿宝石
Part.06

=

美源自需要。尽管我们可以用华丽的美学理论来修饰真理,但从生物学角度讲,为了生存,我们天生就喜欢色彩和阳光,它们象征着树上成熟的果实和水面的闪光。毫无疑问,凡娜迪丝给她的女儿们取名时,是本着一种小心翼翼的"新时代潮流"的精神,现在看来,这两个名字——赫诺斯、格尔塞蜜,意思都是"珍宝",反映了在阴暗、黑暗的北方,人们所渴望的两种特性:色彩与光亮。

最受重视的是将这两种品质结合在一起的物质。比如,打磨后的宝石,还有金光闪闪的黄金。这些共同的欲望反映在我们的语言中。gleam(闪光)这个词来源于印欧语系的词根,ghlei-、ghlo-或 ghel-,意为"发光,闪烁或发光",这也是黄色这个词的起源。描述光明闪烁的词数量是惊人的,它们都使用这一词根[①]。玻璃及眩光来自盎格鲁—撒克逊语言中的 glær 一词,意思是琥珀色,这是在自

---

① 如 glint, glitter, glimmer, glisten, glitz, glance, gloss 等词,此外还有 glad(高兴)和 gloat(贪婪地注视)等词,表达了我们对于这类物质的属性的情感。——作者注

然中发现的另一种闪闪发光的黄色物质,也是女神凡娜迪丝常常佩戴的饰品之一。

在《贝奥武夫》一书中,维京的金匠将金属光泽和水晶色彩结合在一起,"布里希嘉曼"(brisingamen)被描述成"宝石花纹掐丝"。但金匠们不知道的是,金属和宝石可能有相同的元素来源。法国的分析化学家沃克兰偶然在西伯利亚一种罕见的红色铅质碳酸盐标本中发现了明亮的铬。与同时代的其他科学家一样,他全神贯注地思考着一个问题:是什么让宝石拥有了其标志性色彩?1786—1815年间,他与他的导师安托万·弗朗索瓦·德·弗朗斯克一起出版了一本大型化学百科全书,书中,沃克兰同意红宝石(ruby)是"最受人尊敬的宝石",他注意到,绿柱石(beryls)是一种他认为包含祖母绿(emerald)的宝石,颜色从蓝绿色到"蜂蜜黄褐色"都有。"最好的绿宝石来自秘鲁。"他补充说。

在他发现铬后不久,沃克兰新晋升为官方的分析师,他将一颗秘鲁祖母绿放在臼中,用一根杵捣成粉末,并将其溶解在硝酸中,试图解开珠宝的色彩之谜。他能够将剩余的残渣转化成他从西伯利亚矿石中得到的物质,从而证明绿宝石中的着色媒介是铬。他接着表示,红宝石的红色也源于铬。直到一个多世纪之后,才有更全面的分析,最终解释了为什么这些宝石一直被视为珍宝。深红色的红宝石和翠绿的绿宝石只是其中的两种:它们所含的铬都有红色荧光,所以这些石头内部似乎有火焰在燃烧。

如果它们含有相同的杂质金属,那么,铬可能是造成对比明显的两种颜色的原因,这就表明,关于红宝石和绿柱石晶体的基本结构有一些值得研究的东西,这东西就是铬,这可能解释了颜色的巨大差异。沃克兰重新分析了绿柱石的细节,发现它们是由一些基本的矿石组成的,主要成分是二氧化硅,如沙子、石英和紫水晶,而氧化铝占了其余的大部分。这种结晶状的氧化铝是刚玉的主要成分,也正是形成红宝石和蓝宝石的物质。但是,现在,沃克兰也意识到,一种新的氧化物,由于其与其他的元素相似之处并不显著,因而在早期被忽视了。然而,在分离和提纯后,这种氧化物具有一种特殊的性质——它的味道很甜,因此沃克兰把它命名为"铍"。他所知道的新的金属元素必须包含他所说的"铍",尽管再过30年也没人能将它制造出来(锆是另一种新元素,是由沃克兰的德国朋友马丁·克拉罗斯发现的,用行话来说,也就是锆石,也经历了一段秘而不宣的漫长时光,直到 1824 年,贝采里乌斯才把它分离出来)。后来,人们发现,氧化铍并不是唯一有甜味的金属化合物,它被重命名为氧化铍及其相关元素铍。

对于那些追求财富的人来说,这些实验的消息一定是令人失望的。即使是最珍贵的宝石也不含任何珍贵的成分,那些怀抱炼金术思想的研究者们肯定不希望事实是这样。在实验室里处理这些矿石时,这些闪闪发光的东西会失去所有的价值。就在沃克兰用祖母绿和红宝石做实验的两年前,英国化学家史密斯森·坦南特甚至将一颗钻石烧成灰烬,以证明它是由碳元素构成的。

然而,现代化学家还是有所收获的——发现了铬和铍,塞夫斯特罗姆和贝采里乌斯发现了钒,克拉普罗特发现了锆。他们的工作消除了珠宝行业的许多困惑。在偏远的土地上,那些易激动的探险家们所看到的宝石的传说,现在可能会受到更多的怀疑。例如,很明显,许多声称是祖母绿的石头都太大了,并不是真正的祖母绿,而这一术语仅仅是作为一种对各种各样的绿色物体的赞美的比喻,而这些绿色物体实际上是由玉或玻璃制成的。今天,人造宝石的制造工艺取得了很大的进步,"宝石"(gem)一词一般只用于天然品种。按颜色分类更容易出问题,因为宝石的颜色来自其中的杂质,所以没有对祖母绿或红宝石的精确定义。因此,有些绿柱石因为颜色太浅而不能称为祖母绿——从某种绿色尺度上说。

随着与这些矿产资源丰富的国家(如缅甸和哥伦比亚)的殖民地贸易的增加及机器切割技术的发展,这些彩色宝石在 19 世纪逐渐流行起来。当道德的严苛面对着装饰的豪华,珠宝成为一种令人着迷的矛盾。据《圣经》记载,只有贞洁的女人和智慧比红宝石更稀有。佩戴首饰是一种美德,也是一种诱惑。石头本身自然是美丽的,但在艺术中,它们由于被切割,也含有某种魔性,因此,在歌德的《浮士德》中,米菲斯托赫斯给了玛格丽特一件诱人的珠宝,也就不足为奇了。古诺的歌剧版本《宝石之歌》的故事放大了这一交易,因为这位贞洁的女主人公笑着想象自己变成了一个世俗的公主——在伯恩斯坦在《老实人》中淘气地改编了这首咏叹调,女主角科尼刚达刻薄地说,就算她是不纯洁的,至少她的珠宝是。

在维多利亚时代,红宝石(Ruby)和绿宝石(Beryl)因为有纯洁之意,成为流行的基督徒的名字,直到 20 世纪 30 年代才开始失宠。如今,以红宝石命名的风潮可能正在经历一场复兴,但你必须更加努力地寻找其他受到宝石启发的名字:埃斯梅拉达(Esmeralda)是现在流行的女孩名,而流行的男孩名是贾斯珀(Jasper)。

宝石作为奢侈品传播开来,这引发了更广泛的文学领域的运用。在埃德曼·斯宾塞的《仙后》和弥尔顿的《失乐园》中所描写的祖母绿,可能是任何一种绿色宝石,对它们而言精确的色彩没有其稀有程度重要。但我们可以想象,在弗兰克·鲍姆于 1900 年创作的寓言故事《绿野仙踪》中,翡翠城真的是用翡翠建造的。在这里,颜色可能很重要。思维很容易发散的学术经济学家把这个故事解读为对 19 世纪末美国货币政策的讽喻:黄砖路代表着通往翡翠城的黄金标准,翡翠是美元的颜色,翡翠城由无能的巫师统治,巫师指的就是总统格罗弗·克利夫兰。寓言的寓意在于,桃乐茜穿着银色的拖鞋,成为民粹主义"自由银"运动的象征。在美国西部发现新的矿藏之后,这一运动迫使美国造币厂铸造贸易银币(就像黄金被铸造成金币一样)。当这本书第一次出版发行的时候,这个有趣的隐喻被完全掩埋在了 1939 年的传奇电影版中。此时,潜台词是技术上的,而不是经济学上的:桃乐西穿上了著名的红宝石拖鞋,是为了庆祝电影拍摄中彩色电影时代的到来。"银幕"已经消亡了。

想象一下，你在阁楼上发现了一幅名画。你把它拿去检查，确信它是真迹，甚至是一幅杰作，更重要的是，它由一个完全不知名的画家所绘。自然地，你会回到阁楼去看看你还能找到什么。在尘土中，你发现了另一幅画，然后又发现了几幅——事实上，它们是一个不知名的大师的一系列作品。

这就是伦敦大学学院的化学教授威廉·拉姆齐的元素发现之旅，他在 19 世纪 90 年代发现了 5 种新的化学元素。这些新元素具有很强的家族相似性：它们都是气体，都无色无味，都非常不活泼。它们是惰性气体，大多数化学家认为它们很无聊。然而，今天，正是它们的惰性使它们变得有用，主要是用于照明：当受到电的激发时，它们会发光，但不会发生化学变化。

1894 年，拉姆齐与瑞利勋爵在剑桥的卡文迪许实验室合作，开始了这一系列发现。瑞利发现，用化学方法从矿物中获得的氮比在燃烧完所有氧气后留在空气中的氮更轻。拉姆齐在大气氮中燃烧镁屑，解开了这个谜

氖的红光
Part.07

题。大多数气体都与活性金属结合在了一起，只有一点遗留了下来，当它被激发时所呈现的光谱，不符合任何已知物质的性质。瑞利和拉姆齐宣布他们发现了一个新的元素，他们将其命名为氩。他们写道，它是"一个最令人惊讶的冷漠的个体"。因为氩气比氮气重，它在空气中的百分之一的含量，使大气中的氮看起来比化学合成的氮要重一些。在一次大学晚宴上，诗人 A.E.豪斯曼提议为"氩气"干杯，并号召那些聚集在一起的人"为气体喝一杯"。

拉姆齐变得很兴奋，因为氩气可能是构成元素周期表中新的一列元素的首个元素。1895 年，一位美国地球化学家写信给拉姆齐，说他通过加热矿物样品获得了一种惰性气体。拉姆齐想看看这是不是氩。他四处寻找有可比性的样品，甚至还乞求大英博物馆拿出一种看起来很像的铀矿石标本（他遭到了回绝）。拉姆齐很快又重复了美国化学家的实验，并研究了气体的光谱。但是其谱线和氩并不一致，而是显示出了一些更加未知的事情：这一光谱与之前在阳光下观察到的谱线是吻合的。这一次，拉姆齐证实了气态元素氦在陆地上的存在。

接下来，拉姆齐花了 3 年时间试图从矿物中获取更多的气态元素。"新元素可能诞生的那一天"变成了一个实验室里的玩笑，3 年过去了，这一天也没有到来。1898 年 5 月，他和他的助手莫里斯·特拉弗斯尝试了一种新的方法，利用了新技术的发展，使气体大量液化。由于氩在空气中的含量相对丰富，他们推断，在我们周围，也可能存在其他同样不参与化学反应的气体。他们获得了一加仑的液化空气，并小心地把它煮沸，直到剩下一小部分。对这种残留物的分析再次揭示了新的光谱线。他们发现，这就是拉姆齐和特拉弗、斯所称的氪气（Krypton），他们曾考虑以氪为氩命名（氪的意思是"隐藏的"，氩的意思是"懒惰的"，所以就气体的化学性质而言，名字是很重要的，但是因为氪比氩更稀有，所以这是一个很不错的名字）。拉姆齐用电报向他远在苏格兰的妻子透露了这一发现。"每次我离开，你都会发现一个新元素"，她回信说，她对丈夫的能力的信心明显大于他的同事。

他们的基本直觉被证实了，拉姆齐和特拉弗斯把同样的实验扩大了 1000 倍，不再用液化空气，而是用液态氩。尽管有竞争对手和怀疑论者的嘲笑，拉姆齐仍然对成功充满信心。任何想要追上他们的人首先得制备出几桶液态氩,这可不容易。在一系列小心的蒸发过程中,他们这次发现了一种发光气体,这种气体比氩沸腾蒸发得更早。同年6月,拉姆齐宣布了这一最新发现。拉姆齐13岁的儿子威利敏锐地提出了新元素的名字novum(拉丁语,意思是新事物),他的父亲立刻接受了这个想法,至少在大体上是这样的:"氖"(neon)这个名字的使用,反映了在命名元素时,仅仅参考使用希腊语而不是拉丁词根的惯例。

拉姆齐和特拉弗斯再次用光谱仪确认了他们的发现。在一团气体上设置一个电位差,他们很高兴地看到一种新的独特的闪光。特拉弗斯不仅是一个能干的助手,他也成了拉姆齐的传记作者,他并不是很谦虚,而将自己也写进了传记中,他对这一天的描述无疑是对这一重大发现的最佳描述之一:

> 拉姆齐按下感应线圈的换向器,他和特拉弗斯都拿起了一个总是放在手边椅子上的直视棱镜,希望能看到管子里气体的光谱具有非常独特的线条,或者是一组线条。但是他们不需要使用棱镜,因为管子里的深红色光完全出乎意料,有那么一会儿,他们完全被迷住了。

从液态氖和氪开始,他们又发现了一种惰性气体——氙,意思是"陌生人"。有证据表明,这些元素的独特性完全依赖于它们的光谱——没有可测量的物理性质,也没有可观察的化学反应——有人诋毁拉姆齐,这并不奇怪,尤其是他已经形成了"先宣布,再制造"的习惯。在怀疑者中,最重要的人物是德米特里·门捷列夫,他在1895年宣布,氩不适合他的元素周期表,因此它肯定是一种很重的氮元素。在接下来的两年里,英国科学家们将新元素的样本进行了净化,以证明它们的存在。1900年,怀疑论者终于被说服了。该年年底,拉姆齐教授做了一次重要的演讲,总结了他的实验,随后将成果发表在英国皇家学会《哲学会刊》上,引用了托马斯·布朗尼爵士的《宗教医学》的标题:"'**自然不会毫无目的地劳作**',这是哲学中唯一一个没有争议的公理。自然界中没有奇异的东西;没有任何东西是为了填满空白的规则和无谓的空间而存在的。"拉姆齐在元素周期表中填补了5个空格,几年后他被授予诺贝尔化学奖,当时,其他人发现了放射性气体氡,完善了惰性气体的序列。

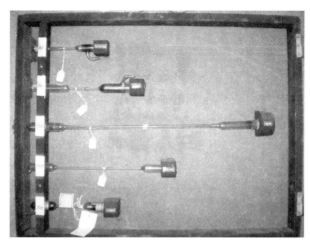

拉姆齐发现的五种元素:氦、氩、氖、氪、氙

　　拉姆齐在大学的实验室已经不复存在,但他用来展示他们那多彩闪光的气体的无数根放电管都被保存了下来。阿尔文·戴维斯是一位有机化学家,他对拉姆齐的工作产生了极大的热情,他把我带到了一个由煤渣块砌成的灰暗的走廊,打开了一些抽屉,里面是各种长度的哑铃状玻璃管,它们都是由拉姆齐自己吹制而成,根据它们所含的气体进行标记。玻璃的内部是来自铂电极蒸气的烟雾状沉积物,这是唯一的使用迹象。他向我保证,有些管子还能使用。

　　每一个元素在被发现的时候都是新的,所以都配得上 neon(霓虹灯)这个名称。然而,特拉弗斯所描述的"绯红色光芒"将比任何人在20世纪初所预测的任何气体都更配得上这个名字。

　　早在1902年,法国发明家乔治·克劳德就开始在密封氖气管中进行放电实验。1910年12月11日,他在巴黎汽车展上向参观者展示了第一个商业霓虹灯。克劳德的创新是确保试管内的化学惰性气体保持纯净,没有被更多活性气体(如氧)污染,这些气体会腐蚀电极并降低放电的亮度。明亮的红光引人注目,但人们认为它对家庭照明的吸引力有限,而且由于产生这种照明设备需要高压设备,因此它被排除在汽车照明之外。然而,它是广告的完美之选——从那时起它就一直与广告联系在一起。霓虹灯即使在阳光明媚的日子里也依旧闪耀,它能穿透城市的烟雾,人们从远处就能看到它的光芒。霓虹灯拥有一种神奇的品质:它没有明显的光源——没有燃烧材料,没有白炽灯丝,仅仅是一团悬浮的蒸气,所以它被称为"液态火"。

克劳德在他的氖管里加入二氧化碳等物质,用这样的方法使之变得更大更亮,使用恒压泵来保持合适的蒸气压力。此外,这些管子基本上是永久性的,它们易于制造,充满气体,然后运输到一个建筑物,进行简单固定,连接到电力设备后就可以运行了。1913 年,世界上第一个霓虹灯广告"沁扎诺牌苦艾酒"开始在香榭丽舍大街展示。同年,斯特拉文斯基的"春之祭"在附近首次公演,引起了轰动。那个记录技术进步的作曲家埃里克·萨蒂写了一小段钢琴曲《在灯笼上》,歌词中,对这种新城市的灯光发出了乞求:**别闪烁了,你有的是时间。**

但是,时代在召唤,霓虹灯闪耀着,毫不迟疑地发展着。克劳德成功地取得了国外专利,并在霓虹灯管中获得了垄断地位。1923 年,媒体大亨、企业家厄尔·安东尼从法国的克劳德霓虹灯公司购买了一副价值 2400 美元的"帕卡德"标志的广告,之后,霓虹广告就进入了美国。

霓虹灯因其新奇而得名,成了新事物的标志。由不同的气体混合物产生的其他颜色迅速扩展了纯氖的冷红色。充满氩的管子发出淡蓝色的光,加一点水银就可使其可以发出明亮的白光。用彩色玻璃制成管子就形成了电子彩虹。"霓虹灯"所有色调都与时代相协调。巴黎和纽约或许是 20 世纪上半叶最受世界关注的两个大城市,它们都大量地使用了霓虹灯。艺术家弗尔南多·莱格尔当时在巴黎工作,克劳德的第一个霓虹灯标志就出现在那里。后来,他对纽约宽阔道路上的招牌那不断变化的原色反应感到兴奋。1925 年巴黎博览会上装饰派艺术的兴起,与汽车的普及、城市及新郊区的扩张相吻合,每个城市都发展出了自己的夜生活。使之与这项新技术相适应的,并不仅仅在于其闪亮的新风格,随着消费者对夜生活的追求日渐高涨,霓虹灯不可避免地成为各大城市娱乐区的一大特色,并且从迈阿密蔓延到法国小镇勒图凯。

然而,令莱格兴奋不已的东西,却让其他人心神不宁。在约翰·P.

• •

马昆德的《波士顿故事》(*The Late George Apley*)中,已故的乔治·阿普利,人称"波士顿的婆罗门",是一位不被所有现代事物所左右的人,他拜访了百老汇,看到新的电子标志紧张不安地移动着,这让他感到震惊。这样的恐惧只会发生在曼哈顿。但是,当在波士顿出现一个类似的照明广告时,他发起了一场不切实际的反对它的运动:"一个大型的电子广告牌用来宣传某种便宜的汽车,在波士顿公园上方傲视群雄。"直到他去世,他都称之为"我们耻辱的标志"。马昆德将其比拟为新英格兰早期的习俗:给通奸者戴上红色的字母 A 标志,像纳撒尼尔·霍桑的小说《红字》中所描写的那样。红色霓虹灯标志着,这座城市正卖身于商业利益,甚至更糟。他们为皮卡迪利广场和时代广场全球化的集贸市场做广告,同时也宣传了皮加勒区和红灯区的放纵的乐趣。虽然"红灯区"实际上比霓虹灯的灯光早了几年,但对于霓虹灯来说,其颜色与红灯区联系起来是不幸的,这也可能是霓虹灯被认为不适合家居环境的另一个原因。霓虹灯提供了书写在"电子化巴比伦墙"上的发光文字,供想读的人去阅读。

霓虹灯不仅在世界各城市中发挥了作用,在 20 世纪 20 年代美国国道的铺设和编号中,在路边加油站、汽车旅馆和餐车上,霓虹灯也占据了重要的地位。从更远的地方看去,霓虹灯比其他的灯更醒目,尤其是在空旷的西部和夜晚的沙漠。想要在更远的地方被看到,霓虹灯上的文字必须更大,这样就能从远处辨认出字迹来。路边的标志被设计成在 1 英里(约合 1.6 千米)之外、以 60 公里的时速行驶时也清晰可见。

和在城市中一样,闪烁的霓虹灯在乡村也可能是一种腐败的信号。在约翰·肯尼迪·图尔的《霓虹圣经》中,描绘圣经的教堂标志,以黄页、红色字母和中心处的蓝色大十字架表示出一道灼热的光芒,象征着密西西比河传教士的压迫力量,这个传教士把男孩叙述者的"脱离基督教徒身份"的家族扼杀于死亡和流亡之中。

霓虹灯的不断发展,诱使艺术家们创作出他们自己的会发光的符号。这些熟悉的广告符号形式往往是扭曲的,以表达出更多的隐含信息。有趣的是艺术家们用一种速效的媒介表达了一些缓慢或神秘的东西。对大多数人来说,制造这些标志的实际工艺是无关紧要的。但是菲奥娜·班纳亲手制作了玻璃器皿,这是一种手工制作的程序,将她与第一根霓虹管连接起来,那些管子是在拉姆齐的实验室里制造的。她向我解释说:"霓虹灯最好之处在于'即时'。即时的欲望——性、烤肉、电影。"但这种空洞的光线也承载着彩色玻璃和天空本身的永恒记忆,使之成为一种视觉和文化的诱惑。当它被点燃时,它的物理性隐藏在自己的光中,物体本身消失了,图案却被看见了。这是一种"无声胜有声"的方法。班纳最近的作品批评了这种语言,《每个未完成的词》是一组 26 个独立的霓

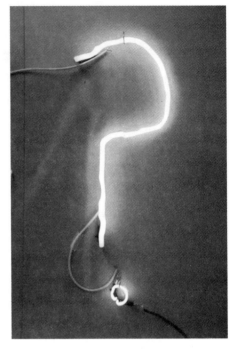

霓虹管

虹灯,每个霓虹灯都表示字母表中的一个字母,但每个霓虹灯都没有拼出任何词汇。与此同时,一件名为"骨骼"的作品,赋予了标点符号生命,它们总是被商业霓虹灯所忽略。对于班纳来说,这些发光的痕迹,如同考古中挖掘的原始武器那样,会产生新的深层含义。

没有任何一个地方能像拉斯维加斯那样,有效地将霓虹灯对狂野的呼唤与自身无忧无虑的城市魅力结合在一起。1911 年拉斯维加斯才建立起城市,当时人口只有 800 人,它在 1931 年开始繁荣起来,那时其附近的胡佛水坝开始兴建。同年,赌博合法化。自那以后,它的人口数量每 10 年增加 1 倍以上,如今已接近 200 万人。这个地方从一开始就有着浮夸的特点。1929 年,沙漠中的第一个霓虹灯出现在当时的"绿洲咖啡馆"上;在随后的 1930 年,霓虹灯出现在拉斯维加斯俱乐部的装饰艺术塔上,接着出现在一系列酒店、俱乐部和赌场上。"恺撒宫""金砖""星尘""火烈鸟"的标志,定义了这个城市的主要商业大道,即拉斯维加斯大道。由于便宜的土地价格和绵延的美景,这些标志通常比

它们所宣传的那些庞大的建筑还要高。但在这样一个竞争激烈的环境中，尺寸永远都不够大。越来越多富有想象力的设计，以闪烁的颜色和生动的图形展现出来，例如，将葡萄酒倒入玻璃杯或啤酒泡沫堆积在陶质啤酒杯口，以此吸引消费者，城市霓虹闪耀，与此同时，物竞天择，霓虹恐龙灭绝了，被保存在城市的"霓虹墓地"中。

拉斯维加斯的各种霓虹灯

在电影《赌城风情画》(*Fear and Loathing in Las Vegas*)中，对于拉乌尔·杜克和他的律师亨特·S.汤普森而言，永不停歇的霓虹光芒实在是太难以忍受了。当他们入住酒店时发现，窗外"某种电动蛇"直扑面而来。

"开枪把灯打灭。"那位律师说。

"再等等，"拉乌尔说，"我想研究一下它的习性。"

但杜克的律师聪明地拉上了窗帘。

两位真正研究霓虹灯习性的人是建筑理论家罗伯特·文丘里和丹尼斯·斯科特·布朗。埃德·拉斯查和流行艺术家们首次重新评估了商业街的美学，文丘里和布朗跟随其后，决定让拉斯维加斯成为"我们的佛罗伦萨"（汤姆·沃尔夫已经将其与凡尔赛宫进行了比较）。他们指出，在许多情况下，光本身就是一种建筑。这些建筑没有历史地标那样有品位：它们仅仅是光。它们被赋予发光的轮廓，每一个表面都变成了一个发光的符号，无论是赌场还是"由平房改造而成的、有着霓虹灯林立的尖塔的结婚教堂"。建筑师们热情地拥抱拉斯维加斯的所有事物,对于霓虹灯,他们唯一不喜欢的,是它会吸引臭虫。他们的厌恶可能不仅仅是生理上的:也许他们看到,昆虫被灯光吸引,象征着我们无力反抗霓虹灯的诱惑。

但对一些人来说,这是一个机会,让他成为一名真正的昆虫爱好者,比如年轻的弗拉基米尔·纳博科夫,他曾经"在达拉斯和沃斯堡之间的一个加油站的霓虹灯下捕捉到了一些非常好的蛾子"。对于纳博科夫而言,这不过是一个儿时的爱好,在这趟横贯大陆的汽车之旅中,他还发现了一种新的蝴蝶品种,并借用为他驾驶汽车的学生的名字,将其命名为 Neonympha dorotha。纳博科夫这个双关语的大师,一定很喜欢用林奈命名法(即双名命名法),将他的发现与为他的发现提供了照明的光结合起来。

在《洛丽塔》中,纳博科夫大量使用了昆虫围绕着霓虹灯嗡嗡地飞的意象。《洛丽塔》是一部饱受争议的作品,讲述的是一个巴黎移民作家亨伯特对一个 12 岁早熟少女的追求。书的后半部,描述了一场美国的公路旅行,充斥着汽车旅馆、加油站和糖果吧。这个故事清楚地讲述了老欧洲的象征亨伯特对新美国的象征——洛丽塔的迷恋,但这是一个 20 世纪 50 年代的美国,事实证明,它没有看起来这么天真——因为亨伯特惊奇地发现,当他们的旅程开始之时,他所迷恋的洛丽塔已经腐化了。最终,亨伯特为了让洛丽塔赢得自由,去过自己的生活,杀死了她的另一个诱惑者,以安抚自己。他驾车离开了凶杀现场,消失在"雪莉酒般红彤彤的发光字母"及一直闪烁着"翠绿人生"的咖啡壶形状的招牌之中。

《旧约》里的女人化了妆。"**用颜料修饰眼目,这样的标致是枉然的。**"耶和华警告犹太人的女儿们(《耶利米书》4：30),奥荷拉和阿荷利巴这两姐妹因她们在亚述、埃及和巴比伦将英俊的年轻人带上她们的床行淫荡之事而受到审判,这些男人当然无法自救,"**他们与她同睡;人怎样与妓女同睡,也怎样与奥荷拉和阿荷利巴那两个淫荡的妇人同睡。**"他们被勾引的目光所吸引,"**你们为他们沐浴己身,粉饰眼目,佩戴妆饰**"。(《以西结书》23：40)

在公元前 9 世纪,以色列国王亚哈的妻子耶洗别的行为是如此的腐坏,以至于在《启示录》中她被引入作为客串角色,成为不思悔改的性堕落的化身。从那以后,她的名字就成了无耻女性的代名词。很容易看出,"**粉饰眼目**"对她没有任何好处。(《列王纪》9：30)圣杰罗姆的拉丁文译本指出,她"粉饰眼目"所使用的是锑。

《圣经》中也提到了锑,例如,作为宝石的软镶嵌底座,此处它代指任何金属合金,但对于化妆品而言,用锑的可能性很大(虽然长期

耶洗别的眼睛
Part.08

以来用作黑色眼影的粉末实际上是锑的硫化物,当化学组合的基本规则仍然未知时,元素及其化合物是难以区分的)。这个词的希伯来语和阿拉伯语是 kuhl,它就是现代英文中眼影(kohl)一词的来源。

在古埃及,黑色眼妆是日常生活的一个重要特征,这在壁画中有鲜明的证据,尽管如此,现在还不清楚他们用的是不是锑。当然,还有其他可用的黑色粉末,最便利的是灯黑色或更深的骨黑色的碳,这通常是用来涂睫毛的(这种"睫毛膏"就像黑色的锑眼影一样可怕,这个词源于意大利语,意为"女巫")。但是,锑被认为是一种上乘的产品,除了能让眼睛看起来更明亮外,据说它还能产生各种各样的好处——使眉毛顺滑,让瞳孔扩张。这可能是由于眼睛受到刺激造成的。

锑是一种常见的有害物质,在过去的几个世纪里一直被用来使我们变得更美丽。一份名为"哈里的美容术"的技术手册显示,从铝粉(使眼睛闪亮的粉末)到锆(用于强化菲尼格美甲的盐),化学元素有着惊人的运用范围。该清单包括用砷化黄铁矿作为脱毛剂,氧化铋作为增加唇膏珠光的添加剂,硫化镉用于对抗头皮屑,在手册的索引中,含有超过 40 种元素。

我急忙跑到妻子的梳妆台前,想看看那些香甜的、看起来无毒无害的白色面霜中潜藏着什么。但我惊讶地发现,与食品不同,这些包装没有说明标签。是不是臭名昭著的使用危险化学品的生意已改过自新,所以没有必要再做标示了?还是说默认了,要想获得美貌就要接受这样的风险?尽管化学家们发明了一些新型的材料来提供非凡的色彩,但化妆品行业却发现,把自己局限在由美国食品药品监督管理局等机构批准的相对较小的染料范围中,是一种谨慎的做法:使用所谓的干扰色素,然后调整基本颜色,以产生更多颜色的眼影,满足市场需求。今天,许多唇膏使用的是颜色艳丽的有机染料,而不是重金属颜料,例如将荧光素混入白色的钛白粉末中。奇特的塑化添加物还提供了其他令人满意的效果,如用于形成珍珠光泽的有机颗粒。

塞缪尔·约翰逊拥有"一套用于化学实验的装置",并将其称为"每日娱乐"。他对科学的熟悉反映在他著名的词典中,这本词典收录了 18 世纪中期科学界所知的大部分元素的条目,包括新近分离出来的钴。他对锑的解释尤其有趣。他认为,与拉丁语的 stibium(锑)相比,它的现代命名：源于德国教士巴西尔·瓦伦丁，作为一种传统，他把一些东西扔给猪，然后观察到，猪在腹泻后，反而变肥了。因此，他设想，如果将相似的剂量用在他的僧侣们身上，会显示出更好的效果。不过，这个实验邪恶地"成功"了，以至于僧侣们都死了，从此以后，这种药被称为锑(antimoine)，即对教士有害的物质。

约翰逊这样解释锑是很自然的事。锑今天对我们来说似乎是一个相当边缘化的元素，当时被炼金术士认为是最重要的，备受推崇。尽管炼金术的黑暗艺术已经开始向更系统的化学方向发展，炼金术士的文献仍然是必要的参考资料，即使他们并不总是愿意承认这点。一部名为《凯旋的锑战车》的神秘巨著，讲述了锑有治愈麻风病和梅毒的能力，但书中也包含了一些靠谱的科学知识，准确地指出了锑元素的两种截然不同的形式——一种易碎的银色金属和一种灰色粉末。炼金术士认为这种二元性是重要的，因为它把锑与汞、硫这两种金属的源头联系在了一起。

锑有这种二元性，这一事实是使许多圣经注释学者头疼的根源。使问题复杂化的是，自然界中的锑元素常常出现在硫化物和辉锑矿中。这种黑色粉末——耶洗别的眼影，再一次改变，变成橙色，在这些形式之间的转换，并不需要熔炉或特殊仪器。约翰逊对锑的词源有点兴趣：锑(antimony)这个词来源于 anti-monos，意思是反对单一，直接引用这个词来形容锑变化的属性，并非指元素对教会兄弟有不良影响[尽管修士(monk)这个词也来自 monos]。

《凯旋的锑战车》的可能作者巴西尔·瓦伦丁和他的同胞炼金术士在《圣人之事》和《哲人灰太狼》中，把锑的非晶体灰色阶段看成是点金石在点石成金之前出现的一种诱人的东西。因为锑有一种矛盾的力量，既能产生金色的光泽，又能产生金色的色调，但两者从未同时实现过。

更有吸引力的是锑的金属形式，这是自古以来就为人所称颂的，因为它能在巨大的水晶中固化，将贵金属的光泽和宝石的表面对称性结合起来。这一现象无疑是人们在第一次制成纯锑或熔渣时注意到的。在锑的熔化物顶部形成的外壳被称为"星锑"，这是在冷却容器中产生锑结晶后产生的放射状图案。

艾萨克·牛顿不仅是一名数学家和物理学家,还是一名炼金术士。他阅读了瓦伦丁的记录,并遵循了他制作锑的配方,认为他可以在望远镜里利用锑闪闪发光的表面。一位传记作家请我们相信,也许,他所制作的星形图案,帮助他想象出了磁力线,从而引导他建立了重力理论。这对我来说似乎有点异想天开。我可以看到这些模式是如何激发关于光学的想法的,牛顿在他的光学实验中也在研究锑,而不是重力。我决定去寻找星锑。

如此美丽的自然作品却出奇地难找。我很快就意识到,每个维多利亚时代的收藏家都拥有一块星锑,而如今,它们却被丢在省级博物馆的仓库里。然而,照片和插图显示出的晶体图案不是针状的,也就是说,像跑车的镀铬车轮那样有一个中心点,就像万有引力图一样。相反,锑那宛如溜冰场的晶体图案往往被分成多角区域,在圆盘的中心附近更光滑、更大,并把它变成了豪华的叶面,就像窗户上的霜,根据它的冷却速度,向外边缘辐射。它的整体结构实际上是星形的,不是天文意义上的所有光线辐射的点光源,而是像儿童画中星星的典型画法那样,是由几个三角形拼起来的,或者更特别地,就像是文艺复兴时期太阳的象征。

星锑

• •

　　也许这种相似性激发了另一个著名的锑实验。1650 年,尼古拉斯·勒·费布雷在巴黎的皇家植物园的化学演示中,为了启迪年轻的国王路易十四——一个有思想的 11 岁男孩——他通过凸透镜从太阳的光芒中吸取"魔法和神火","用太阳能对锑进行煅烧"。他把阳光聚焦在"星状金属渣"上,结果表明,这种反应的产物比他刚开始时用于实验的锑更重。也许,星锑给了年轻的路易十四一个启示,象征着他作为太阳王的长期统治权力。不管是否成功,这个实验都是现代化学中的一个里程碑,因为它展示了正确的化学实验方法,取代了炼金术的蒙昧主义,显示出一种迹象,即,人们开始理解"空气本身含有化学元素"这一理念。

＝

第五章　稀土

 *Earth*

在我的化学长途冒险之旅刚开始的时候,我找到了一张世界地图,并在其中标注出所有发现元素的地方。这是一张非常奇特的地图。锌和铂是在没有西方科学的协助下,分别在印度和美洲发现的,除此之外,大部分自然元素的发现点都集中在欧洲。在美国加州伯克利市的元素发现点比较密集,在发现核裂变后,人为地制造出了比铀更重的元素。位于莫斯科北部的杜布纳也有一些密集的点,那里有一些最近合成了一些新的放射性元素。

欧洲有 4 个早期发现元素的热点地区。伦敦得益于戴维和拉姆齐的多次成功;巴黎声称发现了超过 12 个元素;柏林、日内瓦和爱丁堡也榜上有名。但在巴黎和伦敦之后,两处最密集的点都在瑞典,一个在古老的大学城市乌普萨拉,另一个在其首都斯德哥尔摩。瑞典科学家宣称他们发现了至少 19 种元素,超过自然元素总数的 1/5。他们中的许多人都以发现地来命名元素,钇、铒、铽和镱等元素都是以矿井命名的,钛是以斯德哥尔

瑞典的矿岩石
Part.01

摩命名的,有些是以斯堪的纳维亚命名的(如钪和铥两种元素),这或多或少有些浪漫主义的思想。

在过去的欧洲,通常情况下,元素都以它们的发现地来命名。例如,锶是唯一一个以不列颠群岛中的一个地方命名的元素,即苏格兰的艾尔斯群岛。在美国,更常见的情况是,在向西扩张、揭开荒野中的宝藏的过程中,化学知识起到了推动作用。美国的金山和银湖并不是空洞的诗意暗示,而是表达了与土地的直接联系,冒险家们支起他们的帐篷,希望能发现珍贵的金属。希望有可能实现,也有可能破灭。除了金和银,还有 12 个元素被以城镇的名字来命名,从密苏里州和犹他州的艾恩斯,到在科罗拉多州的莱德维尔和阿拉斯加的科珀森特,再到令人惊讶的俄克拉荷马州的萨尔弗,爱达荷州的科博尔特,犹他州的安蒂莫尼和加利福尼亚州的博伦(以上地名分别命名了元素铁、铅、铜、硫、钴、锑和硼)。

是什么使瑞典在元素的故事中如此重要?在写作本书的整个过程中,我一直在思考这个问题。许多元素与文化相关,也就是说,我们不需要进入实验室就可以理解这个问题。我们知道氖和钠,是因为它们会发光;我们知道碘,是因为它被运用于棕色软膏中;我们知道铬,是因为它廉价的闪光。其他的如硫、砷和钡,我们之所以了解它们,是因其名气。在瑞典发现的那些元素却大多默默无闻,包括锰、钼等金属及被统称为稀土的少数元素,它们都以瑞典地名来命名。这些元素们并没有成为一种标志,成为人类恐惧或快乐的代名词。然而,这些元素也有文化上的联系,而且,正如它们代表的地名所暗示的那样,它是一种深入的联系。巴黎和伦敦向世界展示了新的元素,因为它们是知识生活的主要中心。伯克利和杜布纳碰巧是在元素周期表中除铀元素以外的较重元素所需要的专业机器的制造地点。但说到瑞典这个案例,这种逻辑是不可改变的:元素来自于这个国家的土地。

为了更多地了解这个肥沃的元素的"子宫"及那些科学家们如何时刻准备着做"助产士",为什么这两个位于欧洲边缘的城市,一个半世纪里在发现元素的竞赛中保持着优势,超越了伦敦和巴黎(其中一个规模比小镇还要小)?我决定去亲访瑞典,弄清原因。在 17 世纪上半叶,瑞典短暂地成为北欧的新强国,横行于挪威、芬兰、俄罗斯、德国北部及波罗的海国家现在所统治的地区。瑞典巨大的铁和铜矿储备,确保了必要的军事和经济实力。随着时间的推移,这些帝国的野心被一个新的更具吸引力的地点所取代,那就是斯堪的纳维亚半岛。但采矿仍在继续,在瑞典缓慢衰落的这些年里,这个国家对元素周期表做出了巨大的贡献。我的飞机飞越湖泊和森林,飞往斯德哥尔摩,途中,我思考着这段历史及它是如何在瑞典发现的元素中反映出来的,从1794年发现的钇到1879年发现的钪,这些在瑞典发现的元素的名字逐渐变得不那么本土化。

在斯德哥尔摩,我遇到了耶尔马·福斯,他是一位年轻的化学历史学家,留着一把金色的胡须,他同意带我去参观科学景点。我们从大广场开始,尽管它是斯德哥尔摩旧城的一个小广场,却名叫"大广场"。在广场的一侧有一个红色药店,上面有巴洛克式的山墙,还有一个写在门上的石板上的圣歌,卡尔·舍勒在1768年左右在此担任药剂师,他几乎是与氧和氯最亲近的人(他分离出了氧,发现了氯)。我们的下一站是国家造币厂,它位于紧邻皇家宫殿的河岸边。1735年,在这里,造币厂的造币官乔治·勃兰特推测,皇家铜矿的副产品的深蓝色矿石的颜色可能是一个新元素的线索。位于铸币厂的矿业委员会负责对矿物进行分析,并建立了瑞典第一个化学实验室,比乌普萨拉大学及别处的实验室都要早。这个实验室已经存在了很长时间,当勃兰特到来并着手对其进行现代化改造时,它已经破败不堪了。然而,勃兰特似乎并没有因这一番苦劳而得到感谢。勃兰特是个理性主义者,但他的雇主们却是玫瑰十字会教徒,并且不愿放弃他们的神秘信仰。然而,随着时间的推移,勃兰特对实验室运行管理的控制权越来越大,并且发挥着更广泛的影响。在职业生涯的后半段,他继续投入了大量精力来驳斥江湖骗子声称能够将银和其他金属转化为黄金的说法。他花了7年的时间才获得了钴金属的第一个样品。耶尔马告诉我,这是第一次真正现代的化学元素发现,也就是说,是第一个有坚实的化学理论支持的概念,而不仅仅是骗人的炼金术。

我们继续前进,跨过河来到卡尔·十二广场(Karl XII Square)。俯瞰着绿色的宏伟建筑,其中有一座建于19世纪的黄赭石色大厦,当时瑞典是世界上最大的金属出口国,它的铁矿总部就设在这里。大楼顶部围绕着一圈浮雕饰带,展示了在制铁过程的每个阶段所出现的英雄人物,从提取矿石到熔炉冶炼,再到铸造生铁锭。稍低处,正面是舍勒、贝采里乌斯和其他伟大的瑞典化学家的石膏奖章。"我很喜欢这个,"耶尔马眼睛里闪烁着光芒,"现在,没有人知道这些人是谁,但他们仍然被铭刻在墙上。"

我开始意识到一种重要的联系,这种联系不仅存在于国家繁荣与采矿业之间,也存在于采矿业和化学科学之间。瑞典的第一批真正的化学家都从事着与采矿相关的工作。与英国和法国的同行不同,他们在矿物分析中受过严格的训练。他们在皇家铸币局或矿山委员会工作,或者直接与矿主合作。他们从矿井中获取标本,并经常从斯德哥尔摩或乌普萨拉坐一两天的车,亲自前往法伦和瓦斯特孟兰德(Västmanland)的矿井。毫无疑问,在这里,可以看到他们在尾矿中寻找特殊的石头,或者在暴露的矿脉中寻找不寻常的颜色,经常在现场临时搭建的实验室对矿石进行初步分析。这些不是贵族在豪华的家庭实验室里的自娱自乐,现实主义者意识到,财富来自于在苦寒之地的辛勤劳动。而任何科学知识的积累,如果能同时增加财富,才是更有价值的东西。这些人因为这样的现实主义,受到了他们所服务的商业团体的"公正奖赏":在巴黎和伦敦的商品交易所里,就不可能找到拉瓦锡或卡文迪许的石膏奖章。

我们停下歇息,在皇家啤酒花公园的咖啡馆里喝啤酒,而舍勒的雕像盯着我们(雕像的模样并不可靠)。耶尔马告诉我,他有个白日梦,想改写科学

舍勒的雕像

的历史,把重心东移,将注意力集中在波罗的海的知识分子、斯堪的纳维亚半岛人、德国人和俄罗斯人身上,忽视英国和法国之间的竞争。这个项目可以让瑞典采矿实验室的科学家在化学万神殿恢复应有的地位。那些天生谦逊的人会将他们的发现推迟发表,甚至干脆不发表,这样就导致他们永远不会在世界舞台上获得应有的地位——锰的发现者约翰·岗恩以及托伯恩·伯格曼,他们并没有直接参与发现,但却是那些瑞典首次分离出来的元素背后重量级的人物。舍勒从斯德哥尔摩搬到这里后,发现乌普萨拉还是太过喧闹了,他本可以名声大噪,却花了几年的时间,躲在西曼兰省雪平镇,拒绝富有的英国人和德国人提供的就业机会。

第二天我乘火车去乌普萨拉。斯德哥尔摩是商业和金融中心,在那里,来自内地的金属被化验、交易并被制成硬币。乌普萨拉的作用是什么?乌普萨拉拥有斯堪的纳维亚半岛最古老的大学,始建于 1477 年,但它的历史却并不沉重。这个地方似乎不像一个知识中心。在它的一些购物街上,有人走过,却不喧嚣。行人和自行车愉快地交织在一起,汽车也很少,人们很容易就能想象出这座城市在两三个世纪前的样子。一条湍急的河流在花岗岩的河道中,将城镇与学院分隔开来,但学生们像购物者一样少。

我遇到了安德斯·伦德格伦,他是乌普萨拉大学科学史的讲师,他那一把飘动的灰色胡须,是哈格尔玛尔·福斯梦寐以求的。当我们漫步的时候,我悠闲地观察着乌普萨拉,这是一个多么亲切的地方。"是的,"安德斯同意我的说法,"这个季节是这样,可冬天就不是了。"那时是 6 月初。他指着一座白色有天窗的建筑说,在 18 世纪中叶,乌普萨拉的第一批化学教授约翰·瓦勒留斯和托尔贝恩·伯格曼建立了他们的实验室。正是在这座建筑及后来的建筑中,大多数瑞典的元素发现者——无论他们是否来自斯德哥尔摩——要么学会了他们的技艺,要么将其传授给下一代,比如安德斯·埃克伯格(钽的发现者)和佩尔·提奥多·克勒夫(钬和铥的发现者),或者来自矿区的勃兰特(钴的发现者),甚至是来自芬兰的约翰·加多林(钇的发现者):他们都在乌普萨拉待过一段时间。彼德·耶尔姆(钼的发现者)和拉尔斯·尼尔森(钪的发现者),则是另外两名乌普萨拉大学的毕业生。与此同时,还有舍勒,他在学术上并没有正式的名分,而是在镇上的广场经营药房,并在那里制造了氯和氧气。乌普萨拉有一所豪华的大学博物馆,那是洋葱圆顶的古斯塔夫博物馆(Gustavianum)。[①] 正当我要接受这一不可避免的瑞典时尚时,却发现纪念馆里并未赞颂上述任何人的事迹。

乌普萨拉离斯德哥尔摩和矿井的距离相等,是这个三角形的第三个点,是瑞典政治实体思考的大脑、劳动的手和泵血的心脏。然而,这并不是一段简单的关系。国王需要矿藏来为其帝国野心提供资金,而矿主无疑享有皇室的庇护。但目前还不清楚为什么他们需要科学家。安德斯·伦德格伦研究了采矿对瑞典科学发展的影响。"化学可能永远无法回报采矿,"他解释说。矿工们不需要化学家来给他们指明哪些矿石是有价值的,而且他们很可能憎恨这些世俗的入侵者,这些人对矿工们鲜为人知的传统毫不关心。如果化学家有幸发现新的元素,那么这些元素也毫无意义。他们可能会在理论理解上有一些奇怪的差距。"但是,在高炉里,化学理论是无用的。"

然而,化学家们确实获得了支持,在很长一段时间里,化学可能是唯一能提供体面工作的学科。皇室因其对矿业委员实验室的支持而获得了学术声望,矿主们也在适度的范围内效仿了这种慷慨。一些矿主,如贝采里乌斯的赞助人和合作者威廉·希辛格,本身就是学者。例如,海辛格在 24 岁时创立了"矿物地理学"——一种矿物资源的地图分布记录,它不像是一个贪得无厌的探矿者的项目,更像是出于对知识的人文化学家乐趣的追求。

尽管古斯塔夫博物馆没有纪念化学家,但却为瑞典化学家的非凡成功提供了进一步的线索。我曾在其他地方指出,元素的发现通常依赖于掌握了某些特殊技术,因此,某种新设备或技术的出现,往往会引发元素发现的高峰。在 18 世纪,并没有这样的技术来帮助人们从瑞典岩石中挖掘稀土元素和其他元素。没有高性能的设备来发挥强大的威力,这些发现过程相当艰苦,并持续了很长一段时间。然而,在这段时

---

① 古斯塔夫博物馆也是乌普萨拉大学的博物馆,这是一座建于 1625 年的建筑,目前基本保留了 19 世纪的原貌。内部有北欧古代博物馆、维多利亚博物馆、埃及古代博物馆和校文化历史展览,同时还保留了 17 世纪创立的解剖实验室。——译者注

间里,所有自尊自重的瑞典化学家都使用过吹管(blow-pipe)这个工具。博物馆里的吹管标本长约20厘米,似乎是用铁做的。它本质上是一根细而优雅的锥形管,与烟斗不一样。它的一端是微微张开的喇叭形,与使用者的嘴契合得严丝合缝。另一端,气道被弯曲成90度,穿过一个小洞,而另一个出口则像音乐管乐器一样让气流喷出。

这种最简单的设备是分析不熟悉的矿物的关键。它有很大的优势,可以在野外使用。根据一位著名的瑞典矿物学家发表的使用指南,它不亚于一个"袖珍实验室"。即使是热衷于科学的业余爱好者歌德,也能在贝采里乌斯的指导下使用它。吹管最终被分光镜所取代,但直到20世纪中叶,它仍是分析化学教学的一个特色。安德斯·伦德格伦记得,他曾在学校里尝试用过一次吹管,并向我描述它是如何工作的。虽然很简单,但它需要强大的肺活量和高超的技能才能取得好的效果。它强大的通用性在于可以被用来在火焰的不同区域喷射气流,从而产生一个高温区域,以此氧化或还原矿物样品。

如果调动所有感官的力量,那么从这个看似粗糙的过程中可能会得到大量的可判断的信息。如果使用者能够控制呼吸10~15分钟,令取样矿物进入红热状态,那么,随着不同金属元素的蒸发,火焰的颜色会不断变化(气道弯曲的原因是,让使用者能清楚地看到矿物的燃烧

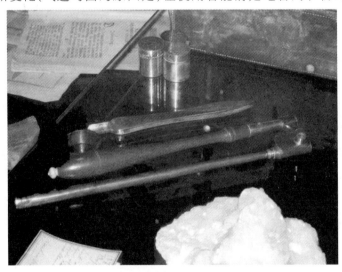

吹管

点）。通过蒸气的气味可以确定诸如硫、硒和碲等非金属成分的存在。矿物发出的声音可能也很重要，比如，有一种噼啪作响的声音，就是从样品中释放出水①的特征。

在我看来，吹管似乎能够表达安德斯向我描述的那种瑞典特有的"无聊的好化学"的本质。甚至连科学家们有时也会感到无聊，在面对不可知的矿物质的沮丧中汗流浃背、气喘吁吁，从而产生一个又一个几乎无法分辨的盐类。这是一个远离神奇的黄金和铜、琥珀和珠宝的世界，闪烁着这片土地的神话光彩。我想知道，当这些人在不屈不挠地做着他们的实验时，他们脑海里的希望是多么绚丽多彩。这是一种"绿色手指"般的科学，它依赖熟练的手艺、巨大的耐心和对原材料的熟悉。这些品质，比水银般的光辉或奢华的设备更能说明，为何他们能在欧洲大陆的东北部发现了如此多的元素。正是因为这些品质，当然还有肥沃的土壤，才会有这样的成就产生。

---

① 化学束缚水是指受化学键和力的作用，紧密地存在于土壤矿物质中的水。——译者注

=

铕联盟

Part.02

=

稀土并不稀有,但它们并不广为人知。许多瑞典的发现都属于这一组元素,它们被列在元素周期表的一排,通常悬在元素表的下方,就像汽车旅馆的标牌下面"空缺"的告示一样。它的成员有:钪,钇,镧,铈,镨,钕,钷,钐,铕,钆,铽,镝,钬,铒,铥,镱和镥。而且,虽然它们也不算很罕见,但如果你从来没有听说过其中的任何一个,也很正常。

它们不是真正坚韧不拔的"土":它们都是中量级金属。只是长期以来,它们一直很难被从其氧化物矿石中提取出来,因而被称为"稀土"。"顽固不化"可能是稀土的主要统一特征。在其他方面,它们的性质有细微差别。实际上,这是一个化学语义学的问题,它们都属于元素周期表,但其中一些,比如钪和钇排在序列前面,而镥则是在序列的末尾。

在几乎所有的情况下,分离稀土元素都十分艰难,从 1794 年发现的钇到 1945 年发现的钷都是如此。然而,这些发现确实有区别,它们是由真正的化学家制造出来的(除了反常的放射性元素外)。它们并不像其他一

••

些元素那样,依赖于一些与物理学更接近的独特技术;比如:由戴维用电解法发现的碱金属,拉姆齐的惰性气体在放电管中发光,在伯克利粒子加速器中被聚焦在一起的超铀元素等。稀土的分离自始至终都是化学反应。典型的方法是将矿石溶解在酸中,形成含盐混合物溶液。然后慢慢地将水分蒸发,这样每个元素的盐就会依次结晶,而剩余的液体中则溶解着其他盐类。仔细地重复这一过程,有时甚至重复数千次,化学家最终将这些非常相似的物质从另一种物质中分离出来,然后从中分离出新的元素。一位化学史学家平静地说:"这是一项艰巨的任务,现如今,它很难吸引到大笔拨款。"

毫无疑问,这种工作很单调,但对于热衷于特殊类型实验的头脑而言就是天堂。瑞典人卡尔·莫桑德说自己对化学理论一无所知,但他花上几个小时的时间待在实验室的长凳上,发现了比其他人更多的稀土,证明了化学理论有多么的无关紧要。他对于这些元素有一种明显的偏好。有了科学知识的后见之明,用文字来描述它们的故事可能比让这些元素结晶更容易,但最初的实验是乏味的。所以我不会把时间花在这些元素身上,而是挑出一两种作为这一系列元素的代表,它们之间的差异在任何情况下都很微小。它们的性质大体相似,反应类似,用途也相似——稀土广泛用于制作陶瓷釉料、荧光灯、电视屏幕、激光、合金和耐火材料,选择哪种稀土不是很重要,甚至是比较随意的。有时某种稀土元素比其他稀土元素更适合这些用途,但这种情况并不常见,只是偶然现象。

如果你把一张 5 镑的钞票放在紫外线灯下,在这张纸币正面的古典拱门上,那些暗黄色的星星会突然发出深红色光芒;反面,一座三层的罗马桥,出现在靛青色河水上方的一个幽灵般的绿光中。这种光来自于特殊的油墨,加入到纸钞中,在强烈的紫外线照射下会发光,这使它难以被伪造。

钞票中所使用的化合物的确切性质,当然是由欧洲银行保密的。然而,在 2002 年,欧元开始流通的几个月后,两位荷兰化学家决定用一种不同寻常的光谱分析来自娱自乐。乌特勒支大学的弗里克·舒茨瓦和安德鲁斯·梅捷维克将紫外光照射到欧元纸币上,并记录下了它们发出的可见光的颜色。他们宣布红光是由于稀土元素铕的离子与两个类丙酮分子结合而成的。他们对其他颜色不太确定,推测绿色可能是因为更复杂的离子,包括锶、镓和硫及与钡和氧化铝复合的铕。他们将疑问止步于此,并警告其他可能的追随者们:"任何进一步研究欧元纸币发光现象的行为都将触犯法律。"

但这个小秘密的解开几乎没有触及问题的核心。我们真正想知道的是,在所有有这种功能的墨水中,为何选中了其中含有铕的。毕竟,这是一个政治上的决定,一份以欧共体的名义发行的纸币应该有它的使命,它的使用被因同一个想法而命名的化学元素巧妙地强化了。①

铕金属与铅一样柔软,必须储存在石油中,防止它在空气中燃烧。它是稀土中最活跃的,由于它与其他元素结合得很紧密,所以它是最晚被发现的几种稀土元素之一。

在法国新艺术主义时代,法国化学家尤金-阿纳托尔·德马尔赛,开始怀疑他所采集的样本钐和钆——在未来,它们将在元素周期表中与铕为邻,它们可能在 10 年前就被发现了——纯度不够。德马尔赛是一个瘦削、长相严肃的人,他那华丽的小胡子是他身上最引人注目之处。在他职业生涯的早期,他在一个著名的巴黎香水实验室里工作,但不久之后,他就成了一位自由职业者,作为一个光谱学家而声名远扬。据一位同时代的人说,他可以读懂一种物质的光谱,像读歌剧的乐谱那样(居里夫妇很快找到他,去证实他们发现了钋和镭元素)。从 1896 年开始,从他的钐和钆样品中提取盐,并通过结晶分离的艰苦过程,分离出一种新的盐,并且含量逐渐增加。他怀疑其中包括一种新元素,到 1901 年时,他已经积累了足够的证据来证实这一点。

德马尔赛以整个欧洲的名字将他发现的元素命名为铕,但他没有解释过为什么这么做。他的选择明显地不同于那时以国家名来命名元素的潮流。前不久,莫桑德尔在斯德哥尔摩及乌普萨拉大学的其他许多人都曾看到,一些新元素以瑞典的地名来命名。1875 年,人们以法国命名了镓(gallium);1886 年以德国命名了锗(germanium)。德马尔赛最新鲜的记忆是,在 1898 年,居里夫妇发现了钋,并以波兰为其命名,德马尔赛对这一元素的发现也做出了贡献。也许所有这些民族主

---

① 铕的原文为 europium,与欧洲一词 European 有相同的词根 euro。——译者注

义的热情足以投下反对票。

在 1901 年的欧洲,有先见之明的灵魂早已开始怀疑,民族国家可能不会永远存在,其中法国人的想法最大胆。1848 年,维克多·雨果第一个提到"欧洲合众国"(United States of Europe)。1882 年,布雷顿哲学家欧内斯特·伦南在巴黎大学的一次著名演讲中大胆地提出这样的问题:"国家是什么?"并想象了一些国家将被一个欧洲联盟所取代。这种世界性的精神在 1900 年的巴黎世博会上表现得很明显,当时有超过 5000 万人前来观看来自各个大陆的 40 个国家共同展示出的产品——包括新发现的稀土标本。

必须指出的是,大多数欧洲公民并没有表现出接受这样的理想,而且民族主义已经成功地让意大利和德国实现了统一,不是以高度的自由为基础,而是更倾向于种族和语言上的集体意识。不久之后,用历史学家埃里克·霍布斯鲍姆的话来说,似乎任何一群自诩为鲁里塔尼亚人①的人,都可能突然宣称他们是一个民族。作为一名游历广泛的、有自己想法的人,德马尔赛很容易想到去抵制当时盛行的民族主义思潮,并通过他的化学发现表明自己的态度。他欢迎欧盟的到来,并欢欣鼓舞地看到他的金属成为其统一经济结构的一部分。

然而,欧洲央行似乎没有能力传播这种喜悦。它故意误解了我想知道谁将铕用于钞票防伪的要求,并且想让我谅解"出于安全考虑,我们无法对欧元纸币的化学组成成分发表评论"。我知道其中的化学成分是什么。我现在想知道的是,在布鲁塞尔的官僚机构中,谁是那个确保钞票中用的是铕的人。该银行要求其发行的钱币都加上这些防伪标志,包括凸版印刷、金属条、水印和全息图,但实际上并不是自己印刷这些东西,因此,并没有规定必须用铕或任何其他特殊材料来制作发光染料。因此,可能有其他人负责此事。然而,欧洲央行的印刷厂从业人员也不会告诉我任何事情。

我重读了舒茨瓦和梅捷维克的论文,发现其中包含了一条线索。他们联系了荷兰国家银行,并最终与一名研究人员取得了联系。在他们谈话的过程中,银行职员无意中说漏了嘴,让这两位化学家们回想起

---

①　鲁里坦尼亚王国,或称浪漫国,为小说中虚构出来的国度。——译者注

了一些事。"几年前,他和一位同事参观了我们的实验室,"梅捷维克回忆道,"在访问期间,我们向他提供了大量有关发光材料的资料。"他不能向我们透露太多。那么,乌特勒支的化学家真的对将铕用于钞票这件事有功吗?他们是否只是在分析他们的"发现"的基础上放出了一个错误的线索,或者他们之所以这么做,是因为他们无法抗拒权势的诱惑,想主张他们是在欧元中所有铕染料的创始者?或者是那些神秘的来访的银行家们,当他们听到一种叫作铕的元素是适合这项工作的元素时,就接受了命运的召唤了?就目前而言,似乎没有人声称为这一决定负责。

··

＝

奥尔灯
Part.03

＝

女孩赤裸着上身，只着了轻纱。她跪着，头歪向一边，在她的黑发卷下露出顽皮的微笑。她右手中托着一个耀眼的光圈，光圈的中央，有一点更明亮的光，因为光没有明显的来源，只是纯粹的光亮。她的左手握着一大株向日葵的茎，并被其有力的藤蔓所包围。在这幅画的右下角，有个不合时宜的东西——一个标准的煤气灯。这幅画所要传递的内容变得清晰了。这位贞女正期待着一种新的光明，就像太阳的光芒，照亮全世界。

这张海报是乔凡尼·马塔洛尼于1895年制作的，是为罗马布雷韦托·奥尔公司所改进的煤气灯做的广告。这是数百个类似的广告图片之一，在世纪之交的欧洲和美洲城市出现。全彩海报是广告界的最新时尚，在追逐公众喜好方面，没有任何一个商业领域比快速发展的照明行业更努力了，在这个领域，天然气和电力不断地与竞争对手的创新相抗衡。

在19世纪的最后几年，煤气灯的巨大突破令其在新型电灯上保持了较长时间的优势,它是由卡尔·奥尔发明的,后来他被封为冯·韦尔斯巴赫男爵。他是维也纳人,在海德堡大学与欧洲化学宗师罗伯特·本生一起从事研究工作。1880 年,他抵达海德堡时,奥尔向这位伟大的导师展示了他收集的珍贵的地球矿物标本,本生无视奥尔对标本数量不够的抗议,安排他去分析这些样本。这个项目决定了他的职业生涯,而稀土则让他致富。1885 年,奥尔回到维也纳,这是奇迹迭出的一年,他成功地将被认为是钕的元素分解成两个真正的元素,它们最终被命名为镨和钕。它们的

乔凡尼·马塔洛尼于 1895 年制作的海报,为罗马布雷韦托·奥尔公司所改进的煤气灯做广告

绿色和粉色化合物,被广泛运用在陶瓷制品和防护眼镜的有色玻璃上。

　　奥尔并不仅仅满足于增加稀土的数量。在海德堡的日子里,他对本生灯感到惊奇,它的可调火焰可以从文火调整到大火。他注意到,当调高温度时,本生灯的火焰会使他的稀有地球矿石自行发光。他开始用不同的金属氧化物组合来研究这种现象。众所周知,燃烧的石灰将会产生一种被称为“石灰光”的白炽光。奥尔的研究包括镁和铍的氧化物,它们都与石灰及他手中的稀土和其他元素密切相关。

　　在 19 世纪中期,煤气灯广泛运用于街道和家庭中,它所散发的光被它的火焰的温度所限制,这取决于燃烧的碳氢化合物混合物。蜡烛和油灯发出的光比煤气更亮,但只有气体才能源源不断地供应。奥尔相信,在一盏灯的设计中,当他的稀土氧化物靠近气体火焰时,可能会产生更亮的光。在几年的时间里,他将棉网浸在不同的稀土和其他盐类的混合物中。一旦干了,罩子上便裹着一层坚硬的氧化物,然后被放

在火焰旁,当织物被烧掉之后,留下一层易碎的耐火丝网,在火焰中发着明亮的光。

人们对许多氧化物的性质知之甚少,更不知道它们是如何结合在一起的,因此没有办法预测哪一种化合物会产生白炽光。1885 年,奥尔第一次制成了一种由镁、镧和钇的氧化物混合而成的煤气灯,并获得了专利,但它的脆弱性和病态的绿光令它并不受欢迎。然而,到了1891 年,他发现,将钍和铈的氧化物按 99∶1 的比例混合,就可以得到令人满意的白光(钍不是稀土,而是更重的、有放射性的元素,是铈的近亲)。用这种材料制成的气灯罩很结实,而且很快就流行起来。作为一名科学家,奥尔的不同寻常之处是,他同时还个精明的商人,他的名气很快就比本生还要大。虽然本生灯在实验室颇有地位,但明亮的新品,就是我们所知道的白炽灯罩,对所有人都是有用的,而且它很快就被奥尔公司传播开来,人人趋之若鹜。1892 年,仅在维也纳和布达佩斯就卖出了大约 9 万个白炽灯罩;20 年后,其年产量达到 3 亿个。

它丝毫不会损害其发明者的前途,奥尔是一个古老的德语单词,意思是黎明。1891 年 11 月 4 日,在维也纳的剧院咖啡馆外,第一盏明亮的奥尔煤气灯被点亮的那一刻,他的同胞古斯塔夫·马勒正在创作一首歌曲,这首歌将归入他的第二交响曲《乌利希特》(Urlicht)中,而乌利希特的意思是"初生之光"。

很明显,奥尔喜欢把他的名字附加到他的发明上。接下来,他用了锇丝电灯,即奥尔-奥斯灯,来延续自己的成功。他完善了煤气灯罩后,也做了电灯材料的实验,为他的技术赌注做保障,他已经开始怀疑,煤气灯终有一天会被电灯取代。1903 年,他为一种铈和铁的合金申请了专利,他称其为一号奥尔金属,这种金属在撞击之下会发出火花。至今,这种燧石仍被用于打火机中。奥尔触碰到的一切似乎都变成了光。毫无疑问,在他的职业生涯中,他选择了"Puls Lucis"作为座右铭,即为世界带来更多光明。

铈是储量最丰富的稀土元素,比许多常见元素(如铜)更丰富。在我们的生活中,越是多的东西越是容易觉得司空见惯。铈用于提高铸铁、钢和铝合金的性能,它被称为"珠宝商的胭脂",它的氧化物粉末是一种很好的研磨剂,用来打磨宝石和玻璃。在 19 世纪,人们认识到铈盐是止吐剂,它们也加入了止咳剂、抗烧伤和结核病的抗菌治疗中——这些盐类药物也有其特有的甜味。最近发现,将铈氧化物添加到柴油中,能极大地提高燃烧的效率,这一发现让人们无比兴奋。它仍然被用于照明,可以使电影布景的灯光更明亮。

铈是最伟大的瑞典化学家乔恩·雅各布·贝采里乌斯的发现。与他的一些更缺乏自信的同胞不同的是,他及时发表了他的成果,与他的国际同行保持着密切的联系,并在他的实验室接待着化学朝圣者。如果说他被科学通俗史排除在外,责任完全在于对西方的偏见。

矿物世界不是贝采里乌斯的初心。他生于 1779 年,在他成年的时候,人们认为瑞典科学的光辉岁月已经结束。才华横溢的药剂师舍勒、矿物化学家勃兰特和加恩都已去世,他们曾在皇家矿山的矿石中发现了新的类似于铁的金属。世界著名的植物学家卡尔·林奈也已去世,他大胆地认为人类可以将所有的自然物质进行分类,并用双名命名法对植物和动物做了分类,以此作为一个良好的开端。

贝采里乌斯受过医学训练,和当时的许多科学家一样,电流对生物体的影响令他很好奇,他想知道生命的秘密。为了了解这一点,他首先要质疑关于流行的活力论理论,对动物和人类生理提学出更理性的解释。有一个有用的进展叫作"动物化学"。在 19 世纪初的一段短暂的时期,这成了科学界的一个热门话题。"动物化学俱乐部"是伦敦皇家学会的一个特殊兴趣团体,戴维是其中的常客,而贝采里乌斯则是一个活跃的准会员。但事实证明,科学问题在很大程度上是棘手的。尽管如此,生命化学的挑战仍然磨炼了贝采里乌斯作为分析化学家的技能,他也得到了富裕的矿主威廉·希辛格的支持。尽管他公开表示厌恶无机化学,但贝采里乌斯没有选择,只能像之前的瑞典科学家一样,对地球的呼唤做出回应。

我们现在十分熟悉的实验设备,比如橡胶管和滤纸,都是贝采里乌斯的发明。但不像本生和戴维用自己的名字命名燃烧器或矿工安全灯,他没有用他的名字命名任何东西。他引入了一些概念和词汇,这些概念和词汇已经被证明极其有用,且不局限于科学词汇:"催化"和"蛋白质"是他发明的新词。他在元素及其化合物相结合的比例上做了非常有价值的研究,这支撑了英国教徒约翰·道尔顿提出的原子理论,并第一次为化学提供了坚实的定量基础。贝采里乌斯也看到了元素缩写符号的必要性，并发明了现代化学符号。他的单字母或双字母代码的编码系统，通常以拉丁语中元素的名称为基础，目前已经成了元素的标志性符号，其意义超越了化学学科。将每个元素都用符号来表示，将它们以固定的比例相互结合，第一个化学式便出现了。这些字母和数字的排列，对化学家来说意味着一切，而对我们普通人而言，只是一些随机出现的符号。（弗兰德斯和斯旺在嘲讽英国科学家、小说家 C.P.斯诺的关于艺术和科学两种文化的论战时说，"啊，H_2SO_4，教授！"科学家们都是这么打招呼的。）

这种符号系统现在看来既熟悉又疏远。然而，当它在 1811 年出现时，曾是一个图形的表达，对科学地理解物质有着深远的意义。在现代的实验室里，炼金术已经落伍了，启蒙运动的科学家们已经开始证明，他们可以合成在自然界中发现的简单化合物——拉瓦锡把氢气和氧气结合在一起，产生了水；戴维所分离出的奇异金属可以通过燃烧来获得自然矿物中所发现的氧化物。贝采里乌斯的系统，最终消除了从自然获得的物质和在实验室中产生的相同物质之间的所有区别。一旦像氨这样的物质被确定为 NH_3，而不是用"鹿角酒"（spirit of hartshorn）这样的名字，突然之间一切就清楚了：人们注重的是物质的本质，而不再是它的来源。

这足以确保贝采里乌斯在化学界的声誉，而且他还带来了更多的贡献。对于贝采里乌斯来说，他不仅发现了铈，而且发现了另外 3 种化学元素——钍、硒和硅，所有元素都与土地紧紧地联系在一起。所有这些发现，都依赖于他与采矿业和工业的亲密接触。最终，他从硅酸盐矿物中提取了纯硅，这奠定了瑞典在科学界的基础地位。他在一种硫酸厂的沉积物中，发现了与硫黄有关的硒元素；他从寄给他的不寻常的矿物标本中，分离出了钍和铈。特别提值得一提的是元素铈，贝采里乌斯与他的赞助人海辛格在斯德哥尔摩、海辛格的乡村庄园及矿山密切合作，系统地用电解法从标本中提取各种盐，这些盐是在海辛格的一个废弃的矿井中获得的。贝采里乌斯选择了铈这个名称来命名新元素，其灵感来自于最近发现的矮行星谷神星,遵循了以天王星来命名铀的先例。①

　　尽管在努力获得新元素的过程中最先使用电解法的是瑞典人,但被认定最早使用电解法的人却是戴维。当法国化学家路易·尼克拉·沃克兰了解到这件事时,他评论说,如果法兰西学会能及时知道这一点,贝采里乌斯就能与戴维共享拿破仑奖章。

贝采里乌斯亲笔写了标签的元素样本

　　由于德国人、法国人和英国人后来取得的成就,贝采里乌斯可能在化学历史上遭遇了不公对待,但我觉得瑞典人的含蓄对此也没有帮助。我来到斯德哥尔摩,部分原因是希望能看到贝采利乌斯收集的并贴上他那不同寻常的新标签的化学物质。我曾在一本旧传记的插图中里看到过那些小瓶子,开口塞着厚实的玻璃瓶塞或软木塞,里面装着蓝色、黄色、灰色和肥皂绿的粉末,每一种的瓶子上都有贝采里乌斯的亲笔字迹。一个装着糖果粉色粉末的容器显得特别突出——几乎没有什么盐

---

　　① Ceres(谷神星)与 cerium(铈)同词根,而 Uranus(天王星)与 uranium(铀)同词根。——译者注

是粉色的。该插图的说明文字标明这些珍宝曾在贝采里乌斯博物馆展出。但这个博物馆已不存在了，我得知，藏品被放在瑞典皇家科学院的储藏箱里，等待着贝采里乌斯的继承者们再次发现它，以纪念贝采里乌斯对化学品的种类、化学理论和化学语言的巨大贡献。

＝

元素发现者中的普通人

Part.04

＝

　　瑞典陆军中尉卡尔·阿克塞尔·阿伦尼乌斯同时也是一名矿物学家（他的这个兴趣是在皇家铸币厂实验室学习如何测试火药的时候发展出来的）。1788 年，他发现了一种黑色沥青状的矿石，聚集在伊特比矿的肉红色钾长石里，阿伦尼乌斯认为它可能是几年前发现的致密金属钨的一个来源，为此他兴奋不已，立刻送了一个样本给他的朋友——奥布大学化学系教授约翰·加多林（奥布大学现位于芬兰的图库尔，该地曾是瑞典帝国的一部分）。耽搁了很久之后，加多林回复了一个令人更有兴趣的答案：中尉发现的是一种新的稀土元素矿石。加多林用伊特比这个名字为氧化钇命名，并担心这一最新的发现对整个化学领域的影响。"我斗胆提起这个新元素，是因为现在稀土元素太多了。"他写道，"对于我来说，如果一个稀土元素只能在一个地点、一种矿物中找到，这简直太惨了。"

　　加多林担心稀土数量会激增，结果证明这种担心是有根据的。这种伊特比矿物，最终被证实其中包含了不止一种稀土元素，而

• •

是 4 种,它们显然与其发现地有关,那么以地点为它们命名就是顺理成章的:钇、铒、铽和镱。之后,皮尔·克利夫把来自同一矿石的两种新的金属氧化物分离出来,并以斯德哥尔摩这一名字将其中一种元素命名为钬,而一种则以斯堪的纳维亚的原名将来命名:铥。与此同时,在另一种伊特比的矿物中,安德斯·埃克伯格发现了又一种新元素——钽,但它并非稀土元素。到了 1879 年,伊特比矿终于成为 7 个化学元素的来源,而当时元素清单上的总数达到了 70 种。

从这一矿石中,加多林得到了氧化钇,最初叫作 yetterbite,之后更名为 gadoline,以彰显他的荣耀。然而,这并不是他对科学界唯一和最伟大的贡献。后来,以他的名字命名了元素钆。钆是第一个以人名来命名的元素。它不是以神话中的人物来命名,也不是以一些化学活动的希腊语说法来命名,甚至也不是以元素的发现地来命名,而是以一个真实的人来命名的。钐于 1879 年被发现,并以俄罗斯采矿工程师瓦西里·萨马尔斯基的名字命名。次年,钆被发现。

直到 1944 年,一个新的元素才再次以一个人的名字命名,这就是锔。在 20 世纪 50 年代,后来者们遵循了这一荣誉的惯例,包括锿、镄、钔、锘(分别是以爱因斯坦、费米姆、门捷列夫和诺贝尔的名字来命名)。所有用人名来命名元素的人物,都已是科学大家,而这些元素都与日常生活相距甚远。对于钆和钐来说则是另一回事:它们的发现者比它们还要鲜为人知。虽然你可能没有听说过这两种金属,但它们的储藏量都比锡更丰富,在每个现代家庭中都能找到。钆被用于磁碟和磁带,而个人立体音响的小型化扬声器则依赖于钐的高磁性合金。那么,谁是加多林和萨马尔斯基呢(这两位的名字听起来像密尔沃基的律师)? 又是谁愿意以这种独特的不朽形式来赞颂他们呢?

1760 年,约翰·加多林出生在奥布,他的家族中有两位主教。牧师家庭的习俗常以拉丁文取名(比如瑞典博物学家林奈),但约翰的祖父稍微偏离了这一习俗,从希伯来语中取了"加多林"这个名字,意思是"伟大的"。因此,钆成为唯一具有希伯来语词源的元素。加多林对阿伦尼乌斯送来的黑色矿物进行研究,发现了最新的元素。1827 年,一场大火摧毁了奥布城和奥布大学,他的矿物收藏丢了。次年,钇金属被其他人分离出来。加多林活到 93 岁,长寿到看到以他命名的硅铍钇矿,但他还是没有活到元素钆的到来。

瓦西里·萨马尔斯基·拜科霍夫茨在俄罗斯矿业工程师军团升为上校。1847 年,他驻扎在乌拉尔山脉南部,他注意到一种不熟悉的易碎矿物,这种矿物是焦糖色的,他很好奇地把它送到柏林请专家进行评估,在那里,一名德国矿物学家证实了它是新矿物,并遵循该领域的惯例,建议以"铌钇矿"为之命名,钐就这样如期而至了。萨马尔斯基之后对科学并无进一步的贡献,因此似乎很少有人知晓其名。

与库里斯相比,或者与伯齐利厄斯、拉瓦锡和戴维这样的先驱者相比,加多林和萨马尔斯基的贡献微乎其微,似乎不应出现在元素周期表上,可为什么这两位享有如此殊荣? 如果他们的成就不够充分,我们必须向后来被称为钐和钆的元素的研究者们寻求答案。

1879 年,一位干邑酿酒厂老板的富有的儿子保罗-埃米尔·勒科克·德·布瓦博德朗从一份铌钇矿的样本中提取了一种稀土元素盐,即后来的"钕镨"。当他将这种盐溶液与另一个试剂结合时,发现并没有产生他所期望的单一的沉淀,而是有两个不同阶段的沉淀物。"钕镨"并不是一个元素,而是一个复杂的未知稀土混合物。把这两种残留物分离,他就能证明其中一种是新元素的化合物,他把它命名为钐。第二年,日内瓦的让·查尔斯·加利萨尔·德·马利纳克,研究了与一种不同的"钕镨"矿物样品,分离出另一种新的稀土氧化物。勒科克证实了马利纳克的发现,并建议将这个新元素命名为钆(五年后,卡尔·奥尔完成了"钕镨"分离,表明它包含了两个元素:钕和镨)。

因此,勒科克是令这些不出名的人出现在元素周期表的幕后推手。他的动机是什么? 众所周知,19 世纪的最后 25 年是欧洲民族主义的巅峰。难道他不应该以曾经工作过的法国或巴黎来命名钐,用自己朋友马利纳克居住的日内瓦或是瑞典来命名钆吗? 事实上,他很明智,因为他曾经朝这些方向努力过,但引了发极大的争议。

1875 年,勒科克首次为元素周期表做出了贡献,当时他从锌矿中分离出了一个新元素,并将一个标本送到了法国科学院,将其命名为镓,以对法国表示敬意。几年之后,麻烦出现了。有人怀疑,这个名字并不是它看起来那样充满爱国情怀,实际上,勒科克耍了点心机,用自己的名字来命名该元素。拉丁文中法国的发音是 Gallia(即高卢,也就

• •

是镓这个词的词根），而拉丁语中 coq 也是 Gallus［勒科克(Lecoq)中含有 coq,Gallus 的发音近似"高卢"］。这场争议实在太大，以至于勒科克不得不否认选择这个名字是为了自我标榜。在钕错矿物的研究中，这段经历在他的脑海中留下了深刻的痛苦记忆。

在经历了镓的尴尬之后，勒科克很可能只是希望明哲保身，没有什么比遵循公认的矿物来源命名规则更安全的了。看起来，他用"钐"来命名，是因为这个元素从铌钇矿而来，而用"钆"来命名，是因为它是从硅铍钇矿中获得的，别无他意。① 如果是这样，那就是化学的损失。以地质学家的名字命名的矿物比以化学家的名字来命名的元素要多得多。因为与化学元素的清单相比，矿物质的清单很长，不仅如此，矿物学家爱用他们领域的先驱者来命名矿物，这是一种悠久的优良传统，而喜欢"自我贬低"的化学家们却不愿意仿效这种做法。因此，许多化学家即使与元素没什么关系，却有幸拥有一种以他们的名字命名的矿石。其中，钇铀矿、砷黝铜矿和硅灰石是为了彰显那些发现元素的化学家们的功绩的。钆和钐是两个罕见的命名恩惠被归还的例子。钆用以纪念那些努力从矿物中分离出新元素的化学家们，而钐，则应该是为了纪念那些矿物学家们，是他们首先发现了这种不寻常的矿物，把它从土岩中凿出来，引起了世界的注意。无论是加多林还是萨马尔斯基，都不是其中最伟大的代表，他们是元素界的普通人。

---

① 钐(samarium)与铌钇矿(samarskite)有相同的词根，而钆(gadolinium)与硅铍钇矿(gadolinite)有相同的词根。——译者注

＝

伊特比矿①

Part.05

＝

听到稀土的故事后，我觉得我开始更深入地了解了这些元素的来源。当然，我知道它们全部都来自土壤、海洋和天空。我想要超越这种众所周知的推论———一切都是由元素构成的，所以元素无所不在，并为所有物质的基本成分确立了权威答案。毕竟，它们只在某种意义上是普遍的。的确，所有东西都是由元素组成的，而纯净的元素本身却似乎难以捉摸，几乎总是锁在神秘的矿物和化合物之中。寻找大自然中的元素就像抢劫一家面包店，能够找到很多蛋糕和小圆面包，但制作它们的面粉和糖却不见踪影。当你去乡间散步的时候，你不会发现金块或水银。不过，我想，一定有一些地方可以感受到元素之光。

是时候去参观一下矿山了。我不想去位于瑞典法伦的大铜矿，它是一个由 E.E.A.霍夫曼所主持的大型采矿中心，成立于 13 世纪，直到 1992 年还在进行商业运作。我也不

---

① 伊特比是瑞典东岸的村落，位于斯德哥尔摩群岛中的瓦克斯堆尔姆市。该村落因在矿石中发现了 7 种新化学元素而闻名。——译者注

想去西曼兰附近的海辛格的矿井。瑞典化学家贝采利乌斯和海辛格在那里，从挖掘出的矿石中发现了铈，但他们一直在寻找加多林的氧化钇，这种矿石是从瑞典的伊特比挖掘出的，并以此为名。人们在伊特比的小矿井中不仅找到了钇，还找到了另外 6 种化学元素。我想去这个盛产元素之地。

伊特比是瑞典最古老的长石和石英矿区。它坐落在罗塞诺岛，是斯德哥尔摩以东的一个无边无际的岛屿，在那里，瑞典进入波罗的海。在 18 世纪早期，这里开采的长石是用来制造瑞典波美拉尼亚瓷器的，而比较稀少的纯石英则被送到英国制造玻璃。但对元素收藏家来说，在人们检验了妨碍工业生产的杂质后，矿井中真正的宝藏才能显现出来。

如果伊特比是一个朝圣之地，谁是它的朝圣者？这座矿山于 1933 年关闭。但化学家和矿物学家一直来此地寻找宝藏。1940 年，华盛顿特区史密森学会的布莱恩·梅森发现，该煤矿部分被洪水淹没，但仍有大量的伟晶岩，即长石英石，它含有黑色三角面晶体硅铍钇，随处可见。几年之后，他又回去了，很失望地发现这个地方已经被接管，并被隔离用作油库，不再允许人们进入。在他的造访记录中，他列出了 25 种矿物，其中包括钇、钽、铌、铍、锰、钼、锆及一些更常见的矿物元素，如铝和钾。

迈克·莫雷尔是我求学时的校长，是他让我迷恋上了元素。1960 年，有人邀请他住在伊特比商业之家度假村，他偶然发现了这个矿井。走在附近的树林里，他发现自己身处一个岩石坑里，这让他想起了 1945 年的一个早晨，在他卧室窗外出现的 V2 火箭弹坑。山坡上杂草丛生，没有明显的矿井入口，但他注意到一些采石活动的痕迹。直到后来，他才从主人那里了解到这个遗址的化学意义。

北德克萨斯大学的吉姆·马歇尔和他的妻子珍妮在这次周游世界的旅途中，寻找那些与每一种元素的发现相关的地址，后来这个假期计划演变成了 10 年的痴迷。当时他们的目标是参观每一个相关的矿山、实验室和化学家的故居。马歇尔在这场地质调查进行到终点时产生了这种想法：这场调查之旅，让他们明白了什么是欧洲旅行的特色。有什么比策划一个项目更能延续这种旅行呢？这可以让他们参观一些欧洲最令人愉快的城市及一些崎岖不平的偏远地区,而每个地点又都能与整个研究计划相联系。行程将会很长,令人望而生畏,但最终会卓有成效。他们顺理成章地访问了巴黎、柏林、伦敦、爱丁堡和哥本哈根等大城市,也发现了一些鲜为人知的地方,如前景黯淡的特兰西瓦尼亚矿井,人们在这里发现了元素碲。马歇尔夫妇的"寻找元素的徒步之旅"似乎是一场完美的旅行,文雅而崇高。例如,踏上"镓"的小道,走至勒高克·德·布瓦博德朗的干邑区和茫茫的比利牛斯山脉,在那儿,他们获得了闪锌矿,并从中提取了元素锌。遗憾的是,他们经常发现这些地址没有标记,被忽视或在上面建起了建筑物,这在他们的文字和摄影图片中都写明了。吉姆和珍妮在 2007 年终于到达了伊特比。

在我自己的旅途中,我一直在询问我遇到的化学家和科学历史学家,他们是否去过伊特比。结果几乎没人去过。安德里亚·塞拉乘坐渡轮游船横渡波塞尼亚湾来到瑞典,当时他参加了在加多林的图尔库举行的一次会议,他为了在心仪的城市斯德斯德哥尔摩进行一日游,而取消了伊特比之行。即使是我的本地导游哈尔马·福斯和安德斯·伦德格伦,也未曾造访过这个如此多的元素的诞生地。

对艺术和文学而言,工作室和作家的桌子一直有着吸引力。但是,牛顿和爱因斯坦是在什么地方彻底改变了物理定律的,这并不重要,重要的是他们做到了。你可以参观林肯郡,当瘟疫席卷剑桥时,牛顿退隐于此,在那里,他得出了最重要的发现。花园中有一棵苹果树,初步证明,它是由那棵著名的,把果实砸在伟人头上的苹果树嫁接而来,但它并没有洞察牛顿关于万有引力定律的启示,它只是一棵苹果树。我希望伊特比会有所不同。毕竟,伊特比并不是因为出了天才人物而变得重要的地方。这并不是埃文河畔斯特拉福德或鸽舍。① 这个地方本身独一无二的物质构成,才是最有意义的。

刚刚下过雨,天空是浅灰色的,水珠从树木上滴下来。我乘坐的公共汽车沿着通往高速公路的粉灰色岩石相间的岔路,蜿蜒穿过斯德哥尔摩的郊区。很快,一切人造物似乎都出现在了这个地质层上——路

---

① 埃文河畔斯特拉福德是莎士比亚的出生地,鸽舍是诗人威廉姆·华兹华斯的故居。——译者注

面的沥青,路两边的钢栅栏,金属工业地产的侧壁,粗犷的石头和赭色的建筑,房子的红色墙板(以法伦矿井的名字将这种颜色命名为法伦红,这是一种以亚铜矿石制成的颜料)。到处都是圆形的巨石,在晚春的植被中穿行,仿佛它们才是有生命的,生长迅速,很快就会覆盖草和灌木,而不是被草与灌木所覆盖。

公共汽车颠簸前行之时,我思考着,化学似乎变成了一种秘密的活动。炼金术士们沉睡在坟墓里,被怀疑、被冷眼相向,元素的科学似乎没有得到多少尊重和敬意。化学的英雄们和女英雄们被忽视了。在学校里,化学这门课成了知识的灌输,学生或老师不再动手做实验,只是靠描述或观看实验的录像。化学药品成了令人担心的东西,生活必需品被藏在厨房洗涤槽下面(还被标上"化学物质",就好像水槽本身和里面的东西都不是化学物质似的)。我费劲心力才能弄到所需的简单物质和仪器,以完成普通的实验。我曾参观过一家烟花厂,它藏在一个岔道上的树篱后面,没任何标志指明它的位置。我曾听闻,学者们被赶出他们的城市实验室,到偏远的荒地去做实验。若想增加科学知识,传播对知识的理解,这种做法似乎奇怪了点儿。这些元素——其中有许多——如果你知道去哪里找,就一定能找到它们,但这些知识本身似乎就是危险的,仿佛必须要知道一些秘密代码才能获得:在园艺商店能找到硫黄;在船上用品商店能找到镁;在艺术用品商店能找到锑。当然了,宇宙中的元素应该属于全人类。

公共汽车穿过几个入口之后把我放了下来,我是唯一一个下车的人。天空又下起了毛毛雨,我在准备最后一段旅程途中买来备用的步行地图是塑封的,现在我总算知道原因了。我曾希望有一段史诗般的旅程,却有点沮丧地发现,现在的罗塞诺到斯德哥尔摩的交通十分便利。地图显示了伊特比的位置,还有一个字母"G",代表格鲁瓦(gruva)矿井,就在岛的顶端。我在雨中跋涉了 1 英里(约合 1.6 千米)左右。画眉鸟在林间兴奋地歌唱,林边生长着野生天竺葵。很快,布满岩石的草地变成了田园牧歌式的郊外风景,雨也停了。空气里充满了孩子们玩耍的声音。房子和花园中点缀着蓝莓丛和洋葱花的小菜地。在许多花园中,蓝黄相间的三角旗在微风中轻快地跳跃着。

我跟着路标,走到一家藏在码头上的咖啡馆。这家咖啡馆只不过是一间开放的小木屋,有一块装饰性的幌子伸向水面。餐巾纸用一块粉红色的石头压住。我问店主,他是否知道伊特比矿井及其存储的元素。他说知道,但没亲身去过。"我只在罗塞诺生活了五年。我不是那种喜欢探险的人。"

我走过一条叫作"伊特维根"的街道,知道离目的地不远了。再往前走一点,路上放着两块粉红色的石头。一条碎石小路穿过桦树和松树之间,陡然上升。在小路的一边,有一个金属标志杆,已被移

通往矿井的碎石小路

到一旁,但旁边的树上却钉着一个塑料标志,告诉我,我已经到达了一个"自然矿井"。这条路是纯白色的,玫瑰石英让人仿佛置身童话世界。我往上爬,在顶部,我发现了一块巨大的岩石,像房子的正面一样大。伊特比矿岩石的颜色是灰、粉红、白和黑色的。在这个小小的悬崖脚下,营火的残骸被各种颜色的石头安全地包围着。

这个矿井与众不同,没有运作,没有废物堆,甚至地表也没有井口。它不空旷,也谈不上荒凉。它风景如画,而不是满目疮痍。野草莓附着在岩石的裂缝上。我怀疑它是否是孕育了无数元素的"子宫"。是的,传说中的矿工曾满山遍野地辛苦劳作,地球的确是母亲,腹中生长着矿石胚胎,他们必须帮助她接生。

进一步查看之下,我开始注意到人类干预的迹象——矿工们在岩石上钻了一排洞,他们却再也没有回来排开障碍物。铁钉随处可见,远眺悬崖边,那里有一个架子,曾经用来将石块从山坡上运下来。然而,堆积的石块只有几米长。附近的圆形巨石毫不受影响,保持着数千年

前被冰蚀磨光的形状。爬上一块圆石，我凝视着树梢，望着远处小岛的美景，内心百感交集。我感觉世界是完整的，我的脚下，是它丰富的物产。

是时候行动了。我带了一个放大镜和一个小而强力的磁铁，以测试我所发现的任何标本。但我的装备不良，无法对付那些裸露的岩石。我可怜巴巴地敲击着石英岩。"坚硬、叛逆的石英"，马克·吐温曾这样说过，我立刻感受到采矿需要付出的巨大劳力。它比煤炭硬得多，而且完全无法用柔软的东西来打碎。除了锤子和凿子及后来的阿尔弗雷德·诺贝尔的炸药之外，矿工们用火与冰来炸裂石头：在岩石表面燃起大堆的篝火，再泼上冰冷的水。我扫视地面，寻找被冬季严霜冻裂的碎片，以增加我的收获。我捡起一块干净的白色石英，又捡起粉色、灰色和黑色的岩石各一块。然后，我的目光被一个闪闪发光的痕迹吸引了，我起初以为是蜗牛黏液（在这个潮湿的日子里，蛞蝓已经出来了），但后来发现它是另一种矿物的微小碎片。我找到了碎片掉落的裂缝，发现里面塞满了易碎的薄板，就像菲罗糕点，像美工刀一样，以同一个角度被折断。每一层的表面都有明亮的光泽。如此多的金属矿石碎片聚集在一起，我以前从未见过这种情景。

经过几个小时的搜寻之后，我已经收集了我认为具有代表性的矿石样本，包括石英，长石，一种灰色、带硫黄气味的岩石，还有一块很有研究价值的黑色石头，它的密度显然高于其他样本，像是有虹彩的无烟煤，但显然是含金属的。

在靠近矿区的海岸上，有一处小码头，矿石就从那里被运抵波罗的海和更远的地方，毫无疑问，好奇的标本猎人，在有通勤巴士之前就是从那里登岸的。当地的慈善机构扶轮社竖起了一个标志，用来纪念勤于观察的阿伦尼乌斯中尉，正是他，开启了科学的淘金热，从而使 6 个元素以此地命名。这个地区现在被漂亮的度假屋包围着，没有一处的历史超过 100 年，大多数都相当新。我试着想象在阿伦尼乌斯的年代，采石声响遍松树林，与海鸥的尖叫声相互应和。尽管那时此地岩石嶙峋、灌木丛生，但也不显得荒凉，乘船很容易到达此地，矿井也很容易到达。我是在 6 月的一个凉爽的日子里拜访此地的。在 2 月间，来自俄罗斯的东风从海上吹过来时，这里是什么样子的呢？也许天气会恶劣一些。或者,也许矿井会为我遮风避雨,带来慰藉。甚至当篝火在岩石旁点燃时,会带来一些暖意。使这个地方变得特别的并非壮丽的风景,也非到达这里所要经历的冒险,而是一些直接的、物质性的东西——是土壤的孕育的物质,是裸露的岩石显示出的多样性及有关此地产出的许多元素的知识——它是独一无二的,加多林曾经这样认为,并为此而生出敬畏之心,尽管现在已时过境迁。对我来说,土地是我们理解元素的源头,是万物之源。

我带着我的矿石离开了罗塞诺,然后去往毗邻的瓦克斯霍姆岛,它坐落在由城镇延伸出去的一个狭窄的海峡上,岛上的主要建筑是一座16世纪的城堡,是上流社会的度假胜地,城堡里有一场关于伊特比矿井的小型展览,有一些历史照片。我很高兴地看到了马克斯·惠特元素交换中心提供的钇、铒、铽和镱的标本。在这些装着金属的小玻璃瓶四周,堆积着这些矿物质的来源,就如同父母骄傲地围着他们的孩子。这些矿石有:磁黄铁矿、黑云母、铈钙锆石、钇褐帘石、黄铜矿和质地柔软、可做铅笔的辉钼矿;富含铀的褐钇铌矿,它的放射性辐射在周围的长石上留下的伤疤,就像细微的太阳光线划入了矿物表面。我担心,这些标本中没有一个看起来像我捡到的那块小石头,我还担心,我现在可能携带着危险的放射性物质。展品中包含着一个著名的有光泽的黑色块状硅铍钇矿,它看起来不像我在矿井里发现的任何东西。这些照片拍摄于1893年,正值矿井的全盛时期,展示了相当大规模的运作,包括隧道、木材建筑和为矿车铺设的铁轨。我几乎没有看到这个产业幸存的证据。我了解到,这个曾经由著名的罗兰德瓷器公司拥有的遗址,现在被国家列为"地质宝藏"保护了起来。我看到,"禁止在此地收集矿物"的标语,但是太晚了。

当我回到伦敦时,我希望更了解我的战利品。我想,在某处,一定有个矿物学家,可以看看我手中这几块石头,然后跟我讲讲有关它们的来龙去脉,就如同一个品酒师,不仅能说出酒的产地和年份,还能说出酒产自哪个葡萄园,甚至能说出酿酒的葡萄生长在哪个山坡上。

我先把标本带到了佐伊·劳克林那里,她是我的朋友,她用她的调音叉实验让我的耳朵变得灵敏,让我的耳朵听出了这些元素的声音特征。她在伦敦国王学院经营着一家元素图书馆。在我从瑞典回来后的

··

几天里，一些标本似乎已经发生了变化。硫黄的香气已经从灰色的石头中消失了，而有些闪光的片状矿物现在看起来更透明了，就像玻璃纸一样。佐伊告诉我这叫云母(mica)，这个单词在瑞典语中的意思是闪光。她将这些标本样品依次用专门探测放射性的盖革计数器检测，如果发出明亮的光，就说明有辐射。令我欣慰的是，机器没有发出噼啪声。在紫外线照射下，它们也没有显示出任何荧光成分，这排除了矿石含铀的可能，因为在这种光照下，铀会发出荧光。初步的推测是，我并没有带回具强放射性的硅铍钇矿或其他任何富含稀土的矿物。

现在我需要一个矿物学家的意见。伦敦自然历史博物馆提供一项服务(在一切都为利益所驱使的当下，这真是一个奇迹)：它允许任何公众走进来，要求博物馆对他们发现的不同寻常的矿物质进行分析。矿产策展人彼得·坦迪·霍尼把他的眼镜戴上，开始检查我的石头。他告诉我，大多数人都认为他们找到了一块陨石(他们几乎都是错的)。有一次，一个人带来了一块银色金属块，看起来真的很有可能是陨石，他都被迷惑了，直到一个同事扫了一眼，认出它是一枚战时被叫作"炸弹小队"的意大利手榴弹的残骸。他一眼就能辨认出我的大部分标本，然后将它们拿去做 X 射线衍射检查，以确定它们来自哪一种晶体结构的矿物。几周后，彼得给我带来了一个令人失望的消息：我没有带回任何有价值的东西。

我当然感到很遗憾，没有从伊特比带回钇与其他 6 种在当地岩石中首次被识别出来的元素。但是，就像我说的，我不是一个自然收藏家。我已在这本书中表明了我的目的，即：元素就在我们周围，从物质意义上来说，它们在我们珍惜的物品中，也在厨房的水槽下。不仅如此，它们其实在更有力地包围着我们。它们在我们的艺术中，在我们的文学和语言中，也在我们的历史和地理中。这些平行生命的特性最终来自于每个元素的普遍和不变的属性。正是通过这种文化生活，而不是通过实验室里所做的实验，我们才真正了解了这些元素的特点，大多数化学教学几乎没有意识到它们的丰富性，真是很可悲。

我们的必需品中饱含着元素，对此我们应该珍惜和庆祝。我们可能没有兴趣创建自己的元素周期表，但我们都以某种方式依赖着所有元素，这是不可避免的事实，至少，对此我们该心生快乐。科学家和环保主义者詹姆斯·爱洛克曾说,他愿意把来自核电站的所有高放射性强度的废物,都储存在他自己的土地上的一个混凝土地堡里。但也许我们应该把这种观念传播开来:我们都应该将一小块废弃的铀保存在我们的花园中,以纪念我们对能源的依赖。

这太过火了?也许吧。但是其他的元素呢?铜呢?它在无形中把铀的核反应所产生的电能输送到我们的家里。荧光屏中的稀土是由这种电流带来了生命吗?用黑白二色记录了人类历史的碳和钙又是怎样的呢?其他为我们的世界带来各种色彩的元素又如何呢?总的说来,我们对元素的依赖是生物学上的,当我们回顾起晚餐中的钠盐含量,或是吃下含硒的营养药丸时,我们就能意识到这一点。顺便说一下,最近,许多元素被挑选出来作为时尚的营养品。我们吃下它们或者回避它们,把它们挖出来或者埋葬它们,但我们很少停下来,欣赏一下元素本身。

古斯塔夫·福楼拜在他的《布瓦尔和佩库歇》一书中塑造了两个笨手笨脚、自学成才的人物(这是福楼拜所写的最后一本书,也是一本未完成的著作,他曾期待它成为一本杰作),这两人决定尝试一下现代世界所能提供的每一个专业知识。在他们不满意的现代科学样本中,他们首先研究了化学,当他们意识到他们自己是由同样的宇宙元素构成的物质时,他们感到沮丧:"**当他们想到在他们身上,像火柴一样含有磷,像蛋清一样含有蛋白质,像路灯一样含有氢气,一念至此,他们深感屈辱。**"

他们犯了典型的错误:是火柴中含有我们身上存在的磷,路灯中含有我们身上存在的氢,而不是反过来。我们应该为此欢欣鼓舞。

结语
EPILOGUE

1959 年,汤姆·莱勒(Tom Lehrer)暂时结束了他的"元素编目"之旅(当时有 102 种):"这些是哈佛所得知的种类,也许还有许多别的元素,但它们尚未被发现。"自那以后,又有 10 种新元素被加入了目录。它们不大可能获得先前那些元素所得到的文化影响力。它们是超重的、放射性的、短暂的,永远也找不到日常的应用途径。它们被极少量地制造出来,故而没有人对它们的颜色和气味有兴趣。但是,同先前的那些元素一样,它们是普遍存在的,它们属于我们,就像我们每天呼吸的氧气一样。它们属于元素周期表,至少要把它们加到以原子数表示的序列中。但是,它们是被合成的而不是被发现的,是制造出的而非从自然界找到的,它们看起来相当与众不同。

我想知道把这些奇怪的东西带到世界上是什么感觉。我现在才意识到,在它被发现的那一刻所揭示的东西,常常将在我们的文化中确定一个元素的"职业生涯"。氯的漂白能力从最初就受到赞赏,镉的彩虹色也是如此。可这些新元素,它们的存在是如此脆弱和短暂,永远也别指望它们像氯气与镉一样,能深入我们的生活。在许多方面,它们必须保持其不真实感,即便对最初制造出它们的人也一样。威廉·拉姆齐和莫理斯·特拉维斯在"某种引人入胜的时刻",看着霓虹灯首次发出它的"深红色火焰",而戴维在实验室里手舞足蹈地陶醉在炽热的钾的溅射中,那些新元素的发现者们,还会与他们产生同样的感受吗?今天的科学家们认为他们所发现的新元素能和这些光彩夺目的表演相提并论吗?遗憾的是他们没有留下前辈那样令人信服的叙述:为了得到我的问题的答案,我必须亲身探寻。

我也想知道,元素周期表还能走多远。如果现在它正挂在我卧室的墙上,我应该留下一行行的空白,以容纳未来可能被发现的元素吗?如果要留的话,该留几行?一行、两行还是十多行、上百行?格仑·西格博首先发现了钚及它后面的一串放射性元素,在1999年去世前,他曾发表演讲,在演讲中,他展示了一张元素周期表,上面有一个未命名的第168号元素,300年来,科学界只推进了这个元素表目录的一半。这只是幻想,还是一个老人无望的梦境?甚至在这个演讲中,西格博也断绝了这种期望:"我们只需要在元素表上再添上半打左右的元素就行了。"他说。他们为什么要给出这样的一个前景呢?也许,他是用自己的方式提醒观众,科学发现在其进行过程中,其规则也会发生改变。当第一个"真正的"化学元素被发现时,他们无法解释在公认的亚里士多德的四元素(土、空气、火和水)之后的第五种、第六种元素,于是他们便彻底推翻了那个元素系统,转而建立了一个新系统。1798年,法国化学家、氧的发现者拉瓦锡起草了包含33种元素的元素表,那个时候,他也同样无法知道,在矿石中还有多少别的元素未被发现。在19世纪中叶,当新发现的元素近乎为零的时候,一些化学家可能已经开始认为他们已发现了所有能被发现的元素,但是,分光镜的发明,使更多的元素可以通它们独特的火焰被发现,由此,冒险之旅又重新开始了。德米特里·门捷列夫尽管已对新元素的到来有所准备,可当他了解了惰性气体和第一放射性元素的存在时,依然惊讶不已。它们轻而易举地就溜进了他的元素周期表,尽管他起初反对这些元素的加入。门捷列夫的元素周期表会继续如此具有包容性吗?或者,会不会有一天,当一些新

··

的元素被发现，其性质古怪到让整个元素表必须被打破和重塑呢？

谁能告诉我，到了今天，发现一种元素是什么感觉？还会有多少这样的发现呢？为此，我需要追踪仍在世的新元素发现者，他们的接班人依然还在努力发现更多的元素，因为元素表的建立是一个持续性的任务。虽然我接受的专业教育让我成了一名化学家，我还是有点震惊地发现我不知道多少化学家的名字。宇宙学家和遗传学家已熟悉了过度的媒体曝光，没错，可这些化学界的先锋们却不是这样。其中原因之一是他们底气不足，这不仅仅是因为发现率的衰减——从 19 世纪平均每一两年就能发现一种元素，到 20 世纪平均每三年才能发现一种——而是因为，事实上，现在的元素往往是由几组研究人员分批发现的。这使获得荣誉的赢家越来越少，即使他们都想要获得。

西博格的同事和接班人，也是唯一能与他匹敌的人，是阿伯特·吉奥索。1944 年，他在位于伊利诺斯的战时基地加入西博格的团队，这个基地是"曼哈顿计划"的一部分。至 1971 年，他可以称得上是第 95 到第 105 号元素的共同发现者，其中包括锝、铲和钍。到第 106 号元素时，吉奥索激动地就他所想的名字"镭"去询问他导师的意见（镭意近西博格的"西"）。西博格从未想到过会有这么一天，他说自己非常感动，这个荣誉比任何奖项或奖励都要大得多，因为它是永久的，只要元素周期表还在，它就会存在。宇宙中已知的元素只有 100 多个，它们中用人名来命名的屈指可数。吉奥索到 93 岁时，依然在劳伦斯·伯克利国家实验室有一席之地。我写信给他问了些问题，可他没有回复我。

镭元素之后，发现之后 6 个元素的桂冠落在了德国达姆施塔特的重离子研究所。在这些元素被发现的时间是 20 世纪 80 年代到 90 年代，中心的资深科学家是彼德·安布鲁斯特。这一次，我挺幸运。我与安布鲁斯特交谈，可他对这些荣誉只字不提："并不是我发现了它们，这是我团队的功劳。"但让我吃惊的是，他指出，元素的发现仍处于初级阶段。1981 年，他和他的核物理学家团队正在试图合成第 107 号元素。当时的实验室依然在使用着噪声震天的印字机而不是悄无声响的电脑屏幕来显示结果。由于设备记录了短命原子的衰变："我们听到一阵咔嗒声。"这些咔嗒声比分光镜中的新光线还神奇吗？

这些超重元素的合成是一个简单的加法原理。铀是周期表中最重的天然元素。西格博和吉奥索用较轻元素冲击目标铀元素,之后是钚、镅等,希望其中一些会粘在一起,以形成一个更重的新元素。其间的困难之处在于目标元素本身已经够不稳定了,这增加了冲击只产生一小部分高能碎片,却根本没有重原子生成的概率。安布鲁斯特的突破在于,如果他使用某些中量级元素作为他的子弹,就可以使用更稳定的目标元素。第107号元素𫓧,是通过朝目标铋元素上发射铬原子而制成的。将铅和锌原子结合在一起制成了第112号元素。因为新的元素在衰变前至多存活了几秒钟,它无法进行直接的观察,必须加以检测,通过测量其衰变粒子的能量,确定留下的稳定核的组成。从这些资料中可知,在衰变前的短暂时刻,计算新元素的原子数是可能的。在这些情况下,发现并不是"尤里卡时刻"[①]和"苹果掉在脑袋上"的问题。这种快乐更像是考古学家从几块碎片中拼出一个古代罐子的形状时的那种心情。

尽管物理学家是周期表的这一偏僻领域的探索者,但他们也想像化学家一样,有着描述他们的新元素并制造化合物的冲动。他们的动机,并非一些愚蠢的怀旧情怀,希望追随早期元素发现者的脚步,而是为了进一步完善科学原理。安布鲁斯的团队成功地只使用这些元素的几个原子,制成了一些化合物,如硫酸𫓧、四氧化𬭶等,这足以证明它们与元素表中前面的一些元素有着同样的意义,从而证明了门捷列夫的元素周期表在这些未知领域的持续有效性。"有人猜测,门捷列夫元素表可能会被更重的元素打破。"安布鲁斯解释道,"内层电子以接近光速的速度运动,这种相对论的影响意味着普通量子力学将不再适用。但是我们发现𬭶的性质很真的像铁,而第112号元素则很像汞。"

我问安布鲁斯有关命名的事。这位核物理学家指出,为元素命名是化学们所关注的事。在原子核中加入一个质子,可以将其转化为一种不同的化学元素,而加一个中子仅仅能把它转化成同一元素的重同位素。在物理学家看来,这似乎是不公平的,因为只有前者才值得被

---

① "尤里卡"原是古希腊语,意思是"好啊,有办法了"。古希腊学者阿基米德有一次在浴盆里洗澡,突然来了灵感,发现了他久未解决的计算浮力问题的办法,因而惊喜地叫了一声"尤里卡"。尤里卡时刻即发现的时刻。——译者注

‥‥

重新命名。虽然如此,安布鲁斯还是考虑了很多命名的方案。他告诉我,直到1992年,发现者还是有权选择名字的,但是鉴于冷战时期的优先争端,这一点发生了变化,现在只允许元素发现者提出元素名字作为建议。我发现,当安布鲁斯解释说,当他用他的团队的名字来将第108号元素命名为𬭶,将第110号元素命名为𫟼时,他的语气略带害羞。官方的理由是,它与𬭥、𬭳一起,完成了一个地理集合(达姆施塔特,黑塞、德国和欧洲),与西博格、吉奥索早期的发现的𬭊、锎、锫的命名也是一种呼应,这事还引发了《纽约客》的嘲讽,说,只要这些研究者们再找到可以用宇宙或外太空命名的元素,那他们就大功告成了。"这个坏传统是在伯克利创立的,我们却要把它用在欧洲。"安布鲁斯说。看来,民族主义招致了民族主义。但这里面还有一个更微妙的爱国主义的潜台词:在核物理领域,德国的力量历史重现了。在安布鲁斯助力之下命名的元素中,他最喜欢的是第109号元素𰾃,它是以有一部分犹太人血统的奥地利物理学家莉萨·麦特纳的名字命名的。麦特纳于1938年逃离纳粹政权,起先在柏林工作,后又在斯德哥尔摩和哥本哈根工作,她是核裂变的发现者之一。所谓核裂变,就是原子核分裂以释放大量能量的过程(她的研究也证明了比铀重的元素不稳定)。无论她身在何处,在面对纳粹的迫害和对女性的歧视时,她都获得了成功。"我相信,她是20世纪核物理学的一个非常重要的组成部分。"安布鲁斯说,"而她经历了所有可能的苦难。"

　　安布鲁斯向国际纯化学与应用化学联盟提交了第112号元素命名的建议,这是批准化学命名的管理组织,在这之后的几天,一次偶然的机会,我与安布鲁斯进行了交谈。国际纯化学与应用化学联盟要求每个新元素都有一个易于发音的名称和一个令人难忘的化学符号。显然,对第112号元素命名的建议已缩小至30个了,有些是日耳曼风格的,有些是俄罗斯风格的,反映了研究团队的人员组成。他们之前发现的第111号元素,以X光的发现者、德国人威廉·伦琴的名字命名为:𬬭。这一次,安布鲁斯不会再对他的推荐发表意见,可他表示,灵感的来源并不是爱国主义。"我所做的一切,都确保了我们不会再选用德国科学家和德国城镇的名字。"他告诉我。

　　近来,元素的发现浪潮已转移到了俄罗斯。在杜布纳的联合核子研究所,由尤里·奥加涅相领导的团队,已经合成了第114号和第116号元素(由于原子核稳定性的原因,奇数序数的元素更难获得)。他对这一探索有了更深刻的洞察力。"这个工作相当艰辛。因为一个新的元素核形成的概率极小。我们常常一无所获。这可能需要几年的时间,"他说,"研究人员的情绪就不难理解了。"

我问起"自然发现的"与"人工制成的"元素之间的区别,奥加涅相激动起来。"我会更粗鲁地提出这个问题:我们为什么要发现元素?"正如他所指出的,将铀元素后的第19个元素和第20个元素合成为钛(第110号元素),这有什么必要?为什么要继续研究?他的回答切中了科学的核心。这些发现并不重要,更重要的是它们为我们展现了更广阔的世界。(2010年2月,国际纯化学与应用化学联盟赞同以天文学家尼古拉·哥白尼的名字来命名镉元素。哥白尼于1473年出生于波兰北部,当时那里是普鲁士联邦的一部分。)在西博格的全盛时期,原子核的理论模型表明,元素的分类基本上是决定性的。当元素的不稳定性超过一定程度时,实际上是不可能合成新元素的。尽管如此,20世纪60年代理论物理学的进展表明,实际上,在元素表上原子序数较高的元素,可能有"稳定岛"围绕着它们。[1] 这一新的理论刺激了人们对新元素狂热的追逐。也许正是这个原因鼓励了西博格推测出元素周期表上的第168号元素。"只有到了21世纪初,我们才设法改变合成方法,制作出了第112号到第118号元素。"奥加涅相喜悦地说,"证明理论假设是事实。"

那么,最近的发现和以前的发现有什么不同吗?奥加涅相对此予以否认。每一个元素本身就是一个奖赏,它们也说明了这个工作可以走多远。也许,需要对存在的元素的数量设定一个新的限制,又或者打开新的可能性之门。其更大的意义在于它对科学的更广泛使命所做出的贡献,即人类知识的增长。"新元素的合成本身并不是目的。研究者们一直致力于寻找一种东西,一种比仅仅为了填充元素周期表的空白更为重要的东西。我相信这样的动机无一例外。"

---

① 稳定岛理论是核子物理中的一个理论推测,核物理学家推测具有"幻数"数目的质子和中子的原子核的化学元素特别稳定。——译者注

　　奥加涅相和他的同事们将目光投向了难度很高的第 117 号元素。如果它具有卤素的性质,这将进一步证明奥加涅相的同胞门捷列夫是个天才。如果它不具有卤素的性质,这将促使化学家们重新思考元素周期表。"看来这将是有史以来最困难的实验之一。"

图书在版编目（CIP）数据

元素周期表传奇/（英）休·奥尔德西-威廉姆斯
（Hugh Aldersey-Williams）著；杨筱艳译. —杭州：
浙江大学出版社，2019.5
　　书名原文：Periodic Tales：The Curious Lives of
the Elements
　　ISBN 978-7-308-18491-5

　　Ⅰ.①元… Ⅱ.①休… ②杨… Ⅲ.①化学元素周期
表 Ⅳ.①06-64

中国版本图书馆 CIP 数据核字（2018）第 178410 号

浙江省版权局著作权合同登记图字：11-2018-419 号

元素周期表传奇

［英］休·奥尔德西-威廉姆斯　著　　杨筱艳　译

责任编辑　　杨　茜
责任校对　　杨利军　王安安
封面设计　　VIOLET
出版发行　　浙江大学出版社
　　　　　　（杭州市天目山路 148 号　邮政编码 310007）
　　　　　　（网址：http://www.zjupress.com）
排　　版　　杭州林智广告有限公司
印　　刷　　杭州钱江彩色印务有限公司
开　　本　　710mm×1000mm　1/16
印　　张　　21.25
字　　数　　316 千
版 印 次　　2019 年 5 月第 1 版　2019 年 5 月第 1 次印刷
书　　号　　ISBN 978-7-308-18491-5
定　　价　　58.00 元

版权所有　翻印必究　印装差错　负责调换
浙江大学出版社市场运营中心联系方式：(0571) 88925591；http://zjdxcbs.tmall.com